中国ESG
创新发展与实践

韩定武 / 主编

经济日报出版社
北 京

图书在版编目（CIP）数据

中国ESG创新发展与实践 / 韩定武主编. -- 北京 : 经济日报出版社, 2025. 8. -- ISBN 978-7-5196-1581-9

Ⅰ. X322.2

中国国家版本馆CIP数据核字第2025W18V64号

中国 ESG 创新发展与实践

ZHONGGUO ESG CHUANGXIN FAZHAN YU SHIJIAN

韩定武　主编

出版发行：经济日报出版社

地　　址：北京市西城区白纸坊东街 2 号院 6 号楼

邮　　编：100054

经　　销：全国各地新华书店

印　　刷：文畅阁印刷有限公司

开　　本：787mm×1092mm　1/16

印　　张：18.5

字　　数：350 千字

版　　次：2025 年 8 月第 1 版

印　　次：2025 年 8 月第 1 次

定　　价：98.00 元

本社网址：www.edpbook.com.cn，微信公众号：经济日报出版社

请选用正版图书，采购、销售盗版图书属违法行为

举报信箱：zhangjie@tiantailaw.com　　举报电话：（010）63567684

本书如有印装质量问题，由我社事业发展中心负责调换，联系电话：（010）63538621

编委会

主　　编　韩定武

副 主 编　李志俊

参编人员（按姓氏拼音排序）

毕丽琴　高心智　林　珊　张鸣杰

张一帆　赵　伟

编　　务　陈瑞娜　沈　宸　张鸣杰

ESG
ENVIRONMENTAL
SOCIAL
GOVERNANCE

序　言

在全球经济加速转型、可持续发展理念深入人心的今天，ESG（环境、社会和公司治理）已成为衡量企业竞争力与可持续发展能力的关键框架。中国作为世界上最大的发展中国家，在实现经济快速发展的同时，也积极肩负起全球可持续发展的责任。近年来，中国政府提出了“双碳”目标（碳达峰与碳中和）、“美丽中国”建设以及高质量发展的战略部署，这不仅为中国未来的发展指明了方向，也为全球可持续发展提供了中国智慧和中国方案。

《中国 ESG 创新发展与实践》一书的出版，恰逢其时。它不仅及时总结了中国在 ESG 领域的最新创新成果与鲜活实践经验，更在理论与实践的结合上做出了大胆的探索。这是一本兼具学术价值与实践经验的著作，无论对于学者、政策制定者，还是企业界人士，都有着重要的借鉴意义。

从学术价值来看，本书系统梳理了中国 ESG 发展的全貌，涵盖了政策法规、企业实践、评级体系、投资策略、挑战与机遇等多个方面。它不仅回顾了 ESG 理念的起源与发展，还深入分析了中国特色 ESG 体系的构建逻辑与实践路径。这种系统性的总结与分析，为学术界提供了丰富的研究素材，部分填补了国内在相关领域的研究空白。书中对 ESG 政策法规的深入解读、对企业实践的案例剖析、对评级体系的比较分析以及对投资策略的探讨，都展现了作者们扎实的学术功底和严谨的研究态度。这些内容不仅有助于推动 ESG 领域的学术研究，也为相关学科的交叉研究提供了新的视角和思路。

从实践经验来看，本书为企业的可持续发展提供了前沿参考。ESG 理念的引入，不仅是企业履行社会责任的体现，更是企业实现可持续转型和高质量发展的必由之路。本书通过对中国企业 ESG 实践的深入分析，总结了标杆企业的成功经验与教训，为其他企业提供了宝贵的借鉴。书中不仅探讨了企业如何通过 ESG 战略转型提升自身的竞争力，还分析了 ESG 理念如何帮助企业树立良好的社会形象、防范合规风险、降低经营成本、拓宽融资渠道，并最终实现可持续发展。这些内容对于企业决策者来说，具有重要的指导意义。

此外，本书也适合对ESG感兴趣的广大读者选读。随着社会对可持续发展的关注度不断提高，越来越多的读者开始关注ESG理念及其在中国本土的实践。本书以通俗易懂的语言，系统介绍了ESG的基本概念、发展现状以及未来趋势，使读者能够快速了解ESG领域的核心问题。书中丰富的案例分析和深入浅出的理论阐述，不仅能够帮助读者理解ESG理念的内涵，还能够激发读者对可持续发展的思考。通过阅读本书，读者可以清晰地看到中国在ESG领域的创新实践，以及这些实践对社会经济发展的重要推动作用。

在当今时代，可持续发展已成为全球共识。ESG理念的引入与实践，是中国实现高质量发展、建设现代化经济体系的重要举措。《中国ESG创新发展与实践》一书的出版，不仅为中国的ESG研究与实践提供了重要的参考，也为全球可持续发展事业贡献了中国智慧和中国方案。

作为中国管理研究队伍的普通一员，我始终坚信前沿研究和创新实践的价值在于推动社会进步与发展。《中国ESG创新发展与实践》一书的出版，正是这种信念的生动体现。它不仅为学术界提供了宝贵的研究资料，为企业界提供了实践指南，也为广大读者提供了了解可持续发展的窗口。我相信，这本书的出版将激发更多人对ESG领域的关注与兴趣，推动中国ESG行业的蓬勃发展。

最后，我要向本书的作者们表示衷心的感谢。他们忙碌于ESG前沿，牺牲精力和业余时间悉心写作，为读者呈现了一本高质量的著作。同时，我也希望本书能够成为推动中国ESG发展的新起点，为实现可持续发展目标贡献更多力量。

是为序。

吴武清

中国人民大学商学院教授

ENVIRONMENTAL
SOCIAL
GOVERNANCE ESG

前　言

在全球可持续发展的浪潮中，ESG（环境、社会和公司治理）理念已成为衡量企业可持续发展能力的关键标准，并深刻影响着全球经济的未来走向。中国作为全球最大的发展中国家，积极拥抱ESG理念，并在政策、企业实践、金融投资等多个领域展开了广泛而深入的探索。《中国ESG创新发展与实践》的出版，正是北京世经未来投资咨询有限公司在ESG领域的又一重要成果。它不仅是对当前中国ESG发展成果的系统总结，更是对未来发展方向的积极探索。

一、研究背景

近年来，中国在ESG领域取得了显著进展。从国家层面的政策引导，到企业的积极实践；从金融市场的创新，到社会层面的广泛参与，中国ESG的发展不仅反映了全球可持续发展理念的本土化实践，也展现了中国在全球可持续发展议程中的责任与担当。然而，与国际先进水平相比，中国ESG发展仍处于初级阶段，面临着诸多挑战。例如，评价标准不统一、信息披露不完善、市场认知度低等问题，都制约了ESG理念的进一步推广和应用。在此背景下，本书的编写旨在为中国ESG领域的进一步发展提供理论支持和实践指导。

二、主要内容

本书共分为七个章节，系统梳理了中国ESG领域的最新进展，并对未来发展方向提出了展望。

（一）ESG发展的历史脉络与中国特色

在第一章中，我们从宏观角度对中国ESG发展的历史脉络和阶段性特征进行了系统总结。回顾了ESG理念的起源与发展，分析了其在全球范围内的演变趋势，并聚焦于中国ESG发展的阶段性特征，探讨了中国特色ESG体系的构建逻辑。这一章特别强调了中国特色 ESG 议题、政策框架以及实践路径的独特性，指出中国在 ESG 领域的创新实践不仅是对国际经验的借鉴，更是基于中国国情的本土化探索。

（二）政策法规：框架与挑战

第二章对中国 ESG 领域的政策法规进行了全面梳理，详细介绍了中国法律对 ESG 环境因素（E）、社会因素（S）和公司治理因素（G）的规制。同时，探讨了部门规章、规范性文件以及行业自律规则在 ESG 领域的具体应用。通过对政策法规的深入解读，揭示了中国 ESG 政策框架的系统性与层次性，为企业的合规经营和可持续发展提供了明确的指引。此外，本章还分析了政策法规在实施过程中存在的问题与挑战，并提出了相应的改进建议。

（三）企业实践：案例与不足

第三章选取了多个具有代表性的中国企业案例，深入剖析了它们在 ESG 信息披露、绩效提升以及战略转型中的具体做法和经验教训。通过这些案例，展示了中国企业如何在政策引导下，逐步将 ESG 理念融入企业文化和经营管理中，实现经济效益与社会效益的双赢。同时，本章也指出了中国企业在 ESG 实践中存在的不足，如信息披露不充分、数据质量不高、缺乏长期战略规划等，并提出了相应的改进建议。

（四）ESG 评级：现状与完善

第四章对中国主要 ESG 评级机构及其评级体系进行了全面介绍和比较分析。通过对 Wind、商道融绿、华证等评级机构的评价指标体系、评级方法和应用场景的深入剖析，揭示了中国 ESG 评级体系的特点和优势，同时也指出了存在的问题，如评级标准不统一、数据来源有限、评级结果差异较大等。本章还探讨了如何进一步完善中国 ESG 评级体系，提高评级结果的准确性和可靠性，以更好地服务于市场参与者。

（五）ESG 投资：现状与策略

第五章对中国 ESG 投资的现状、趋势以及面临的挑战进行了深入分析。从绿色信贷、绿色债券到 ESG 公募基金和指数投资，详细介绍了中国 ESG 投资的主要工具和策略。同时，探讨了如何通过 ESG 整合投资策略，实现投资组合的可持续发展和长期价值创造。通过对投资策略的深入分析，为投资者提供了宝贵的参考，帮助他们在绿色投资领域做出更明智的决策。

（六）发展机遇：战略与价值

第六章从国家战略、企业高质量发展以及国际竞争力提升等多个角度，探讨了 ESG 理念为中国带来的发展机遇。分析了 ESG 如何为中国式现代化与高质量发展注入动力，强调了 ESG 理念与国家战略之间的内在联系。指出 ESG 是企业在高质量发展道路上的“新课题”，有助于提升企业的长期投资价值和抗风险能力。此外，还探讨了践行 ESG 理念对于加快建设世界一流企业和实现企业可持续发展的重要意义。

（七）企业转型：战略与路径

第七章聚焦企业 ESG 战略转型，探讨了哪些企业亟须进行 ESG 战略转型，以及企业 ESG 战略的具体实践路径。通过对央企、国企、跨国企业、上市公司以及海外市场布局企业的分析，指出不同类型企业在 ESG 转型中的关键点和挑战。同时，详细阐述了企业 ESG 战略的构建逻辑，包括战略目标设定、转型支柱与重大议题识别、具体举措实施以及 ESG 治理与 KPI 体系的建立。此外，还探讨了 ESG 战略如何赋能企业高质量发展，从树立良好形象、防范合规风险、提升风控能力、拓宽融资渠道、降低经营成本到带来创新机遇等多个方面，揭示了 ESG 理念对企业发展的深远影响。

三、实践意义

一方面，它为企业提供了系统的 ESG 实践指南。通过案例分析和改进建议，企业可以更好地理解和应用 ESG 理念，提升自身的可持续发展能力。另一方面，本书为投资者提供了明确的投资方向。通过对 ESG 投资策略的深入分析，投资者可以更清晰地把握绿色投资的机会，实现投资组合的可持续发展。此外，本书还为政策制定者提供了重要的参考依据。通过对政策法规的梳理和改进建议，政策制定者可以进一步完善相关政策，推动 ESG 理念在中国落地生根。

最后，《中国 ESG 创新发展与实践》的出版，标志着北京世经未来投资咨询有限公司在 ESG 领域的研究又迈出了坚实的一步。我们相信，通过本书的传播和应用，能够为中国 ESG 领域的理论研究和实践探索提供有益的借鉴，推动中国在全球可持续发展进程中发挥更大的作用。

韩定武

2025 年 3 月 14 日

CONTENTS 目录

第一章

中国特色 ESG 发展概述

ESG 起源于社会责任投资，经历了从责任道德投资到社会责任投资的发展过程，最终发展到基于倡议和立法的 ESG 投资。ESG 投资理念强调企业在追求经济效益的同时，也要关注环境保护、社会责任和公司治理等方面的表现。

我国的 ESG 发展经历了从起步、发展到深化的过程，呈现由弱到强、由浅入深的发展轨迹。政策引导与市场机制合力、本土特色与国际标准结合、实体经济与金融机构互动、多方参与与生态系统协同是我国 ESG 发展的基本特征。

中国特色 ESG 体系构建势在必行，又切实可行。我国在 ESG 法律法规体系建设、ESG 信息披露体系建设、ESG 评价体系建设、ESG 金融产品服务体系建设方面已有一定基础，未来需要借鉴国际经验、融合我国国情，构建具有中国特色的 ESG 体系。当前，我国的 ESG 体系发展展现了“政策导向与市场需求变化”双向驱动特征。中国主流 ESG 评级体系以及中国 ESG 50 强企业重点关注的议题，综合来看，中国特色 ESG 环境议题重点关注气候变化、环境管理、环境机遇、生物多样性、环境污染等；中国特色 ESG 社会议题重点关注产品和服务质量、供应链管理、员工发展、社会贡献等；中国特色 ESG 治理议题重点关注公司治理结构、信息披露、股东权益、商业道德等。我国的 ESG 政策历程经历了从初创奠基到实践探索，再到如今的战略深化的过程，呈现国家战略驱动与 ESG 实践融合、绿色金融与 ESG 理念协同发展、鼓励上市公司尤其是央企开展 ESG 信息披露三大特点。从中国特色 ESG 实践来看，我国政府应制定激励政策、强化标准制定与监管，企业应将 ESG 理念融入企业发展战略和生产经营全过程、加强 ESG 信息披露的规范化和标准化。

第一节
ESG 的起源与发展

ESG 是一套评估企业在可持续发展方面绩效的标准。通常认为，ESG 起源于社会责任投资（SRI），而社会责任投资的前身则是道德投资。早在 16 世纪，乔治·福克斯（George Fox）在英国创建了贵格会教派，自欧洲移民至美国后，贵格会厌倦了欧洲大陆无休止的战争与难以跨越的阶级鸿沟，支持人权、自由、平等，反对暴力与战争，并贯彻至投资行为，拒绝投资赌博、军火等领域，可视为社会责任投资的正式发端。

此后，基于责任道德的社会责任投资兴起，主要采取排除法，即在投资组合中排除与伦理观、价值观相悖的内容。1971 年成立的美国的帕斯全球基金（Pax World Funds），是全球首只责任投资基金。1977 年，《苏利文原则》主旨为促进企业公平对待员工，推动责任投资者参与企业治理。1987 年，《布伦特兰报告》发布，首次提出了"可持续发展"理念，是指既能满足当代人的需求，又不对后代人满足自身需求的能力构成危害的发展。

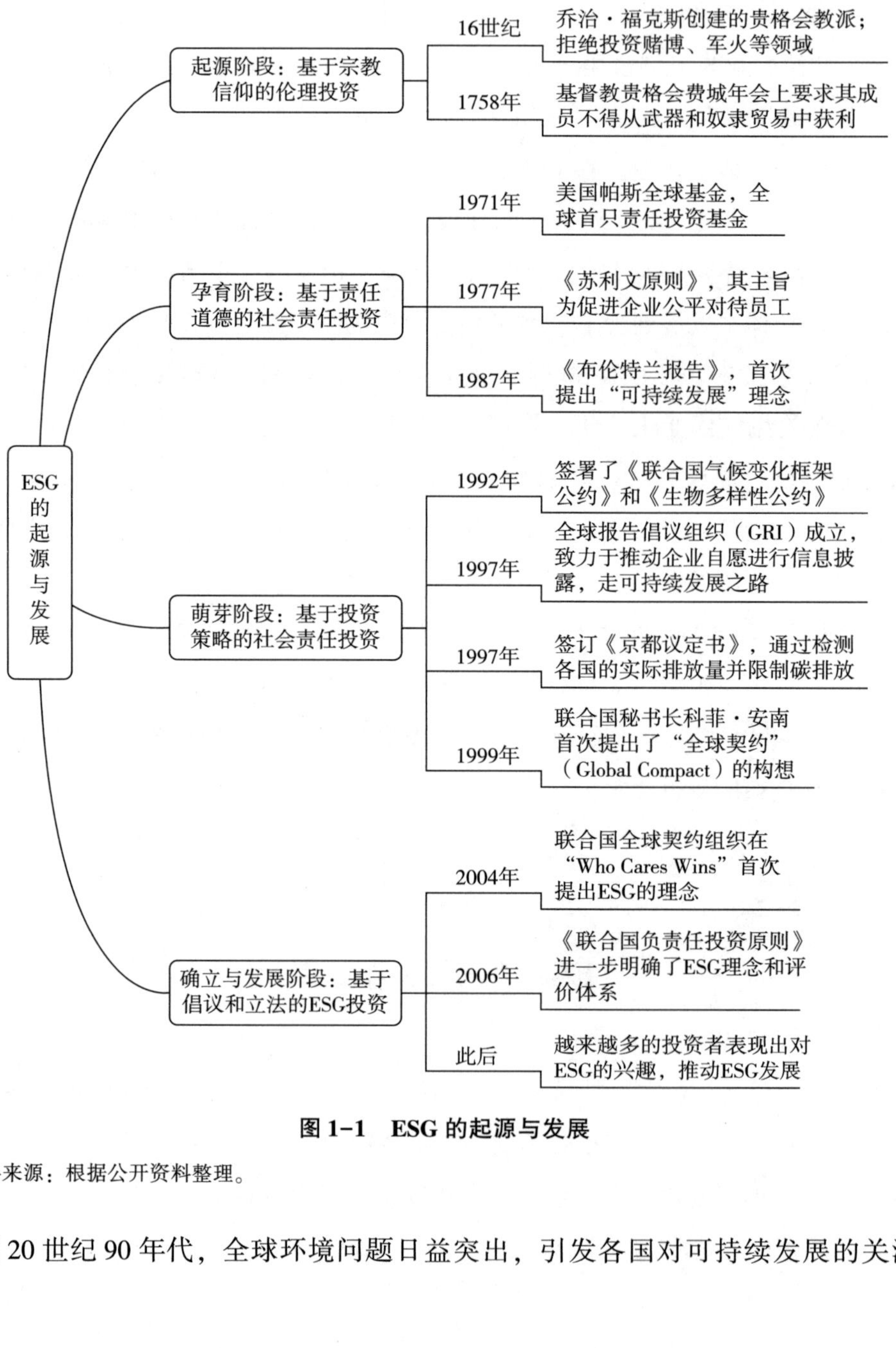

图 1-1　ESG 的起源与发展

资料来源：根据公开资料整理。

到 20 世纪 90 年代，全球环境问题日益突出，引发各国对可持续发展的关注，社会、经济、环境的协调发展成为当时国际社会的核心议题。社会责任投资逐渐转向投资策略层面，迈入了基于投资策略的社会责任投资阶段。1992 年《联合国气候变化框架公约》和《生物多样性公约》签署；1997 年，《京都议定书》签订，其核心内容是碳排放交易，通过检测各国的实际排放量并限制碳排放，以实现成员国的共同目标。

2004 年至今是 ESG 理念的快速发展期，在这一阶段基于倡议和立法的 ESG 投资兴起。这一时期见证了 ESG 理念从正式亮相到成为国际广泛认可的主流投资理念。2004 年，联合国全球契约组织在《Who Cares Wins》报告中首次提出 ESG 的理念。2006 年，《联合国负责任投资原则》进一步明确了 ESG 理念和评价体系，为投资者提供了一个新的投资理念，应当综合考虑社会责任、公司治理与环境保护。以此为契机，ESG 投资理念逐渐得到全球投资者的认可和接受，成为一种重要的投资策略。此后，越来越多的投资者表现出对 ESG 的兴趣，进一步推动了 ESG 的发展。

第二节 ESG 在中国的发展阶段与基本特征

一、ESG 在中国的发展阶段

ESG 在中国起步较晚，其发展历程经历了从起步、发展到深化的过程，呈现由弱到强、由浅入深的发展轨迹。

（一）起步阶段（2002—2015 年）：引入并探索企业社会责任

在这个阶段，ESG 理念开始被引入中国，国内企业和监管机构对 ESG 的认识相对有限。政策法规逐步增多，开始要求部分上市公司披露 ESG 报告。

这一阶段的标志性事件是 2002 年《上市公司治理准则》的发布，这标志着我国开始关注企业在环境保护、公益事业等方面的表现，并对公司治理信息的披露提出了要求。同年，第一只与 ESG 相关的基金——中国环保基金设立。2004 年，首次提出 ESG 概念后，我国开始提出并尝试落实企业社会责任。此后，证券市场不断发出 ESG 信号，主要从市场运作的层面出发，鼓励上市公司积极承担社会责任，同时为上市企业的信息披露提供了较为明确的标准化指引。深交所、上交所和联交所分别于 2006 年、2008 年和 2012 年发布指引，鼓励上市公司自愿披露社会责任报告。

总体来看，这一阶段的特点是：一是政策层面的引入，我国政府逐步认识到企业社会责任的重要性，并开始在政策层面进行引入和探索；二是自愿性信息披露，鼓励上市公司自愿披露社会责任报告，但缺乏统一的信息披露标准和规范。三是市场认知的起步，投资者和企业对 ESG 的认知开始提升，但整体意识不强。

（二）发展阶段（2016—2020 年）：政策引导完善信息披露制度

随着全球对可持续发展目标（SDGs）的推进，我国政府开始更加重视 ESG，并出台了一系列政策来推动其发展。2016 年开始，随着我国对 ESG 的重视程度大幅提升，配套服务及管理体系开始进一步完善。

2016 年 3 月，“十三五”规划纲要提出要“建立绿色金融体系，推广绿色低碳产业，推进能源资源高效利用”，为 ESG 投资提供了宏观指导。此后，2016 年 8 月《关于构建绿色金融体系的指导意见》出台，进一步完善绿色金融政策系统框架。以此为重要标志，我国市场开始出现 ESG 评级产品和绿色金融产品①。2019 年起，证监会、上海证券交易所、深圳证券交易所相继发布办法与指引，对 ESG 相关信息做出强制披露要求。

在这一阶段，中国证监会等监管机构开始要求上市公司披露 ESG 信息，企业和投资者对 ESG 的关注度逐渐提高。

（三）深化阶段（2021 年至今）：战略深化与全面推进

随着我国“双碳”目标的提出，ESG 成为实现这一目标的关键。政府出台多项政策规范 ESG 信息披露，并对 ESG 投资、ESG 绩效提升、绿色金融、低碳发展等细分目标做出进一步的引导。

2021 年起，证监会、上海证券交易所、深圳证券交易所等部门或机构陆续发布若干与 ESG 信息披露相关的政策要求。2021 年发布的《企业环境信息依法披露管理办法》进一步规范了企业环境信息的披露工作。2022 年 3 月，国务院国资委成立社会责任局，旨在引领企业走可持续发展道路、履行环境社会责任。2023 年 1 月，深圳证券交易所发布的《深市上市公司环境信息披露白皮书》进一步完善了披露相关工作，遵循企业发展和行业发展特性，推行自愿和特定事项强制的披露模式，为构建完善的 ESG 评价体系奠定基础。

在这一阶段，企业 ESG 实践从自愿走向全面深入，特别是在环境维度上，企业加大了对节能减排、绿色发展的投入力度。监管机构进一步完善 ESG 信息披露要求，推动企业提高信息披露的质量和透明度。国内评级机构开始构建符合我国国情的 ESG 评价体系，为投资者提供参考。

---

① Shen H，Lin H，Han W，et al. ESG in China：A review of practice and research，and future research avenues [J]. China Journal of Accounting Research，2023，16（4）：1-25.

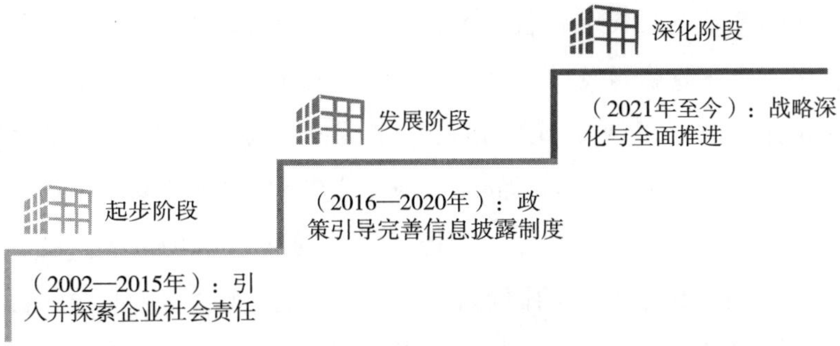

图 1-2　中国 ESG 发展阶段

资料来源：根据公开资料整理。

二、ESG 在中国的发展特征

党的二十大报告指出，高质量发展是全面建设社会主义现代化国家的首要任务。这推动了我国 ESG 的发展，也标志着我国 ESG 已经进入 2.0 发展阶段。

（一）政策引导与市场机制合力

我国的 ESG 发展在很大程度上受政策影响，展现出自上而下的政策驱动特点。政府的政策导向和宏观指导是推动 ESG 实践的主要力量。2012 年党的十八大将生态文明建设纳入“五位一体”总体布局，彰显了我国政府对生态文明建设的重视，一系列环保政策的出台推动企业积极开展环境治理行动，并加强对可持续发展的重视①。《关于构建绿色金融体系的指导意见》支持和鼓励绿色投融资，加速了绿色金融的蓬勃发展，对 ESG 的整体提升产生了深远的影响。

同时，市场机制也在逐步建立和完善，包括 ESG 指数、评级体系等，为投资者提供了更加清晰、透明的投资参考。随着投资者对 ESG 因素的日益重视，ESG 表现成为影响企业估值和融资的重要因素之一。投资者开始更加关注企业的环境绩效、社会责任和公司治理结构，这些因素直接影响企业的市场声誉和长期竞争力。随着 ESG 信息披露要求的不断提高，企业开始更加注重 ESG 信息的准确性和完整性。通过定期发布 ESG 报告和可持续发展报告，企业向投资者和社会公众展示了其在 ESG 方面的努力和成果，提高了市场透明度。这种市场机制的引入，进一步推动了企业从被动应对到主动作为的转变。

（二）本土特色与国际标准结合

我国 ESG 的发展既注重与国际接轨，又充分考虑本土实际情况。在借鉴国际 ESG

---

① 王贞洁，王惠．低碳城市试点政策与企业高质量发展——基于经济效率与社会效益双维视角的检验［J］．经济管理，2022（6）：43-62.

标准和最佳实践的基础上，我国结合自身国情和发展阶段，制定符合自身特点的 ESG 政策和标准。中国企业改革与发展研究会等机构起草的《企业 ESG 披露指南》考虑国际准则的同时又强调中国企业的实际情况。中国邮政储蓄银行与德交所联合发布的 STOXX 邮银 ESG 指数，结合国际标准与我国本土特色制定的参照体系，推动了我国 ESG 市场的发展，使得全球投资者更准确地了解中国 A 股市场情况。此外，我国企业在实践 ESG 时，充分考虑了我国的国情。我国在推动企业透明、有效、标准化进行可持续信息披露以及促进可持续发展上已经迈出了坚实的步伐，可持续披露准则正在有序推进。

我国还积极参与国际 ESG 合作与交流，推动全球 ESG 治理体系的完善和发展。博时基金成为 TCFD（气候相关财务信息披露工作组）的支持机构，这表明中国的 ESG 实践正在积极地与国际标准接轨。在国际化方面，中国企业在“新出海”过程中，不仅将产品和技术推向国际市场，还将 ESG 作为企业可持续发展的重要组成部分，积极应对国际市场的 ESG 严格监管，构建减碳规划和环境管理制度，抓住绿色转型技术与市场机会。联想集团就是一个典型案例，它通过本地全球化与全球本地化融合、全球化数智化转型与 ESG 相互促进的战略，实现了高质量出海。联想将自身在 ESG 方面的实践经验转化为智能解决方案，赋能各行业企业高质量出海。

这种本土化与国际化相结合的发展模式，既有利于提升我国企业在国际市场上的竞争力，又有助于推动全球可持续发展目标的实现。

（三）实体经济与金融机构互动

在 ESG 2.0 阶段，实体企业开始积极践行 ESG 理念，将其融入日常经营和长期发展战略中。这一过程中，实体企业对金融服务的需求也发生了变化：

一是绿色融资需求。随着环保意识的提高和绿色经济的发展，实体企业越来越注重绿色项目的投资。然而，绿色项目往往需要大量的资金投入，因此，实体企业需要通过金融机构获取绿色融资，以支持其绿色项目的实施。

二是 ESG 评估与认证需求。为了证明公司自身的 ESG 表现，实体企业需要获得专业的 ESG 评估与认证。金融机构可以提供相关的评估与认证服务，帮助实体企业了解和评估其 ESG 表现，并制定相应的改进计划。

三是风险管理需求。在 ESG 2.0 阶段，实体企业面临的环境、社会和治理风险日益复杂。金融机构可以通过提供风险管理工具和服务，帮助实体企业有效应对这些风险。

金融机构在 ESG 2.0 阶段也加大了对 ESG 相关项目的投资力度，为实体经济提供绿色、可持续的金融支持。这主要体现在以下几个方面：

一是金融机构为实体企业提供绿色信贷服务，支持其绿色项目的实施。某银行北京分行在绿色金融领域表现突出，积极支持北京地区的绿色发展。截至 2024 年 6 月末，该行全口径绿色贷款余额已达 206 亿元。该银行还聚焦高污染行业的转型企业，提供精准的金融支持，这包括污水处理等环保项目。

二是金融机构也可以发行绿色债券，为实体企业提供长期的绿色资金支持。近年来，银行密集发行绿色债券。例如，2024 年 5 月，某银行在全国银行间债券市场成功发行绿色金融债券，其规模达到 20 亿元。此外，2024 年以来，一些金融机构也积极参与绿色债券的发行，通过募集资金支持绿色项目的建设。

三是金融机构还可以设立 ESG 投资基金，专门投资于符合 ESG 标准的项目和企业。多家头部基金公司已经将 ESG 理念深度融入其投资研究流程中，从投资前的筛选、投资中的管理到投资后的跟踪，都充分考虑了 ESG 因素。比如系统性地将 ESG 因素纳入投资流程的各个环节，包括深入的基本面研究、严格的风险管理、策略和产品构建以及公司参与和投票等流程；此外，还构建了具有自身特色的 ESG 研究框架、智能数据系统和整合决策流程，以确保在投资决策中全面考量 ESG 因素；建立完善的 ESG 制度框架体系，并将 ESG 评价体系深度嵌入其投资研究流程中，成立 ESG 责任投资决策委员会，该委员会与公募、专户、社保等其他委员会并行运作，以确保在投资决策中充分考虑 ESG 因素。

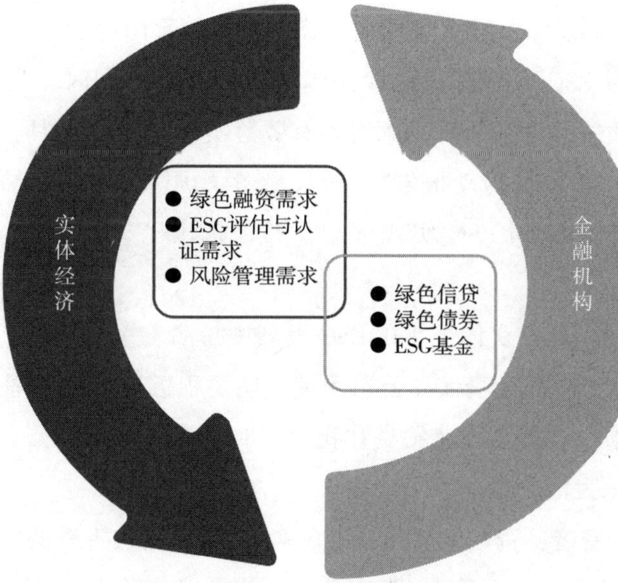

图 1-3　实体经济与金融机构互动

资料来源：根据公开资料管理。

综合来看，随着实体经济的发展，其对金融服务的需求也在不断升级。这要求金融服务不断创新，以满足实体经济的新需求。金融服务通过提供资金支持、风险管理等服务，可以助力实体经济实现转型升级。

（四）多方参与与生态系统协同

我国ESG生态系统由政府及监管部门、实体企业、资产管理机构、各类ESG专业服务机构等多元主体构成。这些主体在ESG理念推广、实践落地和监管评估等方面发挥着各自的作用，共同推动ESG生态体系不断完善和发展。

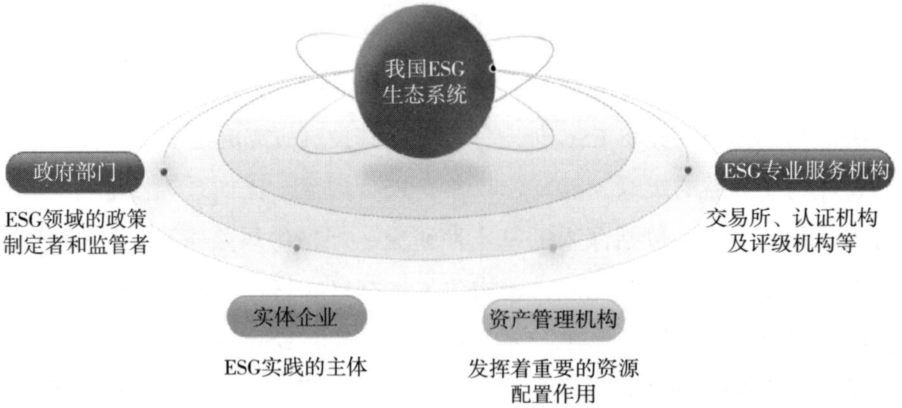

图1-4 中国ESG生态系统组成

资料来源：根据公开资料整理。

作为ESG领域的政策制定者和监管者，政府及监管部门通过发布相关法规、政策、规划和指导文件，为ESG实践提供法律保障和政策支持。同时，政府部门还加强对ESG实践的监管和评估，确保ESG理念得到有效落实。2023年6月，由国务院国资委联合多方发布的《年度ESG行动报告》，不仅参考了国际标准，还结合中国国情，为国内企业提供了一个清晰的ESG实践框架，并评选出了“中国ESG上市公司先锋100”。

作为ESG实践的主体，实体企业在ESG发展中扮演着重要角色。企业不仅要在经营活动中注重环境保护、社会责任和公司治理，还要积极披露ESG信息，接受市场和社会的监督。在全球ESG理念迅速发展和我国新时代高质量发展要求的背景下，我国企业的ESG实践进入发展快车道。

作为投资者和融资者，资产管理机构在ESG领域发挥着重要的资源配置作用，通过投资ESG表现良好的企业和项目，资产管理机构可以推动ESG理念在资本市场的传播和实践。截至2024年8月底，我国共有134家机构加入联合国责任投资原则组织（UN PRI），较2023年增加了5家。其中，签署资产管理者数量最多，有100家；其次是服务机构，有31家；签署资产所有者数量最少，有3家。

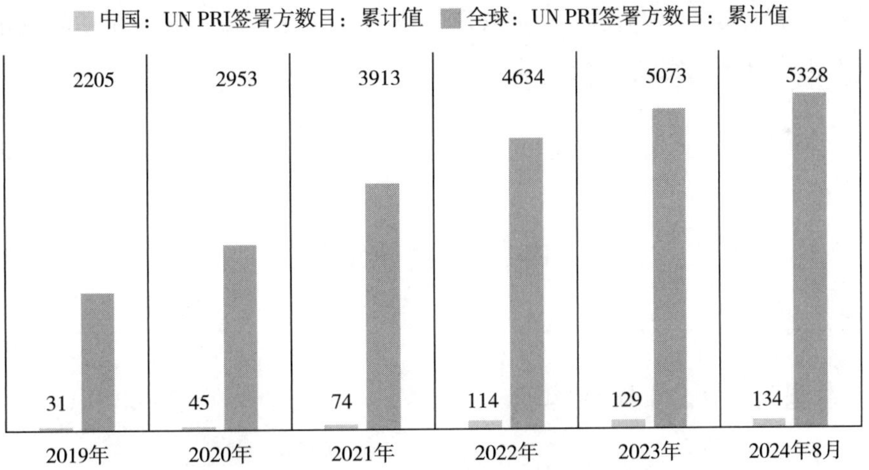

图 1-5　中国签约 UN PRI 机构数量累计值

资料来源：Wind。

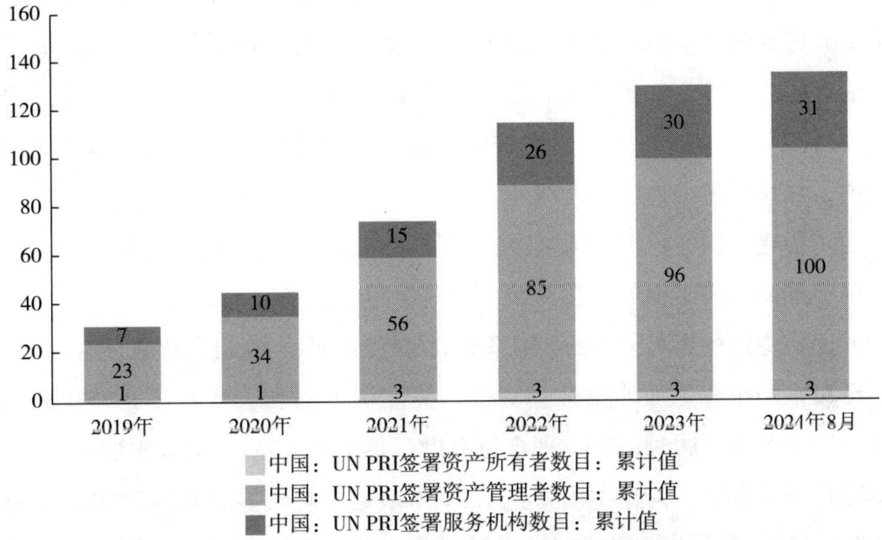

图 1-6　中国各类型机构签约 UN PRI 数量情况

资料来源：Wind。

各类 ESG 专业服务机构在 ESG 生态体系中主要发挥中介作用，为其他主体提供信息参考，包括交易所、认证机构及评级机构等。上海、北京、深圳三大交易所都在积极推动 ESG 实践，如上交所推出科创板 ESG 指数，北交所支持创新型中小企业上市融资，深交所则持续完善 ESG 信息披露规则。2022 年 11 月，中质协质量保证中心成为国内首家 ESG 管理体系认证机构，为企业的 ESG 管理能力提供了公正客观的证明，并推动了社会资本对获证企业的认可程度。目前，中国资本市场已有 20 多家 ESG 评级机构，其中 Wind、商道融绿、华证、嘉实基金等机构在 ESG 评价体系上更具优势，这些机构的ESG评价体系在评价范围、时效性、数据能力等方面表现出较强的竞争力，能够为投资者提供更全面完整的ESG信息。

第三节 中国特色ESG

一、中国特色ESG体系构建

（一）建设中国特色ESG体系势在必行

1. 响应国家战略需求，形成社会合力

在全球气候变化和可持续发展挑战日益严峻的背景下，构建中国特色ESG体系显得尤为重要。ESG理念强调企业在追求经济效益的同时，也要关注环境保护、社会责任和公司治理等非财务方面的表现。这与我国的可持续发展目标高度一致，构建中国特色ESG体系有助于实现国家的长期战略目标，特别是碳达峰和碳中和目标，推动绿色低碳发展，加快经济结构优化升级步伐。

一方面，构建中国特色ESG体系是实现国家长远发展战略的内在需求。ESG体系的构建有助于推动经济结构的优化升级，促进绿色、循环、低碳发展。

另一方面，构建中国特色ESG体系是促进经济社会协调发展的有效手段。构建ESG体系可以推动企业更加注重社会责任，关注员工福利、社区发展等社会问题，促进经济社会协调发展。同时，ESG理念也有助于推动共同富裕目标的实现。

推动绿色低碳发展，构建中国特色ESG体系是应对气候变化风险的必然要求。构建中国特色ESG体系有助于将减碳目标与国家经济发展、企业经营策略、金融投资决策及公民的日常生活紧密结合，确保从宏观到微观各个层面的行动都能有效地支持减碳行动，形成全社会共同应对气候变化的合力。

2. 促进产业升级，提高市场透明度

构建中国特色ESG体系对于推动行业和产业发展具有重要作用。ESG体系的构建有助于推动产业结构向更加环保、高效、创新的方向发展。ESG标准可以引导资本流向那些采用清洁技术、注重社会责任和拥有良好治理结构的企业，从而促进产业结构优化。ESG体系鼓励企业加大对绿色技术的研发与应用力度，全力推动可再生能源、电动汽车、绿色建筑等绿色产业的蓬勃发展。此举不仅显著减少了温室气体排放，更为经济领域开辟了新的增长点。对于那些高污染、高能耗的传统产业，ESG体系提供了转型的动力和方向。这些企业为了提高其 ESG 表现，将不得不投资于清洁生产技术，改进管理方式，以满足环境和社会责任标准的更高要求。

中国特色 ESG 体系构建促进了市场透明度与效率双重提升。ESG 理念强调企业需进行更为全面、透明的信息披露，随着企业遵循统一的 ESG 标准信息披露，这有助于投资者及其他利益相关方深入了解企业的运营状况与潜在风险，进而能够更全面地对比不同企业的 ESG 表现，以便做出明智的投资决策。对于整个市场而言，这可以有效减少信息不对称现象，不仅促进资本向 ESG 表现优异的企业流动，还实现了资源的优化配置，进而提升了市场效率。

3. 助力参与主体，培育发展新动能

对于公共部门而言，ESG 标准不仅帮助政府精准施政，还极大地促进了公共物品的有效供给和社会福利的整体提升。首先，ESG 评价体系作为一个全面的衡量工具，使政府能够深入洞察目标行业和企业的可持续发展状况，这包括它们在环境保护、社会责任以及公司治理结构等方面的表现。这些信息为政府进行科学决策提供数据支持，使其能够制定出更加符合实际情况、针对性强的政策措施，从而优化产业布局，有效应对环境、社会和公司治理领域的各种挑战。其次，政府通过构建奖励机制，比如税收优惠、补贴政策等，积极鼓励企业在 ESG 领域做出贡献。这种正向激励不仅促进了经济的持续健康发展，还通过精神和物质双重激励，营造了一种良好的政策与文化环境，进一步激发了企业与个人等微观主体主动供给公共物品的积极性，最终实现了社会整体福利的显著提升。

对于金融机构而言，ESG 投资理念为其提供了一种全新的视角来评估企业的潜在风险和可持续经营能力，这对于提高资产组合的长期价值具有重要意义。ESG 投资理念的应用显著增强了金融机构的风险辨别与预警能力，使其能够更准确地识别出潜在的风险点，从而进行有效的风险管理和合理的资产定价。随着全球范围内投资者对 ESG 因素的日益关注，金融机构可以充分利用 ESG 评价标准，为投资者提供更为精准的投资选择和专业的投资引导。这不仅有助于筛选出高质量、符合可持续发展标准的投资机遇，帮助投资者获取长期稳定的投资回报，还能推动企业不断提升自身的质量水平，实现投资者利益和社会整体利益的和谐统一。

对于企业而言，积极进行 ESG 实践，首先，可以改善企业的经营状况并提升自身核心竞争力。ESG 表现已成为衡量企业可持续经营能力的重要指标，企业在 ESG 方面的优秀表现将使其在市场竞争中占据有利地位，有利于拓宽市场、增强品牌影响力并吸引更多消费者。同时，ESG 实践还促使企业更加注重在环境保护、社会责任和公司治理等方面的改进，这些举措不仅有助于提升企业的管理水平和运营效率，而且能够有效降低成本，进而增强盈利能力。其次，积极进行 ESG 实践有助于企业拓宽融资渠道并纾解优质企业融资困境。随着 ESG 投资理念的日益普及，越来越多的投资者开始关注企业的 ESG 表现，并将其作为投资决策的重要依据。因此，ESG 表现优异的企业将更容易获得投资者的青睐和资金支持，进而拓宽融资渠道并降低融资成本。此外，ESG 实践还有助于企业与金融机构建立更加紧密和稳固的合作关系，为企业未来的发展提供更加有力的金融支持。最后，积极践行 ESG 理念还有助于企业增强社会责任感，塑造良好的社会形象。企业通过关注环境保护、履行社会责任以及完善公司治理结构等方面的实践，可以增强企业的社会责任感和使命感，推动企业在实现经济效益的同时，更加注重社会效益和环境效益的协调发展。这不仅有助于提升企业的品牌价值，还能为企业赢得社会各界的广泛认可和赞誉，从而塑造良好的社会形象。

（二）建设中国特色 ESG 体系切实可行

首先，从政策环境来看，我国政府对可持续发展和环境保护的高度重视为 ESG 体系的建设提供了坚实的基础。已经出台的《中华人民共和国环境保护法》和《中华人民共和国公司法》等一系列法律法规，不仅体现了国家对 ESG 理念的认可和支持，也为 ESG 实践提供了法律依据和政策指导。此外，国家绿色发展战略的实施，如碳达峰和碳中和目标的提出，进一步推动了 ESG 相关政策的制定和完善。

其次，随着我国经济从高速增长转向高质量发展，企业越来越意识到必须在环境、社会和治理方面达到更高标准，才能实现长期的可持续发展。这种转型不仅推动了产业升级和技术创新，也促使企业更加注重 ESG 表现，以适应市场需求和提升自身的竞争力。此外，技术发展的支持也是 ESG 体系构建的重要推动力。大数据、云计算和人工智能等现代信息技术的应用，极大地促进了 ESG 数据的收集、分析和管理，提高了 ESG 实践的效率和效果。这些技术的应用不仅帮助企业更好地识别和管理 ESG 相关风险，也为监管部门提供了更有效的监管手段。

最后，市场需求的增长为 ESG 体系的建设提供了直接动力。国内外投资者对 ESG 投资的关注不断增加，消费者对环保和社会责任的意识也在不断提升。这些变化促使企业更加主动地改善 ESG 表现，以满足市场的需求和期望。越来越多的中国企业开始认识到 ESG 的重要性，并将其纳入企业战略和日常运营中。

（三）中国特色 ESG 体系建设现状

为实现高质量发展，推进“双碳”目标实现，我国全力推进 ESG 体系建设。尽管起步相对较晚，与欧美国家和其他地区相比仍存在一定差距，但在政策、法规、市场和社会意识等方面的努力正在推动着 ESG 体系的逐步完善。

1. ESG 法律法规体系建设

为了有效推进 ESG 的落地，我国加快了相关制度的完善，特别是在环境方面的法律法规明显增多。我国在环境保护领域已经建立了相对完善的法律体系，这一体系以《中华人民共和国环境保护法》为核心，辅以国家层面的众多法律、部门规章、标准规范以及地方规章规范，共同构成了我国环境保护的坚固防线。

在社会领域，我国在劳动者权益保护和消费者保护方面也取得了显著成效。在劳动者权益保护方面，《中华人民共和国劳动法》和《中华人民共和国劳动合同法》为劳动者提供了全面的法律保护，包括劳动合同的签订、履行、变更、解除和终止等方面，以及劳动条件、劳动报酬、劳动安全卫生等劳动标准的设定。这些法律法规的实施，有效保障了劳动者的合法权益，促进了劳动关系的和谐稳定。在消费者保护方面，《中华人民共和国消费者权益保护法》和《中华人民共和国产品质量法》等相关法律法规的出台，规定了消费者的基本权利，如知情权、选择权、公平交易权、安全权等，并明确了经营者的义务和责任。同时，还建立了消费者投诉、举报和调解机制，为消费者提供了便捷的维权渠道。《中华人民共和国个人信息保护法》和《中华人民共和国数据安全法》等相关法律法规的出台，有力地保障了个人信息和数据安全。

在公司治理领域，中国现行的法律法规更多扮演着设定底线的角色，即明确规定企业及其员工不得从事的行为边界，如腐败、舞弊和利益冲突等问题，以维护市场经济秩序和公平竞争环境。这种立法倾向体现在《中华人民共和国公司法》《中华人民共和国反不正当竞争法》以及《中华人民共和国刑法》等一系列法律条文中，它们构成了企业合规经营的法治基础，但并未深入至企业内部管理的具体操作层面，例如如何建立健全的内控机制，或是设计和实施有效的廉洁管理体系。

总体来看，我国的 ESG 法律法规体系正在逐渐完善，但在气候等相关制度方面的法律层级仍不高，社会平等和公司治理等方面的法律制度仍需进一步健全。

2. ESG 信息披露体系建设

信息披露是解决信息不对称、提高金融市场运行效率的重要手段。从企业层面考虑，强化非财务信息的公开，能够为金融机构在进行 ESG 相关的投融资决策时提供更全面的信息支持。在政策层面，2018 年，中国证监会修订《上市公司治理准则》，确立了 ESG 信息披露的基本框架；到了 2021 年，中国人民银行发布的《金融机构环境信息披露指南》进一步推动金融机构规范环境信息的披露。2024 年 4 月 12 日，沪深北三大交易所正式发布了《上市公司自律/持续监管指引——可持续发展报告（试行）》（以下简称《指引》），标志着 A 股首个统一、标准、实用的 ESG 披露标准正式落地。该《指引》不仅为上市公司提供了明确的 ESG 信息披露规范，也意味着我国在 ESG 体系建设方面迈出了重要一步。

在政策的引导和监管的推动下，我国在推动ESG信息披露方面已取得了一定的进步。A股上市公司积极响应，ESG信息披露数量显著提升。上市公司提高了对ESG监管政策的重视程度，对自身ESG管理也持续强化，但主动选择进行ESG信息披露的企业在全体上市公司中所占的比例仍然较小。

Wind数据显示，A股共有2215家公司披露了2023年度ESG独立报告，披露率达到41.52%。在ESG治理架构方面，超过600家A股上市公司设立了ESG相关委员会，同比增长114%。

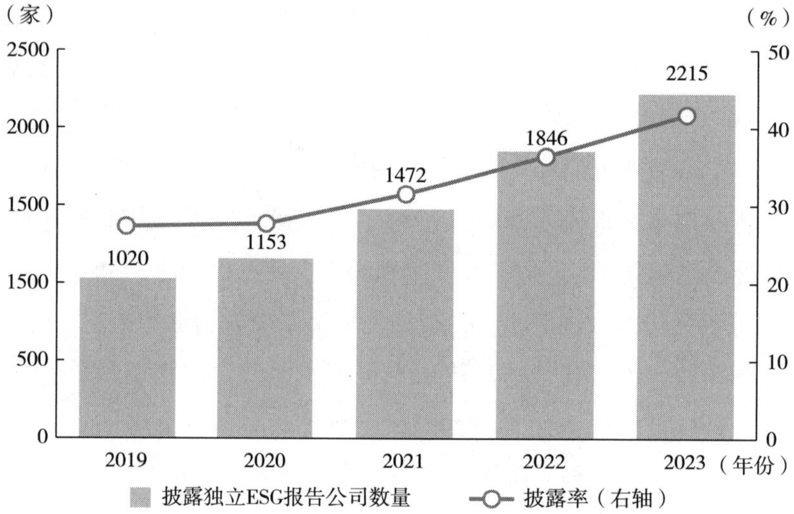

图1-7　A股披露独立ESG报告公司数量

资料来源：Wind。

总体来看，当前我国ESG信息披露的情况呈现出一种积极的上升态势，这反映出上市公司和金融机构对ESG管理的日益重视。然而，由于尚未建立统一的披露标准，信息披露的质量和水平还存在一定的提升空间。

3. ESG评价体系建设

ESG评价是对企业ESG表现的综合评判，对于金融投资决策具有重要参考意义，也有利于促进企业不断提升ESG实践水平。目前全球ESG评级机构数量已超600家，但各大机构在评级质量可靠性、透明度和评级方法等方面水平参差不齐。国际主流ESG评级结果间的平均相关性不足50%，国内各机构间的评级结果则更为离散。在评级体系建设方面，商道融绿在2015年推出了自主研发的ESG评级体系；中证指数发布的中证ESG评价体系覆盖全部A股的ESG评价数据；华证ESG评级参考国际主流方法和实践经验，借鉴国际ESG核心要义，结合中国国情与资本市场特点构建而得，覆盖范围包括中国 A 股及发债主体。2020 年 7 月初，由嘉实自主研发、与国际通用 ESG 框架和标准接轨，并反映中国资本市场发展现状和市场条件的 ESG 因子框架和打分体系正式在 Wind 上线。

2022 年，《企业 ESG 评价指南》《企业 ESG 管理体系要求》团体标准发布，旨在解决中国 ESG 体系建设中存在的问题。《企业 ESG 评价指南》为企业自评和第三方评价认证提供依据，其评价模型创新，考虑了企业的社会价值。《企业 ESG 管理体系要求》标准通过“三步十法”模式，即基于 PDCA 原理的三个步骤和十项工作内容，帮助企业提升 ESG 管理能力，完善 ESG 管理体系。该标准详细解析了 ESG 管理的十项内容，并指导企业如何将 ESG 工作融入现有管理体系，与 ISO 标准对接。尽管 ESG 评价在中国发展迅速，但与国际相比，中国的 ESG 评价体系成熟度和应用范围仍有限。

4. ESG 金融产品服务体系建设

近年来，我国政府先后出台多项政策文件，支持 ESG 金融产品的发展。如《关于构建绿色金融体系的指导意见》《关于促进应对气候变化投融资的指导意见》等，为绿色债券、绿色基金等 ESG 金融产品提供了政策支撑。各市场主体越来越重视践行 ESG 理念，金融机构开始将 ESG 因素逐渐纳入到投融资决策当中去，大力发展 ESG 金融产品，如绿色债券、社会债券、可持续发展挂钩债券与 ESG 债券、ESG 基金、ESG 理财等。其中，银行及银行理财公司积极布局 ESG 主题理财产品，基金公司的 ESG 基金发展也按下加速键。

在绿色信贷方面，我国充分发挥结构性货币政策工具和绿色债券的政策导向作用，推动绿色金融产品和市场发展。建立健全绿色金融服务美丽中国建设工作机制，持续加强产业部门、金融部门、市场主体协同合作，促进绿色贷款较快增长。截至 2024 年第四季度末，我国绿色贷款余额 36. 6 万亿元，较上年同期增长 21. 7%。

近年来，ESG 债券存续数量持续增加，以绿色债券为主。截至 2024 年末，国内 ESG 债券数量存续 3518 只，其中，绿色债券 2456 只，约占 68. 7%；其次为社会债券，有 1100 只。可持续发展债券有 8 只，可持续发展挂钩债券有 191 只，转型债券 14 只。

从 ESG 债券余额来看，近年来，ESG 债券余额也持续增加，绿色债券仍占据主要部分。截至 2024 年末，绿色债券余额为 32619. 42 亿元，社会债券余额为 23508. 55 亿元，可持续发展债券余额为 154. 83 亿元，可持续发展挂钩债券余额为 1496. 75 亿元，转型债券余额为 175. 98 亿元。

2020 年提出“双碳”目标以来，2021 年见证了国内 ESG 公募基金在发行数量和规模上的迅猛增长。此后，ESG 公募基金数量虽然持续增加，但是基金规模却略有下降。截至 2024 年末，国内市场 ESG 公募基金数量有 610 只，存续基金规模为 7922. 59 亿元。

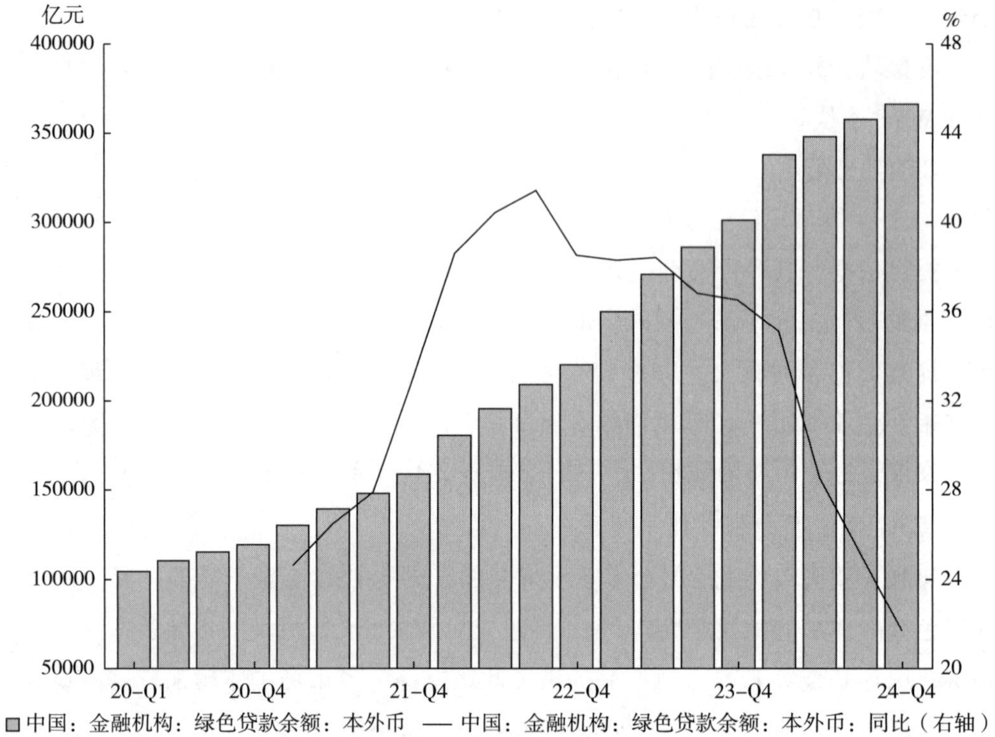

图 1–8　金融机构绿色贷款余额

资料来源：Wind。

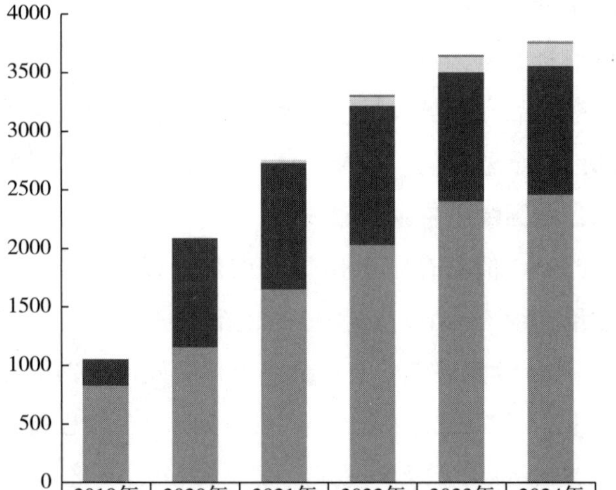

	2019年	2020年	2021年	2022年	2023年	2024年
可持续发展债券只数	4	2	3	4	4	8
转型债券只数	0	0	0	14	15	14
可持续发展挂钩债券只数	0	0	25	77	131	191
社会债券只数	222	934	1076	1187	1103	1100
绿色债券只数	828	1152	1651	2029	2399	2456

图 1–9　ESG 债券存续数量

资料来源：Wind。

随着国内市场对于 ESG 投资的关注度不断提高，银行开始布局 ESG 理财产品旨在进一步丰富绿色金融产品体系。从发行数量来看，2019—2024 年，我国 ESG 银行理财产品数量呈现持续增长趋势。截至 2024 年末，国内市场发行 ESG 主题理财产品累计 808 只，其中纯 ESG 产品规模占比最大，有 454 只，占比达 56.19%。

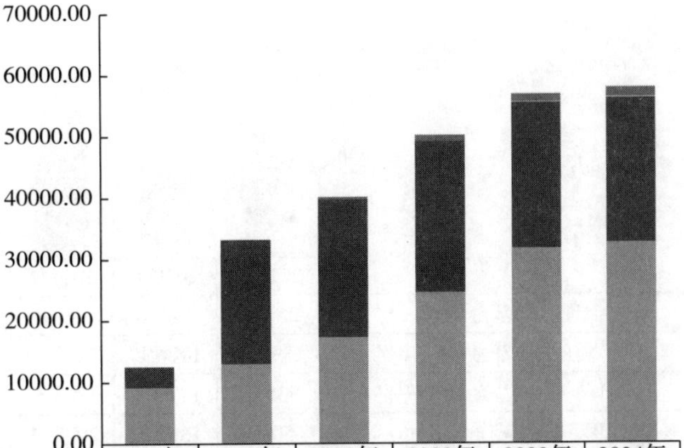

	2019年	2020年	2021年	2022年	2023年	2024年
转型债券余额（亿元）	0.00	0.00	0.00	76.30	86.98	175.98
可持续发展挂钩债券余额（亿元）	0.00	0.00	353.00	965.90	1253.74	1496.75
可持续发展债券余额（亿元）	4.09	2.61	2.86	17.86	90.00	154.83
社会债券余额（亿元）	3339.10	20220.08	22434.25	24560.33	23712.89	23508.55
绿色债券余额（亿元）	9168.11	12946.13	17273.07	24507.35	31704.83	32619.42

图 1-10　ESG 债券余额

资料来源：Wind。

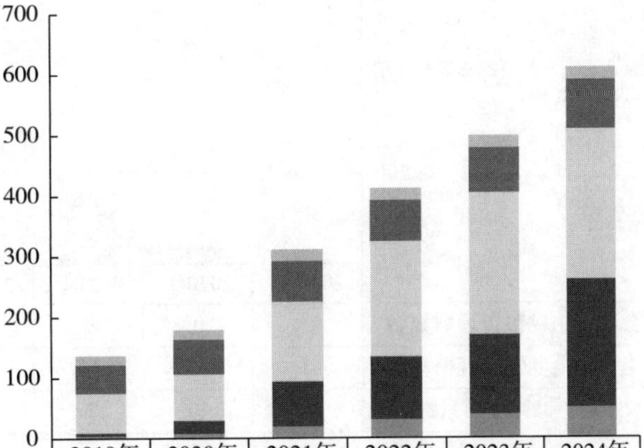

	2019年	2020年	2021年	2022年	2023年	2024年
公司治理主题基金只数	15	16	19	20	20	20
社会责任主题基金只数	48	57	67	68	74	82
环境保护主题基金只数	65	77	131	190	234	248
ESG策略基金只数	5	21	75	104	131	210
纯ESG主题基金只数	4	8	19	30	39	50

图 1-11　2019 年以来 ESG 公募基金数量

资料来源：Wind。

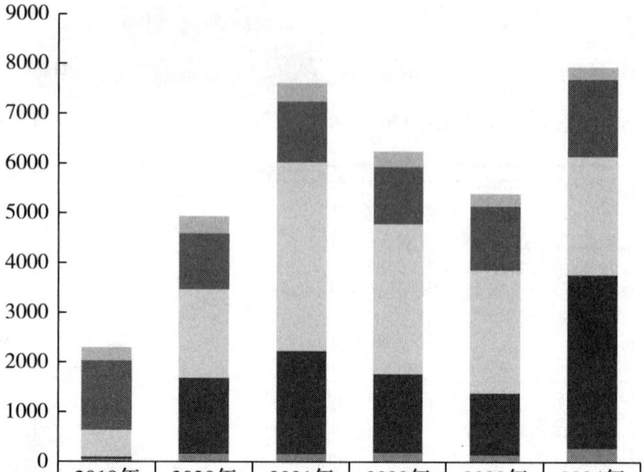

	2019年	2020年	2021年	2022年	2023年	2024年
公司治理主题基金规模（亿元）	257.44	340.07	369.45	307.71	241.35	247.02
社会责任主题基金规模（亿元）	1394.83	1126.17	1219.54	1158.86	1287.63	1543.08
环境保护主题基金规模（亿元）	535.84	1776.29	3785.34	3011.32	2472.58	2367.58
ESG策略基金规模（亿元）	50.63	1532.31	2074.49	1581.55	1239.73	3492.77
纯ESG主题基金规模（亿元）	48.06	151.41	151.54	181.12	141.3	272.15

图 1-12　2019 年以来 ESG 公募基金规模变化情况

资料来源：Wind。

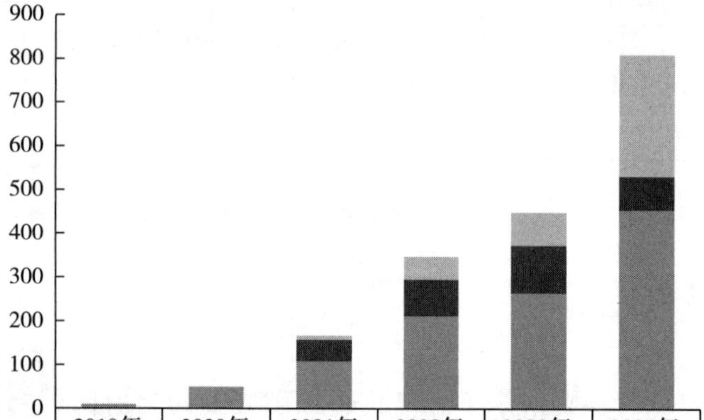

	2019年	2020年	2021年	2022年	2023年	2024年
社会责任主题银行理财只数	0	0	9	52	76	278
环境保护主题银行理财只数	0	0	50	84	108	76
纯ESG主题银行理财只数	9	49	108	211	264	454

图 1-13　ESG 银行理财产品数量

资料来源：Wind。

（四）中国特色 ESG 体系构建建议

我国 ESG 体系建设已经有一定基础，未来需要结合我国国情，强化 ESG 体系核心要素构建。

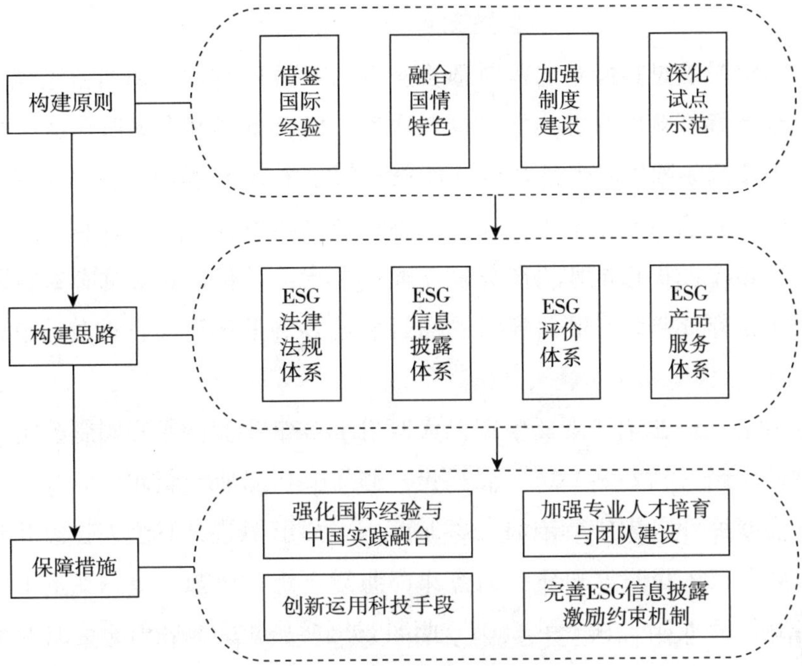

图 1-14　中国特色 ESG 体系构建

资料来源：根据公开资料整理。

1. ESG 体系构建原则

（1）借鉴国际经验：与全球 ESG 标准接轨

在全球范围内，ESG 理念已经得到了广泛的认可和实践。为了推动我国的 ESG 工作与国际接轨，需要积极借鉴国际上的有益经验。这包括学习国际先进的 ESG 评价标准、方法和工具，以及参考国际最佳实践案例。同时，还需要加强与国际 ESG 组织和机构的交流与合作，共同推动 ESG 理念的普及和发展。

（2）融合国情特色：协同推进绿色发展

在推动 ESG 工作的过程中，要充分考虑我国的国情和特色。这包括关注我国的环境问题、社会问题和公司治理问题，以及结合我国的经济发展阶段和产业结构特点，制定符合我国实际情况的 ESG 发展战略。同时，还需要将 ESG 理念与我国的绿色发展、可持续发展等战略相结合，以助推美丽中国建设。

（3）加强制度建设：稳步构建 ESG 体系

推动 ESG 体系的构建，需要加强 ESG 的顶层设计。这包括明确 ESG 的发展目标、路径和措施，以及制定和完善相关的政策、标准、规范和指南。同时，还需要加强 ESG 制度建设的持续性和系统性，确保各项制度之间的衔接和协调。此外，还要深化环境信息披露制度，推动 ESG 产品服务创新，逐步建立健全 ESG 体系，为打造绿色新质生产力提供有力支撑。

（4）深化试点示范：探索中国特色路径

推动 ESG 工作的深入发展，需要持续推进试点探索并发挥示范带动作用。这包括选择具有代表性的区域和行业进行 ESG 试点示范，探索符合中国实际情况的 ESG 发展模式和路径①。同时，还需要加强试点示范项目的评估和监测工作，及时总结经验教训并进行推广。通过试点示范项目的成功实施，可以带动更多企业和地区积极参与 ESG 工作，推动 ESG 理念的普及和发展。

2. ESG 体系构建思路

一是加强 ESG 法律法规体系建设。首先，在环境层面，法律体系必须强化企业在环境保护方面的责任，确保污染物排放严格遵守既定标准，并加大对违法行为的惩处力度，以此倒逼企业采取更为积极的环保措施。其次，在社会责任层面，法律应明确界定企业对员工、消费者以及社区的责任，通过立法手段保护这些群体的合法权益。这包括但不限于劳动条件、消费者权益保护以及社区发展的相关法律规范。在公司治理方面，法律法规需要对企业的内部管理和决策流程进行规范，以确保企业运营的透明性和责任性，符合 ESG 的核心准则。这涉及提高公司治理的透明度，确保决策过程中能够充分考虑各方利益相关者的需求和期望。

二是加强 ESG 信息披露体系建设。我国上市公司 ESG 信息披露率比例仅为 41.52%，由此可见，我国的 ESG 信息披露有待加强。因此，迫切需要结合国际标准和国内实际情况，快速建立和完善 ESG 信息披露标准，明确指导企业信息披露，从而提高企业信息披露的质量和治理水平。

结合国际可持续准则理事会（ISSB）的标准，考虑我国金融市场的需求，制定适合我国的 ESG 信息披露标准，帮助企业更好地理解和执行 ESG 披露要求。在披露内容方面，聚焦国家战略，公开内部治理、企业发展战略、风险等信息，尤其强调定量指标的透明度。信息披露工作可以分阶段、有序地推进，上市公司、金融机构和央企集团发挥示范带动作用，率先进行 ESG 披露。随后，这一做法逐步扩大到更多企业，以减轻中小企业的披露压力。

三是完善 ESG 评价体系。ESG 评价与评级是 ESG 体系建设的关键一环，需要建立科学合理的评价体系和评级模型方法，确保评级结果的科学性、客观性和灵活性。随着对 ESG 评价体系需求的日益增长，国内第三方服务机构和行业协会已经开始开发适应国内企业特点的 ESG 评价体系，此举有助于减少对海外评价服务的依赖。为了更好

---

① 董战峰，贾真，冀云卿，等．美丽中国战略下本土化 ESG 体系建设思路与路径研究［J］．中国环境管理，2024（4）．

地反映国内的实际情况，需要总结现有经验，建立符合我国国情的 ESG 评价标准。在环境方面，评价体系不仅要关注气候风险变化，还应考虑生物多样性保护。在社会方面，评价体系应强调员工福利、共同富裕、乡村振兴和残障人群权益保护等方面的指标，以反映国内社会关切。在公司治理方面，评价体系应尤其重视党建和治理有效性等特色指标，这些都是提升企业治理水平的关键因素。

此外，也应关注数据质量与可靠性的提升，这是提高评级质量的基础。建立数据收集和验证机制，加强对数据质量的监管，对数据造假行为进行严厉打击。提高 ESG 评估与评级的透明度，公开评估与评级的方法和过程，接受社会监督，并建立反馈机制，及时回应社会关切和质疑。

四是优化 ESG 产品服务。ESG 金融产品服务在推进可持续发展方面发挥着举足轻重的作用，为可持续发展提供了重要的资金来源，因此，加强可持续金融的整体规划和布局显得尤为重要。我国在吸收海外经验的同时，一方面，应创新发展 ESG 金融工具。大力发展绿色债券、转型债券等 ESG 债券产品，这些债券工具可以为 ESG 相关领域提供资金支持，推动绿色低碳转型。通过明确发行标准、加强信息披露和监管等措施，可以提高这些债券的市场认可度和投资吸引力。丰富 ESG 产品，除了债券外，还可以探索发行 ESG 股票、基金等更多种类的金融产品，以满足不同投资者的需求。同时，通过优化产品设计、提高投资收益率等方式，增强 ESG 产品的吸引力。

另一方面，结合中国国情开发创新金融产品服务，旨在满足投资者多元化的投资需求①。如创新 ESG 养老产品，结合我国养老的现实需求，可以开发 ESG 养老理财产品、ESG 养老保险等创新产品，为老年人提供更加环保、履行社会责任表现良好的投资选择。发展 ESG 普惠金融产品服务，以普惠金融“贷”动绿色金融发展。普惠金融旨在服务小微企业和低收入人群。通过结合 ESG 理念，可以开发更加符合这些群体需求的金融产品，如 ESG 小微贷款、ESG 消费信贷等，同时促进他们的可持续发展。

3. ESG 体系构建保障措施

一是加强专业人才培育与团队建设。一方面，加强专业人才培育，建立完善的 ESG 专业人才教育培训体系，增加高校课程设置或者职业培训项目。在高等院校中开设 ESG 相关专业或课程，涵盖 ESG 理论、实践案例、数据分析等内容，为未来的 ESG 专业人才打下坚实的理论基础。职业培训机构可以针对在职人员，提供 ESG 领域的短期培训、证书课程等，帮助他们快速掌握 ESG 相关的知识和技能。另一方面，建立 ESG 人才激励机制。设立 ESG 专业人才认证制度，为通过认证的专业人士提供更好的职业发展机会和待遇，鼓励企业为在职人员提供 ESG 相关的继续教育机会，如学费补

① 袁吉伟．构建具有中国特色的 ESG 体系［J］．银行家，2023（8）．

贴、时间支持等。

二是强化国际经验与中国实践融合。系统梳理 GRI、TCFD、ISSB 等国际主流 ESG 披露准则，了解其特点和要求。结合我国发展战略和法规政策，将国际 ESG 经验与本土实践相结合，建立既符合国际规则又反映中国特色的 ESG 评价体系。积极参与国际 ESG 领域的交流与合作，把握全球 ESG 发展动态和趋势，推动国内外 ESG 标准的接轨互认。大力传播我国在绿色低碳转型发展中积累的 ESG 实践经验，扩大中国 ESG 评价体系的影响力，提升我国在国际 ESG 领域的话语权。

三是创新运用科技手段。鼓励企业建立 ESG 数字化平台，开发可视化界面，使数据更加直观易懂，便于用户查询、分析和比较。整合来自企业内外部的 ESG 数据，包括但不限于环境排放、能源消耗、员工福利、供应链管理等信息。运用大数据技术对海量 ESG 数据进行深度挖掘，发现潜在的风险和机遇。利用人工智能技术构建预测模型，对历史数据进行深入分析并追溯其演变历程，利用训练好的模型预测未来发展趋势。开发智能决策支持系统，根据 ESG 数据为企业提供个性化的决策建议。

四是完善企业 ESG 信息披露激励约束机制。一方面，加大 ESG 信息披露的监管力度，相关监管部门应建立严格的审核和监督机制，确保企业按时、按标准进行信息披露。对于未遵守规定的行为，应依法进行处罚，以维护市场的公平和透明。另一方面，建立基于信用的 ESG 激励政策体系。将 ESG 绩效评价纳入企业信用体系，对表现优秀的企业给予政策优惠、资金扶持等激励措施，形成正向激励机制。

二、中国特色 ESG 议题

表 1-1　中国主流 ESG 评级体系的三大议题

议题	商道融绿 ESG 评价体系	中证指数 ESG 评价体系	华证指数 ESG 评价体系	嘉实基金 ESG 评价指标体系
环境（E）	环境政策、能源与资源消耗、污染物排放、应对气候变化、生物多样性	气候变化、污染与废物、自然资源、环境管理、环境机遇	气候变化、资源利用、环境污染、环境友好、环境管理	环境风险暴露、环境风险管理、环境机遇
社会（S）	员工发展、供应链管理、客户权益、产品管理、数据安全、社区	利益相关方、责任管理、社会机遇	人力资本、产品责任、供应链、社会贡献、数据安全与隐私	人力资本、产品和服务质量、社区建设
公司治理（G）	治理结构、商业道德、合规管理	股东权益、治理结构与运作、信息披露、公司治理风险、管理运营	股东权益、治理结构、信披质量、治理风险、外部处分、商业道德	公司治理结构、治理行为

资料来源：商道融绿官网、中证指数官网、华证指数官网、嘉实基金官网。

国内 ESG 评价服务在近几年得到快速发展，商道融绿、华证指数、中证指数、嘉实基金等都推出了本土化的 ESG 评价及数据。三个议题的核心理念与“可持续发展”

“绿色低碳”等高度契合，符合我国政策和发展战略的要求。

此外，根据福布斯中国发布的《2024 中国 ESG 50》报告，在环境方面，“应对气候变化”是最重要的议题，还有“供应链管理”和“环境合规管理”较为重要；而在社会责任方面，“创新驱动”“供应链安全”以及“产品和服务安全与质量”是最受关注的议题；在公司治理方面，“ESG 架构和体系建立”“利益相关方沟通”以及“反商业贿赂及反贪污”这三类议题出现的频率最高①。

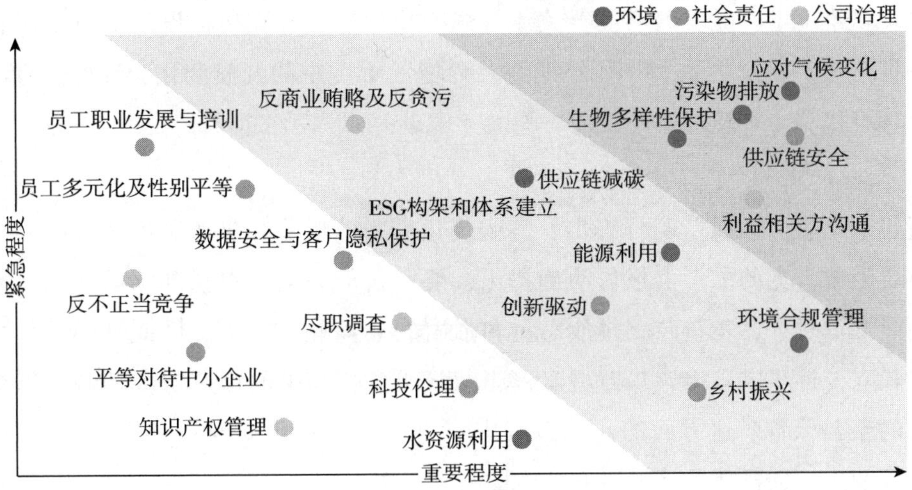

图 1-15　重要性议题矩阵

资料来源：福布斯中国。

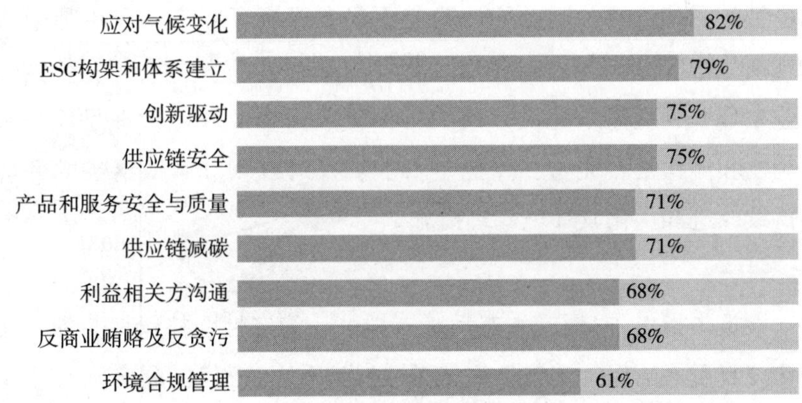

图 1-16　九大重要议题

资料来源：福布斯中国。

① 福布斯中国．(2024)．福布斯中国发布 2024 中国 ESG 50：企业可持续发展渐入佳境［EB/OL］．https：//www.forbeschina.com/innovation/68795.

结合中国主流ESG评级体系以及中国ESG 50强企业重点关注的议题，综合来看，中国特色ESG环境议题重点关注气候变化、环境管理、环境机遇、生物多样性、环境污染等。中国特色ESG社会议题重点关注产品和服务质量、供应链管理、员工发展、社会贡献等。中国特色ESG治理议题重点关注公司治理结构、信息披露、股东权益、商业道德等。

（一）环境议题

在环境维度上，欧美国家主要关注气候变化议题，并在指标设定上侧重于企业的气候责任行为。相比之下，中国ESG的“环境”维度中的气候变化、环境管理、资源利用、环境机遇、环境污染等议题与我国“双碳”目标不谋而合。

1. 气候变化

近年来随着“双碳”目标提出，气候变化带来的风险和机遇逐步成为影响企业经营的重要因素。党的二十大报告明确提出，要完善能源消耗总量和强度调控，重点控制化石能源消费，逐步转向碳排放总量和强度的“双控”制度。因此，国家环境监管将从能耗双控逐步向碳排放双控过渡，应对气候变化和推动绿色低碳转型成为企业必须面对的重要课题。这方面的议题多集中在应对气候变化的规划与措施、能源消耗、清洁能源使用、碳排放及其他温室气体排放等方面。

2. 环境管理

在环境监管日益严格和“双碳”目标加速实施的背景下，环境管理能力已经成为影响企业财务绩效和估值的关键。这一趋势不仅在投资者和市场分析师中得到广泛认可，而且也逐渐成为区分市场领先者和落后者的重要判断依据之一。环境管理议题下重点关注企业在环境管理体系建设方面的指标，包括企业环境管理目标是否明确、企业环境管理制度和流程是否完善，企业是否能够及时发现和解决潜在的环境问题，以及是否能够持续改进和优化其环境管理措施。

3. 生物多样性

党的二十大报告指出，“提升生态系统多样性、稳定性、持续性，加快实施重要生态系统保护和修复重大工程，实施生物多样性保护重大工程”。联合国《生物多样性公约》第十六次缔约方大会于2024年10月21日在哥伦比亚卡利开幕。这次大会围绕保护生物多样性、可持续利用自然资源以及公平分配可持续利用资源所产生的利益这三个方面展开讨论，并寻求将生物多样性纳入经济政策。此次大会上各国将提出明确的行动计划，与“昆明—蒙特利尔全球生物多样性框架”保持一致，并制定相关监测机制。企业作为生产经营活动的主体，从自然界获取资源，是生物多样性利用的主体，同时，企业的生产经营活动，又对生物多样性产生影响。因此，企业应将生物多样性保护纳入日常经营活动中，特别是针对土地、水、能源和矿产等严重依赖自然资源的企业，应当更加注重自然资源利用与生态保护能力建设。

该议题重点关注企业日常运营中对自然资源的利用效率和对生物多样性的外部性影响，以及为降低负面影响所设定的风险管理目标、战略措施等。

4. 环境机遇

随着全球对环境保护和可持续发展的重视，企业开始布局绿色低碳的产品和服务。这一战略举措不仅有助于企业避免因高能耗产品带来的高昂原材料和生产成本，而且还能使企业在能源转型和低碳创新技术的发展中占据有利地位。通过提前布局，企业能够抓住这一重要的发展机遇，为公司的中长期绿色低碳发展奠定坚实的基础。

为了应对气候变化所带来的挑战，首要任务是加速推进能源结构转型。这一过程的核心在于提升可再生能源在能源结构中的比重，从而实现能源生产的清洁化、能源使用的电气化以及智能化水平的提升，并进一步提高能源利用的效率。随着清洁能源技术的不断进步和清洁技术的持续创新，绿色能源的成本将逐渐降低，这不仅有助于减少环境污染，还将为相关企业带来更多的中长期发展机遇。特别是那些提前布局绿色低碳转型的企业，将能够抓住这一机遇，实现可持续发展。

这一议题重点关注企业在绿色产品与服务的开发、资源循环利用以及获取绿色认证等方面的措施和成效。

5. 环境污染

随着中国经济的快速发展，工业化和城市化进程不断加快，环境污染问题日益凸显。环境污染治理和环境质量改善成为了企业和政府必须面对和解决的难题。为了应对这一挑战，我国提出了一系列环境保护和污染治理的政策措施。在企业层面，ESG 实践也已经成为企业社会责任的重要组成部分。

这一议题重点关注企业在生产经营过程中采取的环境保护措施，如减少污染物排放、提高资源利用效率、发展循环经济等。

（二）社会议题

在社会维度上，欧美企业更多地关注社区文化、人权等。而在中国，ESG 的社会议题不仅关注企业自身的社会责任，更强调与国家的宏观战略相结合。中国特色 ESG 社会议题重点关注产品服务和质量、供应链管理、员工发展、社会贡献等内容。这些内容体现了中国在推动可持续发展方面的积极态度和实际行动，并且与国际 ESG 评价体系相比，更贴近中国的社会文化背景、经济发展阶段和产业结构特点。

1. 产品服务和质量

产品服务和质量关系到企业的信誉和形象，同时也与广大公众的健康和安全息息相关。企业应建立严格的产品质量安全管理制度，确保产品从设计、生产到销售的每一个环节都符合安全标准。此外，企业还需要积极防范潜在风险，如产品召回、用户投诉以及监管处罚等问题，以避免对企业声誉和经营造成负面影响。在客户服务方面，流畅的客户服务流程、明确的服务标准以及高效的投诉处理机制对于保障客户的权益至关重要。这些因素直接影响客户的满意度和忠诚度，进而影响企业的长期发展和市场竞争力。随着信息技术的快速发展，隐私安全和数据保护也成为事关国家安全和经济社会发展的重大议题。企业在处理客户数据时，必须严格遵守相关法律法规，建立健全隐私安全和数据保护制度。

因此，在这一议题下重点考虑产品安全与质量、客户权益保护、隐私安全和数据保护等指标。

2. 供应链管理

对于供应链比较复杂的企业，上游供应商在劳工待遇、工作环境、生产安全、产品质量以及与社区的关系等方面的表现，对于整个供应链的稳定性和安全性具有显著的影响。如果供应商在这些方面存在问题，会引发一系列负面后果，例如生产事故或产品质量问题，这些都会对供应链的顺畅运作造成干扰。上游的负面后果会沿着供应链传导，导致下游企业面临经营中断的风险，甚至可能因为监管问题或声誉受损遭受更大的损失。因此，企业在管理供应链和采购制度时，必须采取全面的措施来应对这些潜在风险。

在这一议题下，重点关注企业在供应商环境和社会风险管理、供应商选择标准等方面。

3. 员工发展

员工发展是关系到企业可持续发展的重要议题，有效的员工发展管理不仅能够优化企业的组织结构，提高员工的能力和素质，还能为企业可持续发展提供强有力的人力资源保障。只有把员工发展议题管理好，才能实现员工持续成长和企业可持续发展的共赢。这就要求企业必须把以人为本的理念贯穿于日常经营管理之中。

员工雇佣是企业人力资源管理的核心环节，直接关系到员工的聘用、福利待遇、工作条件等诸多方面，也与企业的声誉和社会形象息息相关。员工的福利待遇与激励手段是决定员工满意度和忠诚度的重要因素，因此员工薪酬与福利数据对于衡量企业在员工激励与管理方面的态度举措十分重要。保护劳动者的生命安全和职业健康是各行业和企业最基本的责任，企业必须确保为员工提供安全健康的工作环境。此外，企业还应关注员工的个人发展和职业规划，提供培训和晋升机会，以促进员工的个人成长和职业发展。在员工发展方面，企业还应重视多元化和包容性，为不同背景的员工创造平等的发展机会。通过这些措施，企业不仅能够提升员工的工作满意度和忠诚度，还能吸引和保留人才，为企业的长期发展注入活力。

这一议题重点关注企业在员工雇佣政策、员工管理和福利、员工健康与安全、员工培训与发展、人才激励和培养等方面的表现。

4. 社会贡献

在进行企业价值评估时，必须更加重视企业在履行社会责任方面所创造的社会价值。企业的生产经营活动不仅仅是为了创造利润，更重要的是要为社会创造价值。这种社会价值既体现在企业的商业创新上，也体现在企业对当地社区建设的贡献与影响，还包括企业对国家战略的积极响应。在国家战略响应方面，企业在支持乡村振兴、共建“一带一路”、区域协调发展等方面发挥了关键作用。

这一议题重点关注社区共建、社会公益活动、国家战略响应等方面。

（三）治理议题

在治理维度方面，国际 ESG 市场的发展历程更多地体现了市场选择机制，强调企业的自愿行为，因而在指标设置上强制性较弱。考虑到中国 ESG 市场的成熟度、市场特点以及上市公司的组织形式差异，在设置中国的治理维度指标时，根据实际情况，将国际通用议题与既有国情制度进行了融合。

1. 公司治理结构

健全的治理结构是确保公司能够长期可持续发展的核心要素，不仅有助于提升公司的决策效率和风险管理水平，还能增强公司的治理透明度和市场信任度，促进企业稳健运营。

董事会作为公司治理的核心，其结构的合理性和功能的有效性直接关系到公司的决策质量和执行效率。董事会成员的多元化、独立性以及专业能力是衡量其结构与功能的重要指标。监事会作为公司的监督机构，对董事会的决策和执行进行监督，确保公司运营的合规性。合理的高管薪酬与激励机制能够促进管理层与股东利益的一致性，同时避免过度地追求短期利益。公司的内控管理制度可以有效防范各类合规风险，确保公司稳健运行。企业还重视党建在公司治理中的作用，发挥党组织在企业中的引领作用，引导企业坚持正确的政治方向和价值取向，促进企业健康稳定发展。通过这些方面的治理，企业能够建立良好的公司治理结构，为实现长期稳定发展奠定坚实基础。

这一议题重点关注董事会、监事会、高管薪酬激励制度、合规经营、党建等内容。

2. 信息披露

企业应定期向公众披露其经营状况、财务状况、重大决策等信息，以便提高企业透明度、增强投资者信心以及维护市场秩序。在信息披露方面，公司应积极制定策略，确保准确、及时、公正的信息传递。信息披露不仅包括传统财务信息和财务报表的披露，还应包括ESG专项报告和信息披露。企业ESG报告应当明确定量目标，并通过第三方鉴证来增强其可信度，进一步提高ESG信息披露的质量与有效性。财务信息作为重要信息工具，其可靠性、规范性和真实性，以及财务信息披露的透明度、及时性与合规性对于衡量企业当前财务状况与经营成果，预测企业未来经营发展趋势至关重要。

因此，这一议题重点关注企业财务信息披露和ESG专项信息披露等内容。

3. 股东权益

股东权益是公司治理中的核心议题之一，它直接关系到投资者的利益和公司的长期稳定发展。在这一议题下，企业需要确保股东能够公平、公正地参与公司治理，享有应有的权利。这包括但不限于股东的投票权、知情权、收益权和参与重大决策的权利。企业应通过完善股东大会制度、加强与投资者的沟通等措施，保障股东权益的实现。同时，企业还应关注股东之间的利益平衡，避免出现大股东滥用控制权损害中小股东利益的情况。

因此，这一议题重点关注畅通股东交流渠道、保障股东收益权、决策权等内容。

4. 商业道德

对于企业，特别是国有企业来说，深化反腐倡廉的意识尤为重要，以防止诸如侵吞国有资产、利益输送等违规违纪行为的发生。同时，鉴于我国反垄断执法力度的不断加强，企业因垄断行为而可能遭受的罚款和监管处罚风险也随之增加。因此，迫切需要建立和完善竞争规则，制定明确的商业竞争政策，以防止不正当竞争行为，确保企业经营活动的合法性。

这一议题重点关注企业在商业活动中的行为，诸如欺诈、高管不当行为、腐败、洗钱等。

三、中国特色ESG政策

（一）政策发展历程

从2002年开始，ESG政策历程经历了从初创奠基到实践探索，再到如今的战略深化，每一步都见证了我国ESG政策的不断进步。从监管政策发展视角来看，目前中国ESG发展主要可分为三个阶段：

1. 初创奠基阶段：生态文明建设引领环境治理

此阶段强调以生态文明建设为基石，引导并推动环境治理的初步布局与实践。20世纪末，随着社会责任运动和ESG（环境、社会和公司治理）实践在全球的广泛开展，这些理念和实践也传导至中国，对中国的可持续发展规划产生了影响。自党的十八大以来，中国将生态文明建设放在了突出的位置，因此在ESG相关政策的初期，主要体现为以“环境”为导向的信息披露政策布局。

在这个时期，ESG 信息披露主要受到中国证监会、《中华人民共和国环境保护法》相关责任条例以及证券交易所披露指引的影响。深交所、上交所和联交所分别于 2006 年、2008 年和 2012 年发布了关于社会责任和环境信息披露的指引，从市场运作的角度鼓励上市公司积极履行社会责任，对上市企业的信息披露作出了较为明确的标准化指引。特别是联交所，将 ESG 管治框架、汇报原则及汇报范围列为“强制披露规定”，对中国香港上市公司的 ESG 管治工作和鉴证等环节提出了更高的要求。

2. 实践探索阶段：绿色金融赋能 ESG 发展

绿色金融成为 ESG 实践的重要土壤，通过金融产品和服务的创新，推动绿色、低碳、环保产业的探索与发展。2016 年“十三五”规划纲要提出要建立绿色金融体系。2016 年 8 月，央行、财政部等多部门出台了《关于构建绿色金融体系的指导意见》，为我国首个政府层面全面推进绿色金融的政策性文件，其要求 2020 年所有上市公司强制披露环境信息，标志着我国 ESG 正式步入以“绿色金融”为基底的探索期。证监会和各大证券交易所作为市场监管机构，陆续推动 ESG 信息披露标准建立的进程。

3. 战略深化阶段：“双碳”目标驱动 ESG 体系加速完善

在“双碳”目标的战略指导下，企业开始深化 ESG 体系建设，加速向低碳转型，以实现可持续发展和环保目标。在这一阶段，政策集中在 ESG 信息披露方面，旨在提高市场透明度和企业责任感。这些政策不仅要求企业公开环境、社会和公司治理方面的信息，还鼓励企业采取更加可持续的发展模式。此外，部分政策也涉及 ESG 投资和 ESG 评级。尤其是 2024 年以来，有关 ESG、可持续发展信息披露的政策密集出台，中国可持续披露准则体系建设稳步推进。各大省市如江苏、上海、北京等，也都推出了自己的 ESG 行动方案，标志着我国 ESG 发展进入新阶段。

（二）政策特点

1. 国家战略驱动与 ESG 实践融合

ESG 理念与国家重点政策高度一致，如“双碳”、共同富裕、数据安全等，特别是在“双碳”目标的实现中起到了重要作用。国家制定碳达峰、碳中和“1+N”政策体系，明确了“双碳”的主要目标和实施路径。同时，结合对企业 ESG 环境议题的设定和信息披露要求，将生物多样性保护、低碳发展、绿色发展和气候治理作为环境议题的重点，并将环境信息的强制性披露纳入企业信用管理体系，以法律手段强化企业披露环境信息的义务，从而支持“双碳”目标的实现①。

---

① 计然碳见（北京）科技有限公司，云南计然咨询管理有限公司，中信证券股份有限公司 . 2023 中国 ESG 实践白皮书［EB/OL］. https：//www. fxbaogao. com/detail/4098738.

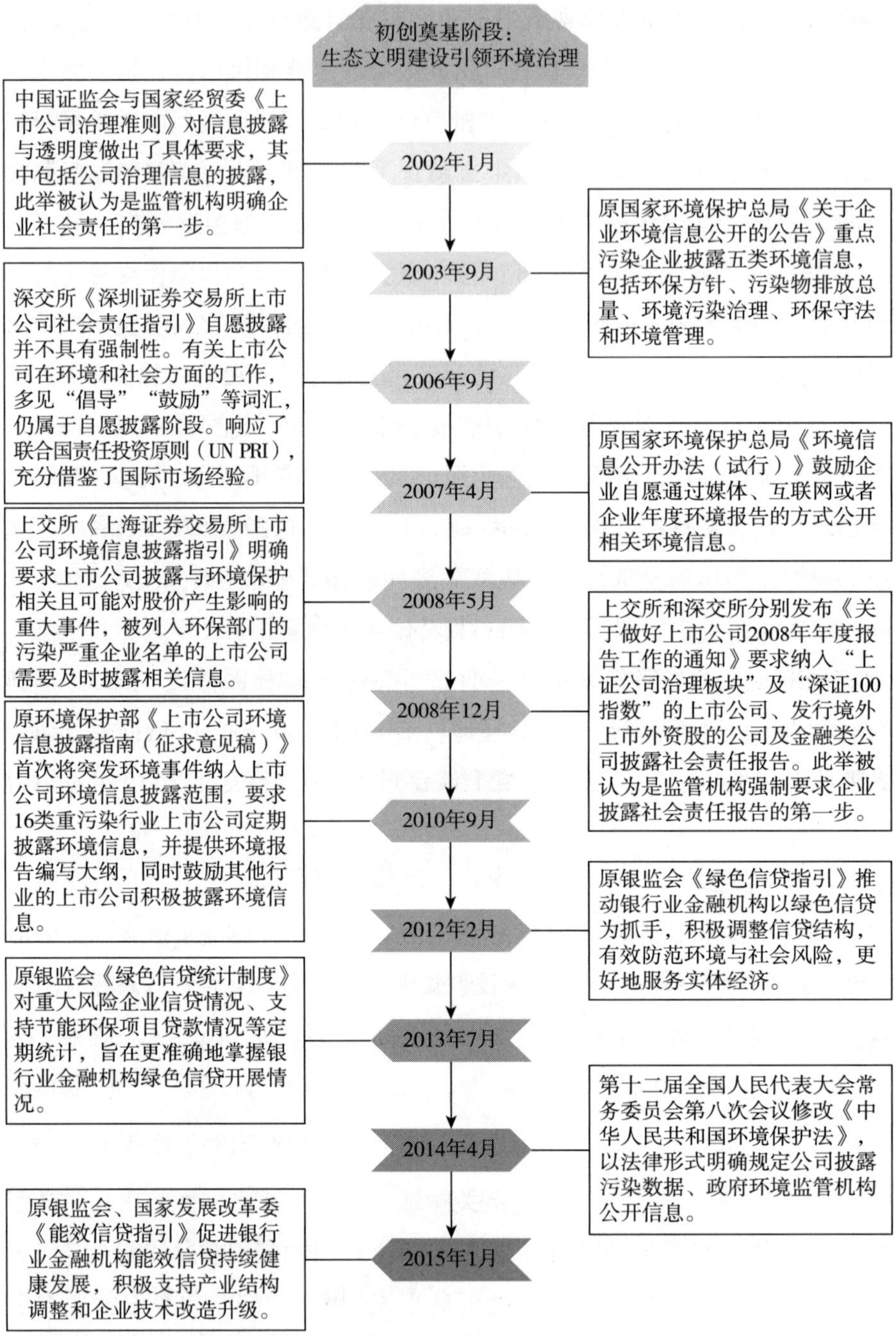

图 1-17　初创奠基阶段 ESG 政策发展历程

资料来源：根据公开资料整理。

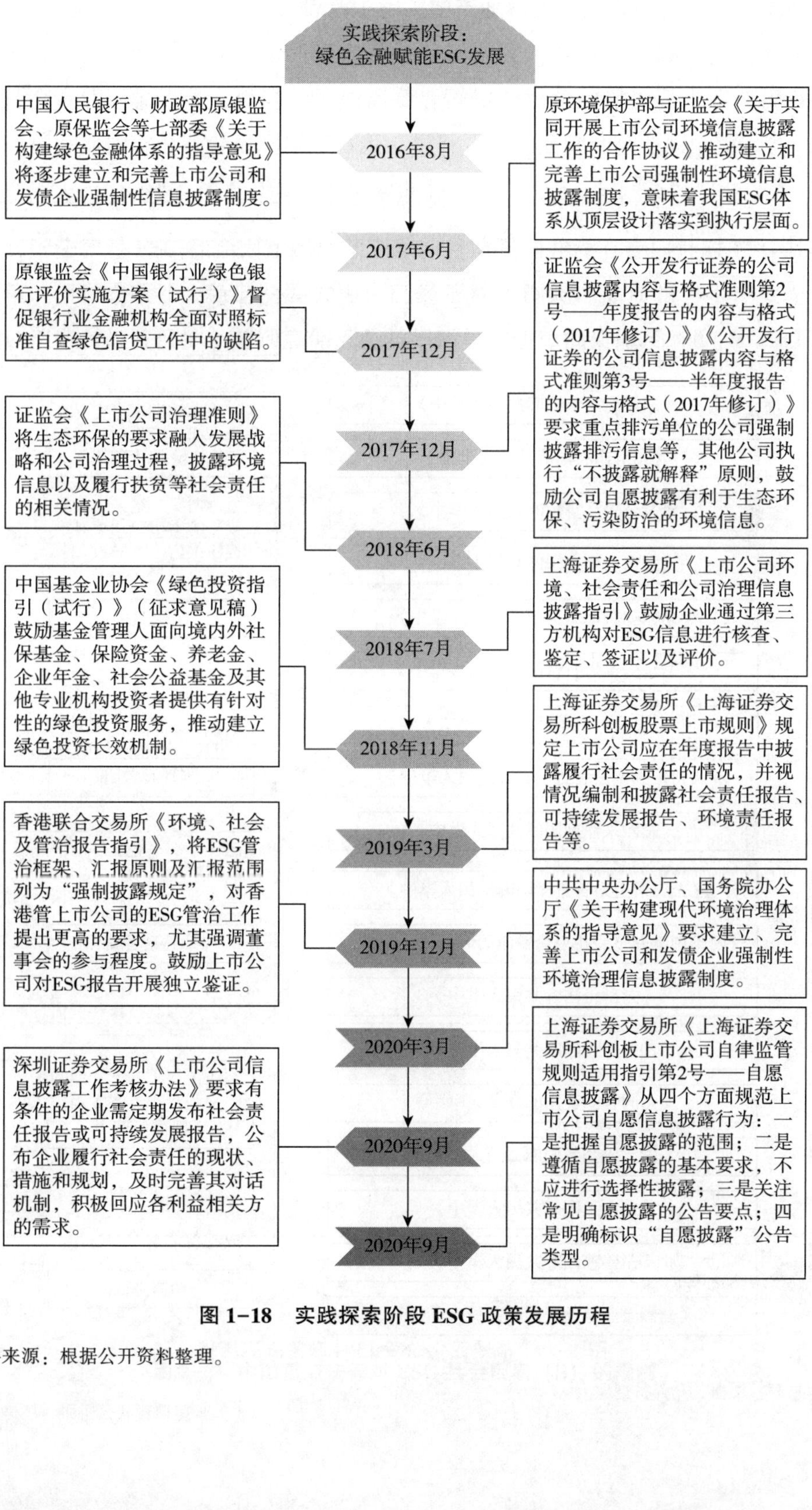

图 1-18　实践探索阶段 ESG 政策发展历程

资料来源：根据公开资料整理。

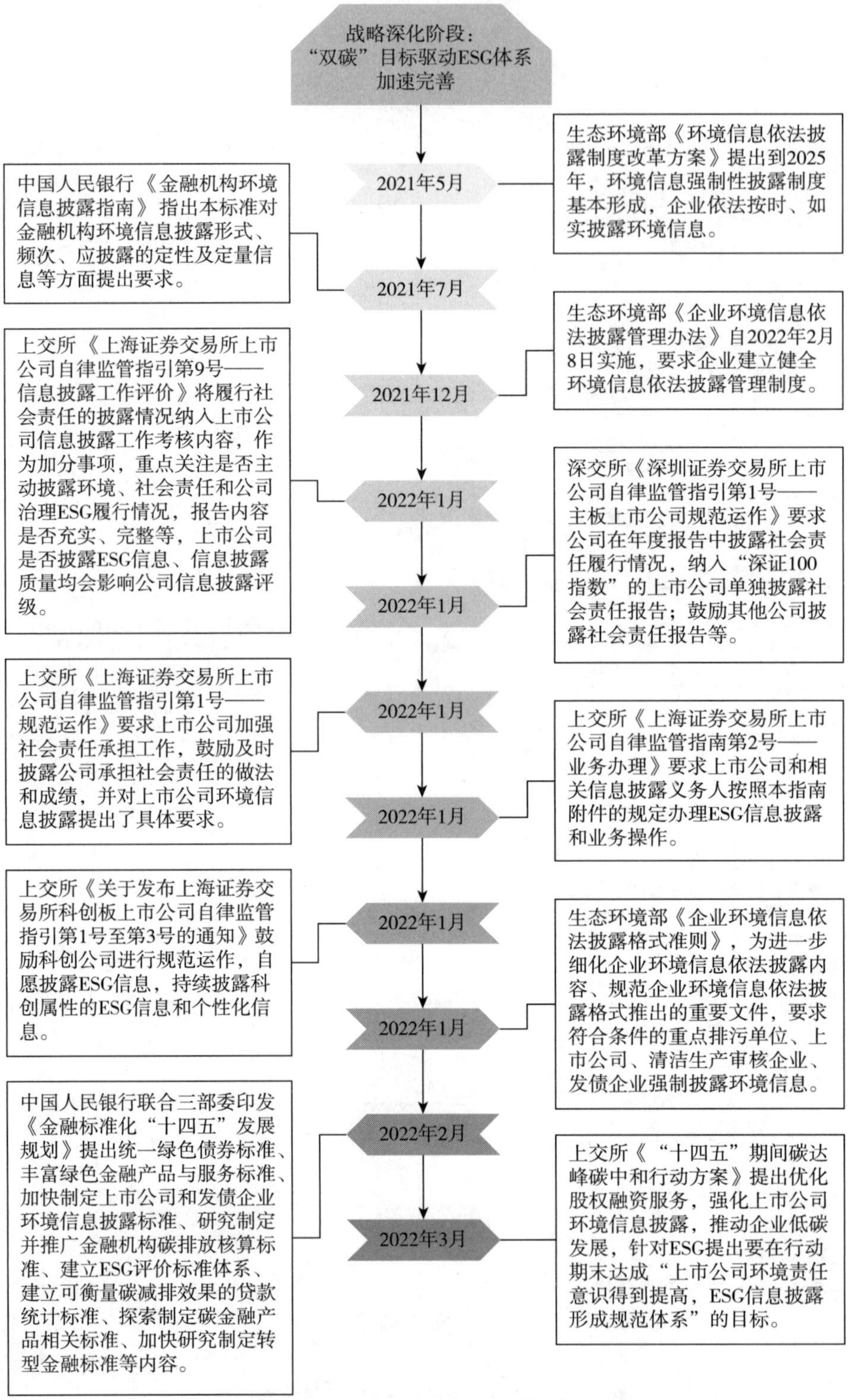

图 1-19　战略深化阶段 ESG 政策发展历程

资料来源：根据公开资料整理。

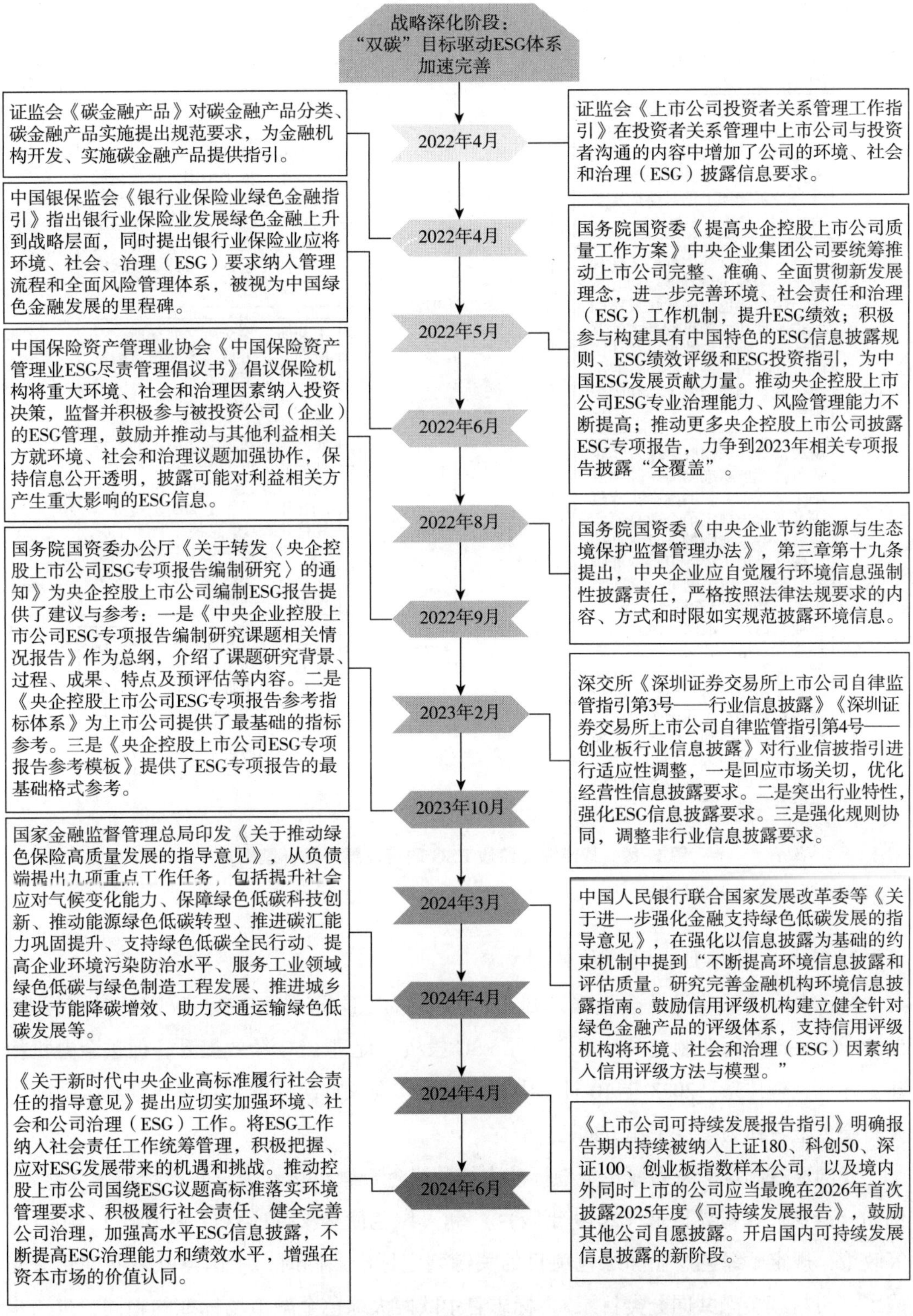

图 1-19　战略深化阶段 ESG 政策发展历程（续图）

资料来源：根据公开资料整理。

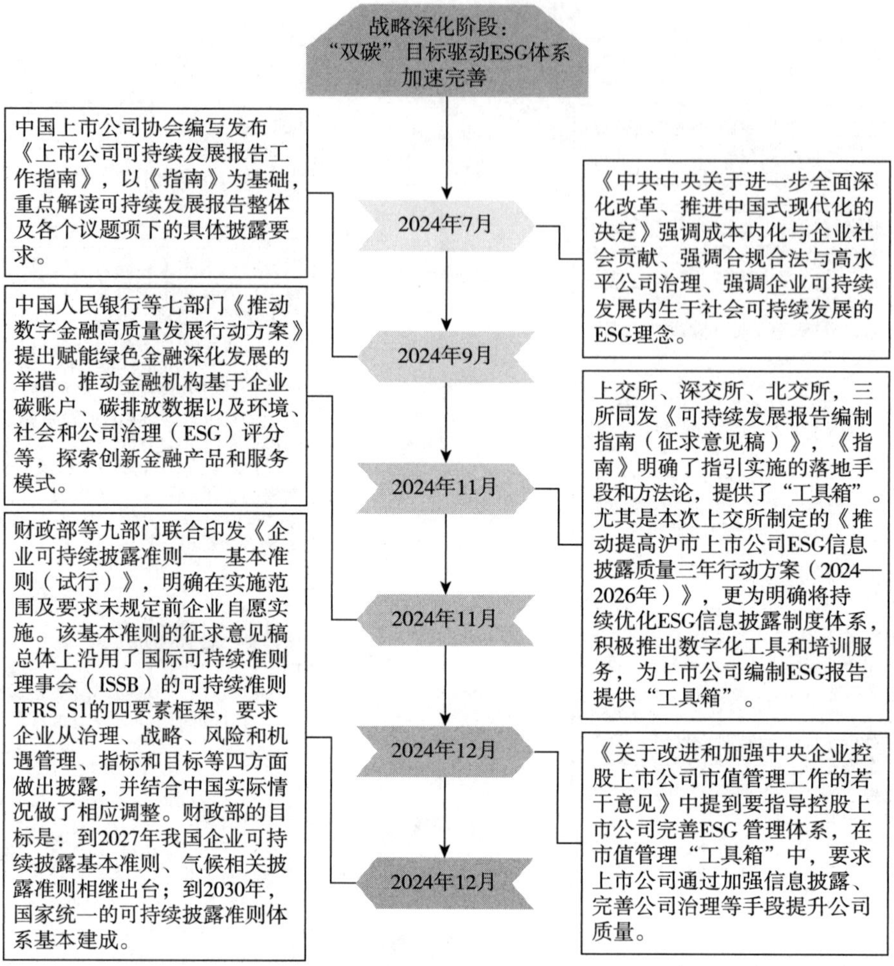

图 1–19　战略深化阶段 ESG 政策发展历程（续图）

资料来源：根据公开资料整理。

2. 绿色金融与 ESG 理念的协同发展

绿色金融体系建设是金融强国建设的重要组成部分。近年来，政府针对银行业、保险业等关键性行业制定了政策，引导 ESG 投资、促进 ESG 绩效提升，促进金融机构建立绿色金融体系。2023 年 10 月，中央金融工作会议首次提出“加快建设金融强国”，并将绿色金融作为重点工作方向之一。

我国通过制定一系列绿色金融标准来规范绿色金融市场行为，并逐步与国际接轨。例如《绿色产业指导目录（2019 年版）》和《绿色债券支持项目目录（2021 年版）》等政策，规定了绿色产业和绿色项目的关键判定标准。同时，中国与欧盟共同牵头完成了《可持续金融共同分类目录》，标志着中欧两大绿色金融市场标准的趋同，进一步推动了绿色金融标准体系与国际接轨。

3. 鼓励上市公司尤其是央企开展 ESG 信息披露

我国政府正在推动 ESG 信息披露由完全自愿披露向半强制披露转化。目前，上交所的“上证公司治理板块”样本公司、境内外同时上市的公司及金融类公司、深交所的深证 100 样本公司、科创 50 样本公司已被纳入 ESG 报告的强制披露范围。这一举措体现了监管机构对 ESG 信息披露的高度重视。证监会正在指导沪深证券交易所抓紧制定上市公司可持续发展披露指引，旨在根据不同板块、不同市值的上市公司特点，做出差异化安排。这将有助于提升 ESG 信息披露的针对性和有效性，满足不同投资者的信息需求。

此外，国务院国资委明确将 ESG 工作列为高质量发展工作之一，这标志着 ESG 理念在我国国有企业中的重要地位得到了进一步提升。2022 年 3 月，国资委社会责任局成立，指导和促进央企社会责任建设迈入新征程，标志着中国政府在推进企业社会责任方面迈出了重要一步。这一举措不仅推动央企社会责任建设迈入新征程，还彰显了政府对于企业社会责任的高度重视和积极推动。2022 年 5 月，国务院国资委发布《提高央企控股上市公司质量工作方案》，明确提出要提高 ESG 专业治理能力，鼓励披露 ESG 专项报告，多措并举建立健全 ESG 体系。2023 年 7 月，《央企控股上市公司 ESG 专项报告编制研究》为央企上市公司提供了完整的 ESG 信息披露指标参考。

四、中国特色 ESG 实践路径

（一）我国践行 ESG 时面临的困境

一是 ESG 评价体系的不适用。目前占据主导地位的评级机构仍然是国际评级机构，它们往往忽视中国企业创造的本土价值，更多聚焦在 ESG 治理、风险议题及绩效评价体系。因国情和文化的差异，这些评级机构很难理解中国企业的社会价值，缺乏适合中国国情的指标体系。

二是 ESG 信息披露不充分。ESG 信息披露不充分主要是由于中国 ESG 发展处于起步阶段，没有统一、规范、详细的披露指引。企业在 ESG 信息披露和评级中，此问题又会衍生出三种情况：无管理或无披露；有管理无披露；有管理有披露，渠道出问题。

三是 ESG 投资策略无法广泛应用。由于我国企业 ESG 信息披露质量不高，评级机构、数据服务商难以获取有价值的信息，此外，评级机构之间的差异化和主观性较大，使得 ESG 评级结果难以被广泛接受和认可，导致 ESG 投资策略在我国尚未广泛应用。

（二）我国在 ESG 实践的独特之处

我国在 ESG 实践中的独特之处主要体现在经济制度和政府经济职能的有机结合上，为推动 ESG 实践提供了坚实的制度保障和政策支持。

1. 经济制度对ESG实践的影响

我国坚持社会主义基本经济制度，通过对生产资料公有制在重要领域和关键产业进行有效控制和调控，为ESG实践提供了坚实的制度基础。公有制企业往往更注重社会责任和长期效益，有利于推动ESG理念的深入实施。国有企业在ESG实践中发挥着引领作用，通过制定高标准、严要求的ESG管理政策，带动其他企业共同提升ESG水平。

我国积极探索社会主义初级阶段的分配制度改革，注重公平正义和激励约束相结合，这有助于形成多元化的收入分配格局，促进社会公平和社会稳定。在ESG实践中，这种分配制度可以激励企业更加注重员工福利和社会责任，实现经济效益与社会效益的双赢。

我国的社会主义市场经济体制既强调市场在资源配置中的决定性作用，又注重政府的宏观调控和市场监管。这种体制有利于解决市场失灵问题，维护公共利益，实现经济高质量发展和可持续发展目标。在ESG实践中，政府可以通过制定政策、标准和监管措施，引导企业加强ESG管理，推动绿色、低碳、可持续发展。

2. 政府经济职能对ESG实践的推动

我国政府在保持宏观经济稳定、保障公平竞争、维护市场秩序等方面发挥着重要作用。在ESG实践中，政府可以通过宏观调控手段，如财政、税收、金融等政策，引导企业加大环保投入、改善员工福利、提升公司治理水平。同时，政府通过加强市场监管，打击违法违规行为，维护市场秩序，为ESG实践创造良好的外部环境。

（三）中国特色ESG实践路径分析

1. 政府引导中国特色ESG实践

一是制定激励政策。为ESG表现优异的企业提供财政补贴、金融支持等，或在政府采购中设立相应的准入门槛，以激励这些企业继续发挥比较优势。政府为ESG表现优异的企业提供直接的财政补贴，以表彰其在环境、社会和治理方面的突出贡献。这些补贴可以用于支持企业的可持续发展项目、环保技术创新、社会责任活动等。此外，还可以通过降低ESG表现良好的企业的税率、提供税收减免或返还等方式，减轻其税负，鼓励其继续加大在ESG方面的投入。政府也可以引导金融机构为符合ESG标准的企业提供绿色信贷，即贷款利率低于市场平均水平的贷款，以支持其可持续发展项目。

二是强化标准制定与监管。政府可以牵头制定一套既与国际接轨又符合我国国情的ESG评价和信息披露规则。这套体系应涵盖环境、社会和治理三个方面，明确企业在这些领域内的具体要求和目标。也要明确ESG信息披露标准，帮助投资者更好地了解企业的环境和社会影响，减少信息不对称，引导投资者将资金投向那些对社会贡献大的企业。同时，要加强监管和执法，确保企业遵守 ESG 相关的法律法规，对违反规定的企业进行处罚。这可以通过定期的审计、评估和监督来实现。

2. 企业积极践行中国特色 ESG 实践

企业作为 ESG 实践的重要主体，通过将 ESG 理念融入企业发展战略和生产经营全过程、加强 ESG 信息披露的规范化和标准化等措施，企业可以不断提升自身的 ESG 表现和社会责任感。

首先，企业应当遵循 ESG 理念开展经营活动。根据福布斯中国发布的“ESG 启发案例”，90%的公司表示，过去两年企业内部涉及的重要 ESG 举措都与业绩息息相关；因技术研发进步而有助于提升公司 ESG 表现的案例占比约 80%；因运营方式改变所带来的 ESG 表现提升占比约 70%。因此企业不应将 ESG 视为开展业务的成本，而是将其视为业务战略的关键功能。这就要求企业的经营者要深化对 ESG 重要性的认识，将 ESG 融入企业战略规划中，确保 ESG 目标与企业长期发展目标相一致。企业需要在内部建立专门的 ESG 管理团队，负责制定和执行 ESG 相关的政策和措施。企业还应当将 ESG 理念贯穿于企业生产经营全过程。例如，通过自建工业废水处理站、危险废物贮存间以及引进高效除尘设备、活性炭吸附装置等方式，确保生产过程中的废水、废气排放以及固废管理符合环保要求。

其次，随着投资者对 ESG 信息的关注度不断上升，企业应当更加重视 ESG 信息披露，注重 ESG 报告的规范化和标准化。企业应定期对 ESG 绩效进行自我评估，并向公众披露相关信息，展示企业在 ESG 领域的做法和成效，以提高透明度和公信力，良好的 ESG 实践也可以为其他企业 ESG 实践提供启发和借鉴。

（四）中国特色 ESG 实践案例

1. ESG 综合实践：国网信通践行 ESG 发展理念，助力企业高质量可持续发展

国网信通以“互联 · 共享，让能源更智慧，让生活更美好”为发展使命，积极践行新发展理念，不断提升 ESG 专业治理能力，建立健全 ESG 管理架构，将 ESG 理念全面融入公司经营管理，追求经济、社会与环境的综合价值最大化①。企业应加强专业培训和交流，持续推进 ESG 相关实践；加强与利益相关方的沟通，积极履行社会责任，促进行业与社会公平发展；主动对标国内外信披权威标准，优化行业关键议题披露，连续独立编发 ESG 报告。

（1）数智赋能，绘就绿色蓝图

应对气候变化方面，公司积极适应行业和社会变革，识别气候变化带来的风险和

① 国网信息通信股份有限公司．《国网信息通信股份有限公司 2023 年环境、社会及公司治理（ESG）报告》［EB/OL］．https：//book. dizanna. com/book/2024/04-26-gwxx/mobile/.

机遇，制定管理策略以降低其对业务的影响，并致力提升气候风险管理能力，确保公司可持续发展。

完善绿色管理方面，公司严格遵守相关环保法律法规，不断完善环境保护顶层设计，建设环境管理体系，积极开展环境风险管理和绩效考核，加强环保宣传和培训。

践行绿色运营方面，公司秉持“倡导绿色生活，构建低碳未来”的理念，坚持企业与环境共同发展，积极践行绿色办公，加强环保培训和宣传教育，开展丰富的环保公益活动，以实际行动传递绿色理念，推广绿色文化，引领绿色发展。

支撑绿色转型方面，公司作为电力能源行业的信息通信服务企业，利用智能化技术面向能源行业的生产经营各环节提供实用化应用软件、服务及终端产品，支持能源行业的绿色转型，助力实现“双碳”目标，倡导绿色低碳的生产方式和生活方式。

（2）社会共建，汇聚思极微光

携手员工成长方面，公司坚持人才引领发展的战略地位，切实保障员工基本权益，重视人才自主培养，关注员工美好生活，为其营造识才爱才敬才用才的环境。

筑牢安全管理方面，公司筑牢安全发展理念，始终将安全生产放在重要位置，扎实推进安全生产治理体系建设，让企业守得住生产安全和网络安全的防线，致力于打造安全稳定的企业。

推动行业共赢方面，公司将可持续理念贯穿于产品和业务的全生命周期，建立健全供应链管理体系，将社会责任理念传递给供应商，推进与其他利益相关方的战略合作，积极参与行业活动、参与行业标准制定等，提高行业影响力携手进步。

倾情奉献社会方面，公司在新时代扎实推进共同富裕，坚持在发展中增进民生福祉，有力有效推进乡村全面振兴、持续增强能源供应保障能力，确保经济社会生活平稳运行、多样化开展公益服务活动。

（3）稳健经营，夯实治理根基

规范公司治理方面，公司持续优化治理结构，强化与各利益相关方沟通，提高合规水平，积极保障各方的利益。

党建业务融合方面，公司进一步创新党组织活动内容，推动党建与业务深度融合，围绕“党建+”工程八大专业，形成42个工程项目。

秉持商业道德方面，公司遵守商业准则和法律法规，反对腐败等行为，并要求合作伙伴遵守相关规定，营造廉洁诚信的环境。

保障股东权益方面，公司加强投资者关系管理，搭建与投资者之间顺畅的沟通桥梁，以便与投资者保持密切的联系，形成长期良性互动。

创新引领发展方面，公司坚持以科技创新引领发展，增加创新投入，完善管理体系，培养技术人才，激发创新驱动力，助力能源行业实现高质量智慧转型。

坚持质量至上方面，公司优化质量管理体系，制定各环节的质量控制程序，明确责任人，健全内部管理机制，及时反馈整改质量问题，并同步完善防控措施。

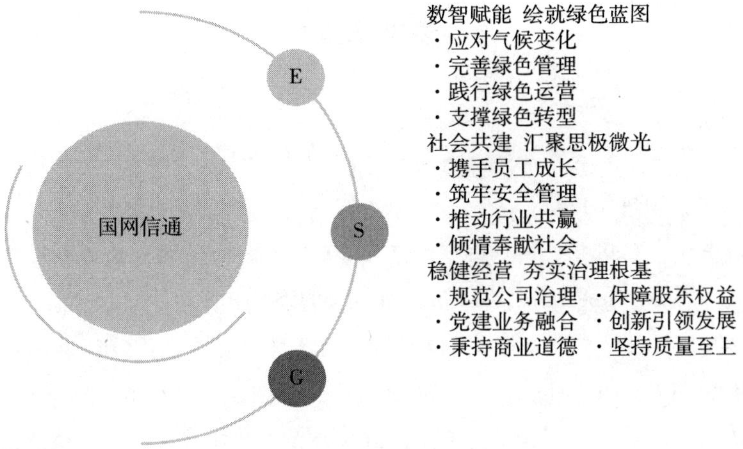

图 1-20　国网信通 ESG 实践

资料来源：《国网信息通信股份有限公司 2023 年环境、社会及公司治理（ESG）报告》。

2. ESG 披露实践：云南白药高质量 ESG 信息披露，助力公司价值传递

2024 年 9 月，在 MSCI ESG 评级中，云南白药集团 ESG 评级结果为 A 级。截至目前，公司已连续 4 年获评 MSCI ESG 评级 A 级，并已连续 2 年披露英文版社会责任报告暨 ESG 报告，更好地满足海外投资者诉求。

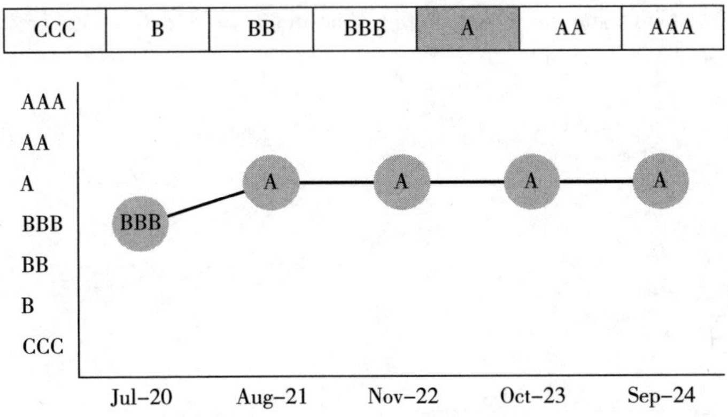

图 1-21　云南白药 MSCI ESG 评级

资料来源：云南白药官网。

近年来，云南白药集团通过节能减排和环保达标建设环境友好型企业；通过产业帮扶助推怒江、保山、昭通、西双版纳、丽江和文山等多地实施乡村振兴战略；争分夺秒保供全省医药物资，第一时间奔赴昭通镇雄山体滑坡灾区、火速驰援甘肃地震灾

区等。在公司治理效率和治理结构完善方面，云南白药集团也始终遵守公司法和证监会、交易所各项治理规则，连续 16 年获得深交所信息披露 A 级评级。

参考文献

[1] 董战峰，贾真，冀云卿，等．美丽中国战略下本土化 ESG 体系建设思路与路径研究 [J]．中国环境管理，2024（4）．

[2] 福布斯中国．（2024）．福布斯中国发布 2024 中国 ESG 50：企业可持续发展渐入佳境 [EB/OL]．https：//www. forbeschina. com/innovation/68795.

[3] 国网信息通信股份有限公司．《国网信息通信股份有限公司 2023 年环境、社会及公司治理（ESG）报告》[EB/OL]．https：//book. dizanna. com/book/2024/04-26-gwxx/mobile/.

[4] 计然碳见（北京）科技有限公司，云南计然咨询管理有限公司，中信证券股份有限公司．2023 中国 ESG 实践白皮书 [EB/OL]．https：//www. fxbaogao. com/detail/4098738.

[5] 王贞洁，王惠．低碳城市试点政策与企业高质量发展——基于经济效率与社会效益双维视角的检验 [J]．经济管理，2022（6）：43-62.

[6] 袁吉伟．构建具有中国特色的 ESG 体系 [J]．银行家，2023（8）．

[7] 中央财经大学绿色金融国际研究院．《中国上市公司 ESG 行动报告（2022-2023）》[EB/OL]．https：//iigf. cufe. edu. cn/info/1014/7437. htm.

[8] Shen H，Lin H，Han W，et al. ESG in China：A review of practice and research，and future research avenues [J]．China Journal of Accounting Research，2023，16（4）：1-25.

第二章

中国 ESG 政策法规

ESG 已经成为当前全球重点关注的非财务指标体系，在全球深化 ESG 的布局下，政策体系的完善至关重要。目前全球各主要经济体均围绕 ESG 进行了法律法规部署，但基于国情不同，政策的发力点存在差异。多数政策聚焦于 ESG 信息披露、尽责管理、ESG 政策监管以及绿色金融等多个方面。

我国作为近年来 ESG 体系高质量建设的发展中国家，在法律法规方面正在逐步优化和完善。虽然目前尚未形成专门的 ESG 政策，但围绕环境、社会、治理三方面的政策性文件频发。在环境议题方面，形成了围绕基础法规、废旧物品处理及污染物排放管理、资源再利用循环经济体系、生物多样性保护、碳排放治理 5 个方面的法规布局；在社会议题层面，形成了产品质量、生产安全、招投标管理、消费者权益保护、劳动雇佣、公益捐赠 6 个方面的法规布局；在治理议题层面，形成了公司治理、合规管理、信用道德、信息安全 4 个方面的法规布局。

在目前的立法框架基础下，我国充分借鉴国际先进 ESG 政策标准，对 ESG 政策法规进行规范性文件和规章制定，政策内容涵盖企业社会责任、碳排放权交易、重点领域节能降碳、绿色金融扶持等多方面，形成了《碳排放权交易管理暂行条例》《关于新时代中央企业高标准履行社会责任的指导意见》《上市公司自律监管指引——可持续发展报告（试行）》《关于进一步强化金融支持绿色低碳发展的指导意见》等多个里程碑式的政策文件，为未来我国贯彻 ESG 理念、助力社会经济可持续发展提供了保障。

此外，随着 ESG 政策的布局日益频繁，行业监管机构的相关自律性政策文件也加速布局，尤其是上海、深圳、北京三大证券交易所《可持续发展报告（试行）》等政策的出台，标志着我国 ESG 披露强制化时代的到来，也预示着行业自律性要求进一步提高。此外中国人民银行、证券业协会、保险业协会等部门纷纷发布了自身的行业自律文件，为未来我国 ESG 高水平建设奠定了基础。

第一节
中国 ESG 法律法规

ESG 是当前全球重点关注的社会、环境、治理非财务指标体系和发展理念，伴随着绿色低碳可持续发展经济理念的持续深化，ESG的重要性尤为凸显。但作为当前较为新兴的领域，法律法规的建设依然有待完善，全球各国政府不断围绕自身的经济发展实际、发展程度以及政治文化背景来积极构建ESG法律法规框架体系，针对基础的法律法规、尽职管理守则原则、ESG信息披露、上市公司的社会责任规范等多方面内容进行法律法规的建设和布局。

我国不断地丰富ESG相关法律法规政策体系，从《中华人民共和国环境保护法》等基础法规文件、《上市公司治理准则》等环境披露政策文件以及上市公司的社会责任指引等方面进行了完善和部署，为我国ESG在环境、社会、治理等领域的健康运行提供了法规指引。

整体来看，我国ESG的立法法规呈现以下几个方面的特点。一是ESG的立法呈现软硬结合发展的态势，更多地结合国情发展和企业发展实际，逐渐通过政策法规来推动ESG披露从自愿向强制转变，实现软硬监管的协调发力；二是ESG法律监管的对象更为明确，以交易所、证券市场等上市公司为重点，逐步加强对银行、保险等金融市场领域的ESG监督并完善信息披露，进而未来将逐渐扩大到需要进行重点清洁改造和审核的非上市公司；三是法律法规文件更多地聚焦环境披露以及社会责任的履行等领域，但近年来针对公司治理结构的优化调整也在逐渐增多；四是各个部门机构间的通力合作逐渐增强，对行业标准、重大议题、监管要求等方面的协同布局更为紧密。

一、中国法律对ESG环境因素（E）的规制

ESG环境因素是ESG投资理念的重要参考指标，也是至关重要的环节，主要体现在两个方面。一是企业在自身的发展中对环境产生的影响，二是环境问题反过来会给企业的经营发展带来挑战。因此，我国法律法规对ESG环境因素的规制更多的是聚焦于实现环境保护和企业发展的良性平衡。

（一）企业与环境因素双向影响分析

从企业和环境的双向影响来看，企业对环境的影响主要涵盖了企业生产会对环境造成大气、水、土壤等污染，生物多样性的保护程度，森林植被等的覆盖面积，资源的浪费以及可循环再利用情况等多个方面。环境对企业的反作用体现在环境因素的变化会给企业的经营带来变化和调整。例如全球气候的变暖造成海平面上升，传统火电难以匹配当前社会经济发展的需要，水电、光伏、风电等清洁能源的产业结构调整成为多数企业的选择方向。同时伴随着环境问题的日益突出，推动循环经济、海洋经济、数字经济等新兴领域的发展成为未来的趋势选择。

（二）我国法律对ESG环境因素的规制

目前我国正在积极构建围绕环境维度的法规框架体系，逐渐形成了围绕基础法规、

废旧物品处理及污染物排放管理、资源再利用循环经济体系、生物多样性保护、碳排放治理 5 大方面的法规布局。“全国+地方”的政策立体规制加强部署，截至目前已经形成了超过 150 多个规章制度、法律规范等重大政策文件。

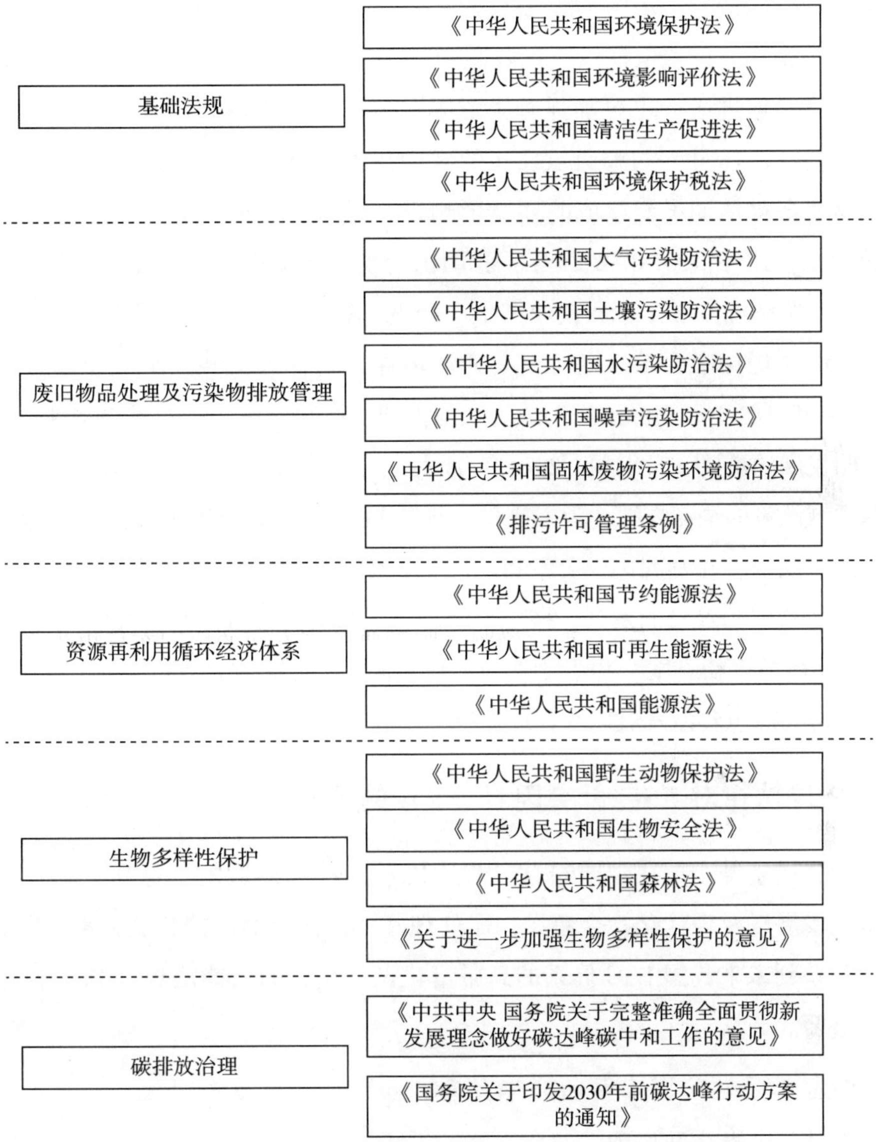

图 2-1　中国重点法律对 ESG 环境因素（E）的规制

资料来源：根据公开资料整理。

回顾我国法律对 ESG 环境因素的规制，政策从最初的环境保护治理逐步过渡到实现社会经济与环境的协同发展，强调生物多样性和“双碳”经济的深度发展。2005 年出台的《中华人民共和国可再生能源法》强调了能源再生利用的重要性，合理统筹规划对风能、太阳能等再生资源的利用，实现中长期能源的基本供应，保持经济的稳定发展；2012 年修订后发布的《中华人民共和国清洁生产促进法》明确强调针对重点能耗领域开展清洁生产工程建设；2014 年，我国出台了修订后的《中华人民共和国环境保护法》，明确了企业未来应该履行的排污责任和开展清洁生产的义务，以及违反相关规定时会受到处罚情形；2018 年经修订发布的《中华人民共和国环境保护税法》明确强调了应税污染物的计税依据以及税收减免情形；2018 年经修订后发布的《中华人民共和国循环经济促进法》也更加强调了资源在生产、回收再利用等流程方面的资源效益和经济效益；2018 年经过修订后发布的《中华人民共和国环境影响评价法》要求依据该法对从事各类活动可能造成的环境影响进行评价，并鼓励各关联主体参与到环境影响评价中来。此外，2018—2021 年，我国出台了围绕噪声、固体废物、大气污染等方面的一系列政策法规，皆在强调企业在生产经营过程中需要注重环境保护，严格遵循环境保护相关的法规标准要求，履行企业的环境保护责任和义务。2022 年修订后发布的《中华人民共和国野生动物保护法》成为我国强调生物种群多样性的重要文件，也成为推动生态文明发展的重要政策纲领。2024 年 11 月发布的《中华人民共和国能源法》弥补了以往能源领域政策的法律空缺，为未来的能源发展、能源安全稳定提供了法律保障，更加强调了能源规划、开发利用、公平市场、科技创新以及储备应急等全方位的布局。尤其是伴随着“双碳”经济的发展，搭建了“1+N”的双碳政策体系，按照国务院 2021 年《2030 年前碳达峰行动方案》以及 2024 年《碳排放权交易管理暂行条例》等政策部署，为企业高效进行绿色转型发展以及合理进行碳排放交易提供政策方向和法规标准要求。

二、中国法律对 ESG 社会因素（S）的规制

ESG 社会因素是企业在生产经营过程中能够为社会创造的价值和贡献，我国注重城乡一体化发展以及现代化社会建设，需处理好社会各个群体的利益关系。因此，ESG 社会因素关系到未来我国 ESG 体系的高质量建设，相关的法律法规对 ESG 社会因素的规制尤为重要。

（一）企业与社会因素双向影响分析

企业与社会因素之间呈现“双向”影响关系。

一方面，企业对社会因素的影响主要体现在企业需要在自身的经营发展过程中更多地关注产城融合发展、人口结构因素以及相关利益主体的权益保障等多个方面，并通过自身积极的行为对社会产生正面的影响。尤其是在处理内部各群体之间的利益关系时，企业需要对涉及的劳动者权益保护、消费者权益保护、公益捐赠等方面进行权衡，积极树立企业社会责任意识，为社会做出正面的价值贡献并发挥引导作用。

另一方面，社会因素的变化趋势也是企业履行 ESG 社会责任价值的重要风向标，

社会因素的变化往往也代表了当前经济发展和社会进步的方向。例如人口老龄化的加速推进，“银发经济”应运而生，带动了相关的产业和社会需求增长，关注老龄人口的医护、消费、民生保障、社区福利等方面的问题也成为多数企业进行新业务拓展和打造良好社会责任形象的重大机遇。再如消费者群体对权益的保护要求逐渐提升，也将推动企业更好地构建消费者福利保障体系，提升企业的品牌和公益影响力。

（二）我国法律对 ESG 社会因素的规制

从我国法律对 ESG 社会因素的规制来看，目前我国并没有专门针对 ESG 社会因素出台政策。但在维系社会稳定发展方面，已经形成了围绕产品质量、生产安全、招投标管理、消费者权益保护、劳动雇佣、公益捐赠等的法律框架体系。

图 2-2　中国重点法律对 ESG 社会因素（S）的规制

资料来源：根据公开资料整理。

回顾我国法律对 ESG 社会因素的规制，政策强调保护消费者的合法权益，减少社会不公平现象，提升社会福利和慈善公益活动的比重，通过安全稳定的招投标系统为企业供应链管理提供安全保障，为企业更好地履行社会责任提供政策保障，也有助于为企业和社会协同发展创造良好的生态环境。2014 年新版修订的《中华人民共和国消费者权益保护法》进一步完善了以往消费者权益保障不足的地方，将维护消费者权益上升到全社会经济效益的高度；2018 年经修订发布的《中华人民共和国产品质量法》从产品质量着手，鼓励企业生产高标准的产品，对标国际先进水平，满足民众对产品的需求；2018 年修订的《中华人民共和国劳动法》对劳动合同的订立、工资水平以及工作闲暇等多方面内容进行了完善，切实保障劳动群体的基本权益；2019 年经修订发布的《中华人民共和国招标投标法》更加强调招投标活动中的各类主体应承担的责任和义务；2021 年经修订的《中华人民共和国安全生产法》也是从安全的生产经营角度出发，要求企业需要履行安全生产的社会责任；2024 年 3 月国务院发布的《中华人民共和国消费者权益保护法实施条例》强调了消费者权益的共同治理思路，更加注重消费者群体的自主选择。此外，国家针对慈善捐赠等公益社会活动也出台了相关的政策法规，旨在推动社会的共同发展。

三、中国法律对 ESG 治理因素（G）的规制

ESG 治理因素更多的是从企业微观层面体现对企业的影响，尤其是企业作为开展 ESG 投资的重要载体，提升企业内部的治理能力关系到未来 ESG 投资决策的科学性、ESG 尽责管理等方方面面，此外企业内部治理的完善与否也直接关系到 ESG 未来的指标评价精准性。

（一）企业与治理因素双向影响分析

从企业和治理因素的双向影响来看，主要体现在以下两个方面：

一是企业在进行 ESG 投资决策时，需要关注 ESG 理念下与治理有关的议题，企业需要在自身的经营发展过程中更多地关注治理模式、公司的组织架构、人员管理结构、薪酬的匹配情况、股权结构的清晰度、公司内外部风险的总体控制程度、信息披露的情况以及公司的合规经营等。通过上述科学的治理，能够最大程度地保障企业 ESG 治理的健康稳定运行。通过对公司内部存在腐败、舞弊员工的惩治，能够保障企业内部的公平竞争发展，企业员工的工作权益得到保障，进而对 ESG 社会因素起到一定的积极影响。

二是 ESG 治理因素也会反过来推动企业的经营发展，在科学合理的公司治理环境下，有助于企业更好地做出 ESG 投资决策，降低 ESG 投资风险，从而也有助于为企业

创造良好的品牌价值和市场影响力，实现企业的可持续发展。而一旦公司在 ESG 治理方面出现混乱，也会造成公司人员的流失以及徇私舞弊等现象，给企业造成较大的内部经营风险。

（二）我国法律对 ESG 治理因素的规制

从我国法律对 ESG 治理因素的规制来看，我国针对 ESG 治理方面的政策部署逐渐加强，对企业的治理法规要求进一步提高。目前我国已经形成了围绕公司治理、合规管理、信用道德、信息安全等的 ESG 治理法律框架体系。

公司治理	《中华人民共和国公司法》
	《上市公司治理准则》
	《上市公司投资者关系管理工作指引》
合规管理	《中央企业合规管理办法》
	《中华人民共和国民法典》
	《中华人民共和国专利法》
	《中华人民共和国商标法》
	《中华人民共和国反不正当竞争法》
	《中华人民共和国反垄断法》
信用道德	《企业信息公示暂行条例》
	《关于禁止商业贿赂行为的暂行规定》
	《中华人民共和国企业法人登记管理条例》
	《中华人民共和国监察法》
信息安全	《中华人民共和国网络安全法》
	《信息安全等级保护管理办法》
	《中华人民共和国个人信息保护法》
	《网络数据安全管理条例》
	《中华人民共和国数据安全法》

图 2-3　中国重点法律对 ESG 治理因素（G）的规制

资料来源：根据公开资料整理。

回顾我国法律对 ESG 治理因素的规制，政策强调推动企业合规经营、保障企业专利、商标合法权益、反不正当竞争和反垄断、企业信息公示管理、企业信息及数据安全保障等多方面的法律法规体系。旨在鼓励企业更好地进行内部治理结构的完善，降低反垄断、商业贿赂等外部风险因素的发生概率，保障企业信息的透明公开以及企业的网络数据安全。2014 年国务院发布的《企业信息公示暂行条例》强调了企业在公司治理过程中需要保障信息的公开透明，保持诚信经营；2016 年发布的《中华人民共和国网络安全法》从网络安全层面鼓励网络运营者、企业等各类主体要加强信息安全保护，增强公司风险治理能力；2017 年经修订后发布的《中华人民共和国反不正当竞争法》进一步规范了经营者市场交易的基本操作，采取强制措施来维护市场稳定，保障消费者的权益；2013 年修订的《中华人民共和国商标法》以及 2020 年修订的《中华人民共和国专利法》从维护企业信誉的角度出发，进一步规范了企业对专有物品及权益的治理，同时也有助于维护公司内部的品牌价值和核心竞争力；2022 年证监会发布的《上市公司投资者关系管理工作指引》更加强调对投资者关系的正确处理，尤其是被投公司与投资者之间的有效沟通成为政策部署的关键；2023 年修订后的《中华人民共和国公司法》强调了在公司治理过程中的公司内部各主体的合法权益保障，针对公司的设立、股权转让、组织构架、股东、董事、监事等各类治理领域作出了规定。

第二节
部门 ESG 规章和规范性文件

近年来，随着全球气候变化问题日益严峻，ESG 理念持续深化，越来越多的国家开始将 ESG 管理作为自身实现可持续发展的重要政策部署领域。我国在 20 世纪 80—90 年代便积极投身于环境治理和可持续发展的友好型社会建设当中，在探索 ESG 发展的过程中，政策的摸索呈现三个阶段的特色。

首先是 2002—2016 年，该阶段为我国 ESG 政策的摸索和萌芽阶段，工业制造所带来的环境污染问题严峻，我国 ESG 政策在该阶段强调环境高效治理，注重环境的保护，鼓励企业发布 ESG 信息披露报告，核心重点是强化企业关注环境治理的问题，提升企业的 ESG 社会责任意识，引导企业进行 ESG 探索。其次是 2016—2020 年，该阶段为我国 ESG 政策的持续发展阶段，我国基本形成围绕 ESG 的政策理念体系，ESG 在企业日常经营的渗透程度持续加深，且政策端开始偏向绿色金融的扶持，通过构建绿色金融服务体系，优化调整信贷结构，以提升和强化 ESG 信息披露为重点进行政策部署，引导企业积极构建 ESG 理念。最后 2021 年到目前这一时期是我国 ESG 政策的深化发展阶段，尤其是在 2020 年提出“双碳”目标后，围绕我国特色国情，构建符合我国地区特色的 ESG 政策体系尤为重要，该阶段我国更加注重企业 ESG 信息披露由“自愿”向“自愿+强制”的方向转变，朝着构建统一高效的 ESG 标准体系奋进。

一、我国 ESG 政策规范性文件发展演变

（一）摸索和萌芽阶段

我国 ESG 最早政策萌芽起步阶段可以追溯到 2002 年，2002 年证监会等部门发布的《上市公司治理准则》成为我国开启 ESG 治理的初步政策探索，强调了上市公司内部董事、监事、经理等利益相关者之间的合法权益和公司信息披露等方面的规章制度；2003—2008 年原国家环境保护总局等部门通过《关于企业环境信息公开的公告》《关于加强上市公司环境保护监督管理工作的指导意见》等政策文件，突出强调企业在环境信息披露方面应履行的具体义务和责任，尤其是存在工业制造严重污染的企业，更应该提升环境信息披露的透明度。

2008—2016 年，我国更加强调企业社会责任的建设以及 ESG 信息披露要求的准确性，通过国务院国资委《关于中央企业履行社会责任的指导意见》、上海证券交易所《上市公司环境信息披露指引》等多个文件的指引，对企业应该履行的社会责任以及信息披露要求进行了政策部署，尤其是在 2014 年，全国人大常委会通过《中华人民共和国环境保护法（修订草案）》，对之前相关环境问题中存在的规则与实践不匹配等问题进行了改进，对涉及的环境标准、生态补偿、民众对环境的诉讼等多个方面作出规定，通过立法的形式强化了企业环境信息披露的相关要求。2015 年原环境保护部等部门联合发布的《关于加强企业环境信用体系建设的指导意见》强调要进一步明确环境信息披露的具体范围、企业应履行的职责以及要求未来存在重点排污的企业需要依法进行环境信息披露。

表 2-1　摸索及萌芽阶段核心 ESG 政策法规文件梳理

发布时间	发布机构	政策名称	核心内容	ESG 领域
2002 年 1 月	证监会	《上市公司治理准则》	强调对股东、董事、监事等公司内部组成成员的治理要求和应遵循的原则，强调公司信息披露应注重真实、准确、公开透明	G
2003 年 9 月	原国家环境保护总局	《关于企业环境信息公开的公告》	对企业在环境相关领域的信息需要公开公示的内容进行明确，例如污染物排放量、单位产品的能源消耗量、违反环保的相关记录和事件等	E
2006 年 9 月	深圳证券交易所	《上市公司社会责任指引》	对企业的公司治理提出更高要求，需要企业做好治理结构完善、股权结构清晰、合规稳健经营。同时在维护职工权益、保障消费者获取高质量产品的权益、履行社会公德相关责任等方面做出政策指示，提升上市企业的社会责任意识	SG

续表

发布时间	发布机构	政策名称	核心内容	ESG 领域
2007 年 2 月	原国家环境保护总局	《环境信息公开办法（试行）》	对环境信息公开披露的内容范围、方式、监管的要求进行规范，鼓励一些存在严重环境污染的企业进行环境信息公开公示，并提供一定的激励政策支持	E
2008 年 2 月	原国家环境保护总局	《关于加强上市公司环境保护监督管理工作的指导意见》	是我国针对上市公司信息公开披露方式的标志性文件，强调了对存在“双高”环境风险的企业在开展融资等活动之前需要进行环保审查，政策推动我国形成“自愿+强制”的体系	E
2010 年 9 月	原环境保护部	《上市公司环境信息披露指南（征求意见稿）》	对编制年度环境报告、临时环境报告等具体的要求进行政策规范，同时对火电、钢铁等存在重度污染的领域要求环境信息披露	E
2014 年 4 月	第十二届全国人民代表大会常务委员会第八次会议	《中华人民共和国环境保护法（2014 年修订）》	对之前在相关环境领域中存在的规则与实践不匹配等问题进行了修订和完善	E
2015 年 11 月	原环境保护部、国家发展改革委	《关于加强企业环境信用体系建设的指导意见》	进一步明确环境信息披露的具体范围，企业应履行的环境社会责任，明确了激励和奖罚的机制，存在重点排污问题的企业需要公示其环境治理等内容	E
2016 年 7 月	国务院国资委	《关于国有企业更好履行社会责任的指导意见》	强调国有企业需要在日常的经营活动中将社会责任纳入进来，推动企业可持续发展	G

资料来源：各政府部门网站。

（二）持续发展阶段

2016 年中国人民银行等多部门发布的《关于构建绿色金融体系的指导意见》突出绿色金融在推动我国经济低碳转型过程中的重要性，再贷款、绿色信贷等绿色投融资体系的构建为 ESG 投资理念的深化奠定了基础；2018 年 9 月证监会发布了修订后的《上市公司治理准则》，针对以往没有充分考虑 ESG 利益相关者的内容进行了补充，更加强调企业在践行 ESG 投资理念的同时需要做好对社会各方利益关系的整体把握，避免影响企业 ESG 实施成效；2018 年 11 月中国证券投资基金业协会发布的《绿色投资指引（试行）》强调了基金在绿色投资中的重要性，通过绿色主题基金等形式将资金聚焦节能环保等绿色产业，提升绿色投资的效益；2019 年 12 月，原中国银保监会发布《关于推动银行业和保险业高质量发展的指导意见》也明确强调要推动银行保险等金融机构深化发展绿色金融，更多地将 ESG 理念渗透到服务实体经济当中，探索和研发各类绿色金融产品，践行银行授信的 ESG 服务理念；2020 年 3 月，中共中央、国务院印发《关于构建现代环境治理体系的指导意见》更是进一步明确了社会各类主体都要践行 ESG 的服务理念，信息披露的范围也从上市公司进一步扩大到发债企业。

表 2-2　持续发展阶段核心 ESG 政策法规文件梳理

发布时间	发布机构	政策名称	核心内容	ESG 领域
2016 年 8 月	中国人民银行等多部门	《关于构建绿色金融体系的指导意见》	围绕 ESG 的发展来进行绿色金融体系的构建，鼓励绿色投融资与绿色产业的深度融合，鼓励开发多种绿色金融产品，满足企业绿色转型的需求	ESG
2018 年 9 月	证监会	修订后的《上市公司治理准则》	上市公司应当制定自身的公司治理标准，维护社会各方投资者的利益关系，做好 ESG 信息披露和相关的透明度公开公示	ESG
2018 年 11 月	中国证券投资基金业协会	《绿色投资指引（试行）》	对绿色投资的具体内涵和基本要求进行了政策部署，强调基金在绿色投资中的重要性，期望企业通过基金等形式来改善环境，促进企业和社会的良性发展	ESG
2019 年 12 月	原中国银保监会	《关于推动银行业和保险业高质量发展的指导意见》	要求银行业和保险业等金融机构大力发展绿色金融，创新和研发碳金融、蓝色债券等绿色金融产品，尤其是将 ESG 的三要素纳入到银行授信管理的整体流程当中	ESG
2020 年 3 月	中共中央、国务院	《关于构建现代环境治理体系的指导意见》	要求提升全社会各类主体履行环境社会责任的意识，信息披露的主体不仅包括上市公司，也进一步扩大到发债企业	ESG
2020 年 9 月	深交所	《上市公司信息披露工作考核办法》	推动形成上市公司 ESG 信息披露工作考核体系的建设，构建 A、B、C、D 四个考核等级，对能够履行 ESG 信息披露的企业进行相关的加减分管理	ESG

资料来源：各政府部门网站。

（三）深化发展阶段

2021 年至今，ESG 政策持续深化，政策端更加注重企业信息披露的完善性，推动其向强制性加速转变，同时在制定准则以及严监管等方面也不断完善。2021 年，证监会发布《上市公司信息披露管理办法（2021 修订）》，明确强调在保持“原有框架”的基础上进行修订，具体包括更细化的信息披露要求，定期报告的公开程度和细化要求，应当建立内幕信息知情人登记管理制度，强调严格监管，加大执法力度；2022 年证监会发布《上市公司投资者关系管理工作指引》进一步强调了上市公司的投资活动和价值需要保障投资者的基本权益，更好地促进投资者与被投公司之间的有效沟通；2023 年国家标准化管理委员会发布的《2023 年国家标准立项指南》以及 2024 年国务院发布的《碳排放权交易管理暂行条例》等一系列政策皆在构建合理的碳排放权交易系统、深化标准化体系建设、推动重点领域的节能降碳。2024 年 12 月，财政部等九部门联合印发《企业可持续披露准则——基本准则（试行）》，明确未来企业披露的总体方向是从“上市公司到非上市公司、大型企业向中小型企业、自愿逐步向强制、定性向定量”等方面进行部署，且要求企业在进行披露时要充分结合我国国情，适时进行调整。2025年1月，生态环境部、国家发展改革委联合发布的《产品碳足迹核算标准编制工作指引》，明确未来我国碳足迹需要实施的基本路径，同时加强国内外碳排放核算的有效衔接，将有力推动我国产品碳足迹核算标准体系的建立和完善。经过多年的发展，我国已经发布了90多项ESG相关的政策文件以及70多项相关的政策标准。ESG政策法规凸显政策覆盖面广、政策实施速度快、标准化制定与国际接轨等特点，也表明我国当前ESG政策法规在朝着科学、合理的新方向迈进。

表2-3　深化发展阶段核心ESG政策法规文件梳理

发布时间	发布机构	政策名称	核心内容	ESG领域
2021年3月	证监会	《上市公司信息披露管理办法（2021修订）》	进一步细化和完善ESG信息披露的基本要求，明确具体的定期信息披露报告内容，信息披露的事务管理要更为清晰，要最大程度地保障投资者的知情权	G
2021年12月	生态环境部	《企业环境信息依法披露管理办法》	强调了符合规定的企业应当披露的环境信息，例如排污情况、受处罚情况、环保信用评价结果、清洁生产情况以及环保相关的融资情况等	E
2022年1月	上海证券交易所	《关于做好科创板上市公司2021年年度报告披露工作的通知》	对科创板企业的ESG信息披露做出更为强制性的要求，科创板公司、科创50指数成份公司等应该按时披露ESG报告	ESG
2022年4月	证监会	《上市公司投资者关系管理工作指引》	促进上市公司和投资者之间的有效沟通，提升上市公司的信息披露透明度，让投资者更好地了解上市公司的价值和重大活动，保障投资者的合法权益	G
2023年1月	中国人民银行	延续碳减排支持工具	针对煤炭清洁能源利用等领域，进一步延续金融扶持手段，通过碳减排支持工具满足企业在煤炭高效利用以及相关绿色交通物流领域的金融需求	E
2023年3月	生态环境部	《关于做好2021、2022年度全国碳排放权交易配额分配相关工作的通知》	优化碳排放配额管理，对2021年、2022年配额实施免费分配，通过基准法核算机组的配额量，通过该配额管理，能够最大程度地降低发电企业的供电负担，满足社会用电需求，同时也能实现绿色低碳发展	E
2023年5月	工业和信息化部	《工业领域碳达峰碳中和标准体系建设指南（2023版）》	重点针对工业领域的节能降碳改造进行部署，通过对工业原燃料的有效替代、风光地潮储等可再生能源领域的技术改造和标准制定，助力我国实现"双碳"目标，同时也助力企业更好地履行ESG信息披露	E
2023年7月	中央全面深化改革委员会第二次会议审议通过	《关于推动能耗双控逐步转向碳排放双控的意见》	研究推动重大能耗领域的低碳循环发展，分阶段、分步骤、循序渐进推进能耗双控，持续提升我国节能降碳的成效，助力"双碳"目标的顺利实现	E

续表

发布时间	发布机构	政策名称	核心内容	ESG 领域
2023 年 8 月	生态环境部	《关于深化气候适应型城市建设试点的通知》	对之前确立的 28 个符合气候适应性的城市进行试点深化，推动气候适应性城市的高质量建设	E
2023 年 8 月	证监会	《上市公司独立董事管理办法》	政策要求上市公司需要构建独立董事的制度体系，进而保持上市公司的健康持续发展，保护中小股东的合法权益	G
2023 年 9 月	生态环境部、国家统计局	《关于碳排放统计核算工作合作框架协议》	构建更为科学合理的碳排放统计体系，以温室气体排放因子为重点进行数据库的构建，朝着构建口径一致的碳排放核算方向努力发展，注重核算的精准性和科学性	E
2023 年 9 月	市场监管总局	《经营者集中反垄断合规指引》	这是我国针对反垄断方面在经营者存在集中风险的首个政策性文件，鼓励企业构建符合自身发展的合规管理体制，最大程度地减少企业存在集中垄断的行为，保持市场竞争的均衡发展	G
2023 年 11 月	国家发展改革委等五部门	《国家发展改革委等部门关于加快建立产品碳足迹管理体系的意见》	政策在明确碳排放的具体核算要求、提升碳排放数据库建设能力、完善碳标签认证以及拓展碳足迹应用场景等方面进行部署	ESG
2023 年 12 月	中国保险行业协会	《保险机构环境、社会和治理信息披露指南》	国内首个保险行业的自律性 ESG 文件，针对保险行业，建立 ESG 关键指标体系，将绿色金融、保险行业绿色运营等理念植入 ESG 披露范围，能够强化保险行业的自律能力，加强行业的治理体系建设	ESG
2024 年 2 月	国家发展改革委等部门	《绿色低碳转型产业指导目录（2024 年版）》	提出金融机构要在合法、合规的基础上，为符合《目录》要求的项目提供金融支持	ESG
2024 年 3 月	中国人民银行等七部门	《关于进一步强化金融支持绿色低碳发展的指导意见》	鼓励通过多样化的绿色金融服务来扶持绿色低碳产业发展，构建更高标准的绿色金融服务体系，同时开展绿色金融服务的金融机构也需要进行碳核算、ESG 环境信息披露等相关工作，提升绿色金融服务的质量。支持信用评级机构将环境、社会和治理（ESG）因素纳入信用评级方法与模型	E
2024 年 4 月	上海证券交易所、深圳证券交易所、北京证券交易所	《上市公司自律监管指引——可持续发展报告（试行）》	是国内首次由三大交易所发布的自律监管的政策，针对被纳入上证 180、创业板、深证 100、科创 50 等指数以及在国内外存在同时上市的公司等，要强制性地进行 ESG 披露，也是我国强制性 ESG 披露的划时代政策	ESG
2024 年 4 月	生态环境部等九部委联合	《气候投融资试点成效评估方案》	充分发挥评估工作对气候投融资试点建设的引导推动作用	E

续表

发布时间	发布机构	政策名称	核心内容	ESG 领域
2024 年 5 月	国家金融监督管理总局	《关于银行业保险业做好金融“五篇大文章”的指导意见》	进一步提升银行保险等机构在 ESG 的综合表现能力，强化对客户的 ESG 风险评估	ESG
2024 年 5 月	财政部	《企业可持续披露准则——基本准则（征求意见稿）》	在准则制定方面要充分借鉴国际先进经验，到 2030 年形成口径统一的可持续披露体系，有助于激发企业 ESG 信息披露的积极性	ESG
2024 年 7 月	中共中央	《中共中央关于进一步全面深化改革、推进中国式现代化的决定》	政策明确要健全绿色低碳发展机制，打造绿色低碳的发展格局，强调企业可持续发展内生于社会可持续发展的 ESG 理念	ESG
2024 年 10 月	中国人民银行等四部门	《关于发挥绿色金融作用服务美丽中国建设的意见》	进一步提升绿色金融服务的能力并扩大应用范围，助力重大标杆性项目，推动美丽中国建设	ESG
2024 年 11 月	中国人民银行、国家发展改革委等七部门	《推动数字金融高质量发展行动方案》	推动金融机构基于企业碳账户、碳排放数据以及环境、社会和公司治理（ESG）评分等，探索创新金融产品和服务模式	ESG
2024 年 11 月	上海证券交易所、深圳证券交易所、北京证券交易所	《上市公司自律监管指南——可持续发展报告编制（征求意见稿）》	是自律监管指引文件的辅助性补充文件，从基本要求、议题分析、议题管理以及披露框架等多个维度帮助上市公司更好地理解和应用《指引》	ESG
2024 年 12 月	财政部等九部门	《企业可持续披露准则——基本准则（试行）》	准则施行将采取区分重点、试点先行等循序渐进策略，从上市公司、大型企业逐步扩展到非上市公司、中小企业，从定性向定量、自愿向强制披露扩展，发文通知明确在实施范围及要求未规定前企业自愿实施。到 2027 年我国企业可持续披露基本准则、气候相关披露准则相继出台；到 2030 年，国家统一的可持续披露准则体系基本建成	ESG
2024 年 12 月	证监会	《上市公司信息披露暂缓与豁免管理规定》	增强对投资者的合法权益保障，明确豁免方式、事项，并加强公司内部的责任管理	SG
2024 年 12 月	证监会	拟修订《上市公司信息披露管理办法》及年报、半年报格式准则	将近年来的一些信息披露的新实践经验吸纳到《办法》中来；同时增加对上市公司存在外包行为的信息披露管理，同时应按规定披露可持续发展信息的要求；根据最新的法律法规进行修订和完善；年报、半年报格式准则将 ESG 信息合并为一节，与 2021 年版本不同，建议将“社会责任报告”的提法更新为“可持续发展报告或社会责任报告”	ESG

续表

发布时间	发布机构	政策名称	核心内容	ESG 领域
2024 年 12 月	生态环境部、国家发展改革委、市场监管总局、交通运输部、国家数据局	《产品碳足迹核算标准编制工作指引》	政策明确了未来碳核算的基本路线，统筹各方力量对因子库、标准制定等方面进行综合评判，规范企业产品碳足迹的信息披露和管理	ESG

资料来源：各政府部门网站。

二、我国主要部门 ESG 规章及规范性文件政策分析

目前，我国针对 ESG 相关领域已经出台了一系列政策和规章制度。在环境领域，坚持绿色发展和低碳转型已经成为发展的共识，推动碳排放交易市场的建设已经成为国家实现“双碳”经济发展的关键所在。在社会领域，推动新型城镇化建设，完善分配制度和优化财富机制，健全社会保障体系已经成为当前政策布局的着力点。在公司治理领域，促进民营经济发展、完善上市公司治理准则、强化信息披露制度建设、加快企业内部控制建设、加大反垄断力度等政策措施不断出台，为企业健康发展奠定了基础。

（一）中共中央、国务院及国务院国资委

国务院国资委通过《关于中央企业履行社会责任的指导意见》等一系列政策，明确强调要发挥国有企业尤其是中央企业在 ESG 社会责任中的带头作用，将 ESG 理念与企业自身的实际发展相结合，推动 ESG 理念的本土化，构建科学合理的 ESG 高质量标准体系，这是国家顶层设计的重点。

随着国央企的带头作用逐渐凸显，推动上市公司、央企、民营企业的公司治理成为布局的关键，2023 年国务院国资委发布的《关于转发〈央企控股上市公司 ESG 专项报告编制研究〉的通知》以及 2024 年 6 月《关于新时代中央企业高标准履行社会责任的指导意见》均强调提升央企 ESG 的信息披露覆盖面，强化 ESG 信息披露的可操作性和灵活性，优化和完善 ESG 的评价体系，保持公司的健康发展和生态社会的协同进步。2024 年 12 月，国务院国资委发布《关于改进和加强中央企业控股上市公司市值管理工作的若干意见》，明确要加强控股上市公司的 ESG 信息披露管理，提升控股上市公司与投资者之间的沟通效率，将企业品牌价值、市值管理、投资者回报、内部经营管理等进行重点规范。

伴随着近年来绿色金融的不断发展，国家对碳排放权的交易体系也做出了进一步的优化和完善，2024 年 1 月国务院公布《碳排放权交易管理暂行条例》，通过对碳排放权交易配额在固定年份实施免费分配，更好地促进高碳企业的经营发展，降低企业的经营压力，同时也推动企业加速转型升级，实现绿色低碳发展，同时未来将考虑推行

“免费+有偿”有机结合的碳排放交易管理模式。此外，2024 年 7 月国务院发布的《加快构建碳排放双控制度体系工作方案》也从加快碳排放双控指标的设立、重点行业碳排放监管机制结构、碳足迹数据库的建设等多个方面进行细化，为 ESG 绿色交易顺利开展提供政策保障。

此外，在推动经济发展绿色转型方面，2024 年 1 月，中共中央、国务院颁布了《关于全面推进美丽中国建设的意见》，将 ESG 评价纳入了“健全美丽中国建设保障体系”，这代表 ESG 的地位在国家发展层面已经上升到了一定的战略高度。ESG 也已经成为健全中国式现代化治理体系、有力推进美丽中国建设的重要政策工具。2024 年 8 月，中共中央、国务院发布《关于加快经济社会发展全面绿色转型的意见》，明确提出推动经济社会发展绿色化、低碳化的全面转型，体现了中国对于绿色低碳发展的坚定决心，更为相关产业的发展指明了方向，强调了 ESG 在推动经济高质量增长中的核心地位。

表 2-4　ESG 政策法规文件梳理

发布时间	发布机构	政策名称	核心内容	ESG 领域
2007 年 12 月	国务院国资委	《关于中央企业履行社会责任的指导意见》	中央企业起到“带头引领”作用，通过发布社会责任报告来履行义务，促进企业和社会的健康发展	G
2016 年 7 月	国务院国资委	《关于国有企业更好履行社会责任的指导意见》	强调国有企业需要在日常的经营活动中将社会责任纳入进来，推动企业可持续发展	G
2020 年 10 月	国务院	《关于进一步提高上市公司质量的意见》	强调上市公司需要优化公司治理和信息披露，在保持公司健康管理的基础上提高信息披露的透明度	SG
2023 年 7 月	中共中央、国务院	《关于促进民营经济发展壮大的意见》	培育壮大民营企业，引导其构建积极的公司治理体系，构建内部风控体系	G
2023 年 7 月	国务院国资委	《关于转发〈央企控股上市公司 ESG 专项报告编制研究〉的通知》	进一步提升央企 ESG 信息披露的覆盖面和透明度，构建包含超过 190 个指标的体系，设定“基础披露”与“建议披露”两个披露等级，更好地提升 ESG 披露的灵活性	ESG
2024 年 1 月	中共中央、国务院	《中共中央 国务院关于全面推进美丽中国建设的意见》	稳步推进“双碳”经济发展，打造绿色产业，推动 ESG 信息披露制度的完善，探索 ESG 评价的思路，将 ESG 评价纳入“健全美丽中国建设保障体系”	ESG
2024 年 1 月	国务院	《碳排放权交易管理暂行条例》	对碳排放交易的合规、核算方式、市场秩序、数据监测、排放报告编制等多个内容进行规定和布局	E
2024 年 5 月	国务院	《2024—2025 年节能降碳行动方案》	明确强调对重点能源领域进行节能降碳改造升级，到 2025 年，非化石能源的消耗所占比重要达到 20%左右，最大程度地降低二氧化碳排放，实现生态和社会的协同发展	E

续表

发布时间	发布机构	政策名称	核心内容	ESG 领域
2024 年 7 月	国务院	《加快构建碳排放双控制度体系工作方案》	明确强调要构建碳排放双控指标体系，提升监管和环境影响评价能力，构建完善的碳排放数据库，服务于 ESG 的发展	E
2024 年 8 月	中共中央、国务院	《关于加快经济社会发展全面绿色转型的意见》	明确提出推动经济社会发展绿色化、低碳化的全面转型，强调了 ESG 在推动经济高质量增长中的核心地位	ESG
2024 年 6 月	国务院国资委	《关于新时代中央企业高标准履行社会责任的指导意见》	在之前强调中央企业履行社会责任的高标准基础上进一步深化，让央企的 ESG 社会责任更为成熟，能够将 ESG 理念更好地融入企业的生产经营过程中，进而形成典范进行推广	G
2024 年 12 月	国务院国资委	《关于改进和加强中央企业控股上市公司市值管理工作的若干意见》	指导控股上市公司完善 ESG 管理体系，在市值管理“工具箱”中，要求上市公司通过加强信息披露、完善公司治理等手段提升公司质量	G

资料来源：中央人民政府门户网站、国务院国有资产监督管理委员会。

（二）其他重点部门

从目前我国其他相关部门出台的 ESG 政策法规来看，各职能部门对 ESG 的政策部署存在差异。尤其是在信息披露公司治理方面，我国 ESG 的信息披露程度逐渐深化，并逐渐由“自愿披露”向“强制披露”的方向转变，更加强调公司治理的完善、股权结构的清晰以及内部风险控制的有条不紊。同时在环境治理方面，政策的落脚点聚焦工业领域的节能降碳，强化对污染物排放的严格监管，优化和健全碳排放交易管理体制，进而实现企业经营和生态环保的协同进步。最后在社会责任的体现方面，政策端聚焦企业对社会的贡献能力，涵盖职工的权益保障、消费者权益的保障、各方投资者利益的关系平衡以及社会公德等多个方面。

从整体来看，各个部门均围绕国家顶层设计的总体思路，从社会、环境、治理三大维度对 ESG 政策进行战略布局，最终将打造形成统一的 ESG 可持续披露标准体系以及碳排放核算管理体系。

1. 生态环境部

从生态环境部的 ESG 政策部署情况来看，政策从环境的治理探索逐渐向构建生态协调的气候治理现代化城市发展过渡，对环境信息监管的要求更为严格。

2003—2010 年，生态环境部着重从环境的治理以及披露方面进行政策布局。通过《关于企业环境信息公开的公告》《上市公司环境信息披露指南（征求意见稿）》等系列文件形成依法合理的环境信息披露标准，对企业在污染物排放情况、违规受罚情况、环保信用评价、清洁生产以及用于环保改造升级的融资情况等内容进行披露和公示，为企业绿色低碳发展和开展ESG披露工作提供政策指引。

伴随着2011年国家开始试点重点地区的碳排放权交易市场以及2017年正式开启碳排放权交易市场构建，并在2021年7月正式开启碳排放交易，生态环境部也在不断地完善环境治理法规，2021年生态环境部发布《环境信息依法披露制度改革方案》便明确强调针对重点碳排放的企业要实施强制性信息披露，2023年《关于做好2021、2022年度全国碳排放权交易配额分配相关工作的通知》对碳排放交易权配额的完善、核算方法的优化、统计数据的安全监测、定期的碳排放报告编制等方面进行深化和调整，更好地促进企业碳排放交易的业务开展。同时在核算方面，通过与国家统计局的通力合作，积极推动构建统一的碳排放核算体系，围绕温室气体排放因子等重要的参数来构建碳排放数据库，从而确保碳排放数据的真实、精准、全面和科学性。

2023年以来，国家鼓励推进气候适应性城市建设，2023年生态环境部发布《关于深化气候适应型城市建设试点的通知》积极鼓励28个国家气候适应性城市进行绿色城市建设，要求重点城市在进行城市规划过程中将气候因素纳入统筹管理当中，对城市的气候变化以及灾害风险监测进行全方位的布局，将绿色因素植入现代化城市发展进程。

2. 交易所

从上海证券交易所、深圳证券交易所、北京证券交易所近年来的ESG政策部署情况来看，重点围绕资本市场的交易特色，对上市公司ESG信息披露做出更多的调整和改变，从最开始鼓励上市公司自愿进行ESG信息披露逐渐向强制化信息披露转变，同时也更加强调提升上市公司在公司治理层面以及履行社会责任方面的积极性。

自2006年深交所发布《上市公司社会责任指引》以来，交易所更多的是鼓励上市公司通过自愿披露的方式来进行ESG的理念渗透；2008—2019年，上交所《关于加强上市公司社会责任承担工作暨发布〈上海证券交易所上市公司环境信息披露指引〉的通知》以及深交所《上市公司信息披露工作考核办法》等强调了企业在治理层面提出高标准要求，公司治理结构的完善、内部股权结构的清晰、投资者利益的权衡、职工权益的保障等方面是政策布局的着力点。同时，企业生产的产品和质量也直接关系到消费者群体的利益，保障产品质量和生产经营安全是政策的核心要求，这样才能更好地满足消费者对绿色产品和服务的基本需求，同时也有助于促进企业在供应链端的资金往来和长期的价值增值。

到2020年，深交所对之前ESG信息披露的考核方式进行了进一步的修订，发布《上市公司信息披露工作考核办法（2020年修订）》，通过“公司自评+交易所考评”的方式进行综合打分，通过引入加减项等方式更为直观地反映企业ESG环境方面的表现；尤其是在 2024 年沪深北交所分别发布的《上市公司自律监管指引——可持续发展报告（试行）》三大文件中，明确强调了上证 180、深证 100、科创 50、创业板等指数以及在国内外同时上市的公司要强制性地进行 ESG 报告披露。这也是我国目前在 ESG 领域信息披露强制性要求的里程碑文件。2024 年 11 月发布的《上市公司自律监管指南——可持续发展报告编制（征求意见稿）》，对年初的自律指引进行了进一步的细化，从具体的披露主体、具体的披露议题、ESG 治理、战略、影响、风险和机遇管理、目标以及《可持续发展报告》框架参考等多个方面进行了具体阐述，为上市公司更好地履行 ESG 职责提供了政策指引。

3. 证监会

从证监会制定 ESG 政策法规来看，证监会主要从维护证券市场的整体运行角度出发，对上市公司应当如何治理、投资者关系处理等方面进行政策布局。

从 2002 年证监会《上市公司治理准则》发布来看，从政策的角度对股东权利、董事义务、监事责任等方面进行了规范性要求，强调了企业治理的主要原则；2012 年证监会发布《公开发行证券的公司信息披露内容与格式准则第 30 号——创业板上市公司年度报告的内容与格式（2012 年修订）》也强调了社会责任报告应经过董事会的批准进行公开发布；2018 年证监会对《上市公司治理准则》进行新一轮的修订，进一步明确了利益关联者之间的权益保障，成为对 2002 年政策的完善和补充，更加注重企业的整体治理和内部各主体间的利益权衡；2022 年证监会发布《上市公司投资者关系管理工作指引》也进一步明确了建立投资者关系的至关重要性，政策聚焦企业 ESG 的实践要求，上市公司应当将环境、社会、治理等因素纳入到与投资者之间的沟通中来，进而促进投资者与被投公司之间的有效沟通，在确保投资者利益的情况下，促进被投公司实现长期价值增值。此外，在公司治理层面，证监会也强调了上市公司应该秉承“全面管理”的原则进行公司的内部治理。2023 年证监会发布的《上市公司独立董事管理办法》强调完善公司自身的治理体制、推进独立董事的建设以及保持 ESG 信息披露的公开透明，从而实现公司管理的高效运行。

2024 年，中国证监会针对完善上市公司的信息披露管理以及更好地保障投资者合法权益进行了政策部署。2024 年 12 月，中国证监会发布《上市公司信息披露暂缓与豁免管理规定》，明确强调要以保障投资者合法权益为出发点，加强对信息披露暂缓与豁免行为的监管，针对公司应该披露的事项、豁免方式、公司内部的责任管理等进行政策完善。同时 2024 年 12 月 27 日，中国证监会为完善上市公司信息披露制度，拟修订《上市公司信息披露管理办法》（以下简称《信披办法》）及年报、半年报格式准则，向社会公开征求意见。主要修订原因是各方对信披质量的要求及监管出现新情况新问题，例如三大交易所出台《上市公司可持续发展报告指引》发布，《信披办法》需要与之衔接。修订主要体现在两处：信披管理办法新增上市公司应按规定披露可持续发展信息的要求；年报、半年报格式准则将 ESG 信息合并为一节，与 2021 年版本不同。此外，若上市公司已单独编制可持续发展（ESG）报告，在年报中不必详细披露，格式准则征求意见稿已有相关规定，且建议将其中“社会责任报告”的提法更新为“可持续发展报告或社会责任报告”以与时俱进。未来《信披办法》将针对风险揭示、行业经营信息披露、上市公司存在外包行为等方面进行政策完善。

4. 中国人民银行等金融机构

从中国人民银行等金融机构的 ESG 政策布局来看，着重从绿色金融的角度出发，通过构建科学合理的绿色金融服务体系来扶持绿色产业的高质量发展，提升企业 ESG 的社会责任履行积极性。2016 年中国人民银行等多部门联合印发《关于构建绿色金融体系的指导意见》，强调要让更多的社会资本涌入节能环保、新能源等绿色产业，支持绿色企业上市融资，鼓励开发创新绿色金融产品，进而满足实体企业的绿色转型需求；2021 年中国人民银行发布的《金融机构环境信息披露指南》更是成为行业自律规则的代表性政策文件，强调了金融机构在 ESG 信息披露方面所应履行的责任和义务；2023 年中国人民银行碳减排支持工具的进一步延续，满足了煤炭、交通物流等领域的绿色发展需求；2024 年 3 月中国人民银行等多部门联合印发《关于进一步强化金融支持绿色低碳发展的指导意见》明确支持金融机构为绿色企业构建碳核算和数据库平台，将 ESG 纳入信用评级系统，探索创新金融产品。展望未来，中国人民银行将牵头各金融机构持续扩大绿色金融的服务覆盖范围，满足不同类型企业绿色低碳转型发展的需要。2024 年 11 月，中国人民银行等多部门印发《推动数字金融高质量发展行动方案》进一步明确金融机构要针对企业碳排放等情况，加强数字技术的定性定量分析，提升数字金融在 ESG 领域的服务能力，同时做好企业碳账户、ESG 评分以及碳排放数据的监测。

5. 其他关联部门

其他关联部门例如国家发展改革委、工信部、财政部、市场监管总局等，侧重于单一领域的 ESG 政策部署，发改委和工信部更多的是聚焦工业领域的低碳发展，聚焦钢铁、煤炭、石化、有色、建材等传统高能耗产业以及高端装备制造、生物医药、电子信息等新兴领域，探索符合行业自身发展的节能降碳实施方案和碳减排实施路径。

财政部在 2024 年出台的《企业可持续披露准则——基本准则（试行）》便明确强调了构建统一有效的企业披露标准至关重要。到 2030 年构建口径一致的可持续披露准则已经成为政策的规划目标。同时在企业披露准则的内容要求方面更加强调公司的治理和总体战略规划、企业面临的重大机遇和潜在的风险挑战因素、企业未来可持续发展要达到的既定目标。

市场监管总局则是从反垄断以及反不正当竞争等角度进行市场秩序和企业治理的规范，提升 ESG 投资的科学合理性。尤其是针对反垄断方面，市场监督总局针对经营性集中存在的潜在问题进行政策部署，防止出现经营性集中风险，进而为市场竞争营造较好的市场环境。

三、ESG 重点领域政策梳理

从 ESG 当前的政策发力侧重点可以看出，ESG 政策发布集中在 ESG 的信息披露、节能降碳和绿色金融等领域。

从信息披露层面来看，全球经济一体化加速发展，在极端气候多变的环境影响下，越来越多的国家开始实施强制性 ESG 信息披露管理，也表明了国家对企业环境社会责任的重视程度越来越高。通过强制性的信息披露政策管理，不仅能够帮助投资者更好地评估企业价值，同时也能够推动企业进行低碳经济发展，顺利实现我国的“双碳”战略目标。

从节能降碳和绿色金融层面来看，围绕国家“双碳”的总体发展思路，推进工业、交通、建筑、能源等领域的节能降碳已经成为社会共识，相应的配套绿色金融服务政策与绿色产业的协同发展是 ESG 政策布局的又一个关键所在。

（一）ESG 强制性信息披露逐渐深化

目前全球 ESG 信息披露率已经超过 80%，披露化程度逐渐提升，我国也在加速提升 ESG 的披露覆盖率，随着上海、深圳、北京三大证券交易所在 2024 年分别发布《上市公司可持续发展报告指引》政策文件，标志着我国强披露的时代即将到来。

回顾我国 ESG 披露的整体政策环境，2002 年证监会在《上市公司治理准则》中便明确强调上市公司要持续且公开透明地进行信息披露，确保内容的真实、完整和准确。2006—2008 年上海证券交易所与深圳证券交易所发布的《上市公司社会责任》以及国务院国资委发布的《关于中央企业履行社会责任的指导意见》等政策也在鼓励企业自愿披露。此后数年时间多个政策持续出台，鼓励央企、国企以及控股公司进一步完善公司治理，提高信息披露的透明度，自愿进行社会责任的报告披露。再到 2022 年，国务院国资委成立社会责任局，更是明确了要提高国有企业的 ESG 披露数量，扩大其覆盖面。2023 年国务院国资委针对央企控股上市公司的 ESG 报告编制工作进行了系统性的政策规划，明确要求推动央企控股上市公司扩大 ESG 的披露覆盖领域，充分考虑环境、社会、治理等因素，构建三级指标体系，设定“基础披露”和“建议披露”两个层级。

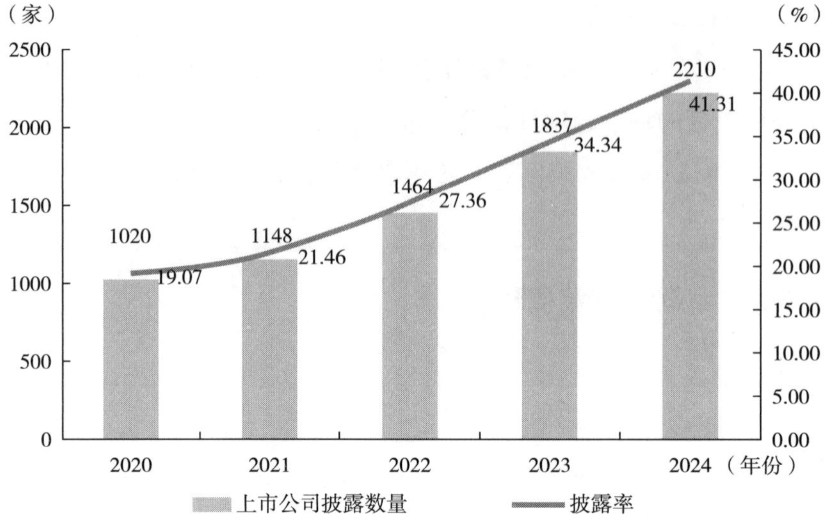

图 2-4　A 股上市公司 ESG 报告发布统计

注：数据截至 2024 年 9 月 6 日。

资料来源：Wind。

2024 年，国务院国资委印发《关于新时代中央企业高标准履行社会责任的指导意见》明确要在中央企业领域构建更为成熟的社会责任体系，将企业的经营发展与社会责任有机结合，突出央企的带头作用，提高深化信息披露的质量，优化信息披露的服务，进而带动企业的健康发展。而 2024 年上海证券交易所与深圳证券交易所分别发布自身的《可持续发展报告（试行）》，明确了 5 类公司必须强制性地披露 ESG 信息。其中上交所要求的上证 180 指数、科创 50 指数以及深交所要求的深证 100 指数、创业板指数的样本公司进行可持续发展披露，同时沪深两所对在境内外同时上市的公司也要求强制进行 ESG 信息披露并鼓励其他上市公司进行披露。从整体来看，沪深两所的披露制度按照“自愿+强制”相结合措施进行。而北交所作为新成立的证券交易所，并没有硬性要求进行强制披露，更多的是维持自愿披露的态度。2024 年 11 月 6 日，上海证券交易所、深圳证券交易所和北京证券交易所均发布了《上市公司自律监管指南——可持续发展报告编制（征求意见稿）》，政策对年初的可持续发展信息披露进行了进一步的细化，明确上市公司披露时应当注重公司自身的商业模式、业务经营、发展战略、所处行业特性等多方面的内容，同时也应当建立可持续信息披露的内部报告机制，全方位地从“治理”“战略”“影响、风险和机遇管理”“指标与目标”等方面进行披露，为上市公司信息披露提供了更为具体的指引。

（二）节能降碳和绿色金融政策协同布局

1. 节能降碳政策多方位渗透

从我国近年来的节能降碳政策部署来看，围绕“双碳”目标，从绿色技术改造、碳排放交易完善、工业领域节能降碳等领域逐步渗透，为未来我国 ESG 评价和优化信息披露制度提供了政策引导。在 2021 年国家发布《关于完整准确全面贯彻新发展理念做好碳达峰碳中和工作的意见》《2030 年前碳达峰行动方案》两大纲领性文件后，推进能源结构的变革和降低二氧化碳的排放成为总体目标。

2023 年 8 月，国家发展改革委等多部门印发的《绿色低碳先进技术示范工程实施方案》围绕“源头、过程、末端”的全流程减排思路进行政策部署，鼓励一批先进的绿色生产和工艺技术研发，涵盖了风光储等可再生能源的利用、输配电的技术创新、绿氢降碳技术研发、工业领域的终端用能电气化改造、低能耗节能建筑制造、交通绿色化改造、废旧资源再利用、CCUS 示范项目建设等多个方面，全面助力企业绿色低碳发展。

2024 年 1 月，国家发展改革委发布了《碳排放权交易管理暂行条例》（以下简称《条例》），明确了碳排放权交易产品主要有碳排放配额以及现货，确保交易市场的秩序稳定。同时《条例》明确了参与的主体以及具体的范围，对存在“漂绿”行为的企业进行打击。此外，《条例》对碳排放配额的方式进行了明确，即现阶段免费配额，随后会考虑推行“免费+有偿”的模式。此外，未来在生态环境部与国家统计局的通力合作下，有望打造成统一的碳排放核算系统。

2024 年 2 月，工信部《关于印发工业领域碳达峰碳中和标准体系建设指南的通知》聚焦工艺生产端的“双碳”标准体系建设，对未来工业领域的基础通用标准、核算方式以及碳评估等进行综合考量。

2024 年我国出台《中共中央 国务院关于全面推进美丽中国建设的意见》，明确强调了要从工业、建筑、交通、城乡、农业等多个领域进行绿色生产和转型升级，探索 ESG 评价体系，构建更为合理的信息披露管理制度，这也明确表示我国将 ESG 纳入美丽中国建设。

2. 绿色金融扶持产业政策加速布局

从我国近年来在绿色金融政策的布局来看，主要围绕央行碳减排支持工具延续、央行带头“双碳”债券发行、普惠金融助力低碳经济、构建国际领先的金融扶持绿色发展体系以及做好金融“五篇大文章”等领域进行部署。

早在 2016 年中国人民银行等多部门就发布了《关于构建绿色金融体系的指导意见》，强调要通过绿色金融来带动产业的低碳转型发展，提升绿色投资水平；2021 年中国人民银行、国家发展改革委等多部门印发《绿色债券支持项目目录（2021 年版）》第一次系统性地明确了绿色债券对绿色项目的界定标准，更好地提升绿色债券服务产业的灵活性；随着近年来清洁能源的市场占比逐渐提升，市场对煤炭的高效利用以及绿色物流等领域的金融需求持续增长，2023 年央行宣布延续碳减排支持工具等货币政策手段，持续为能耗企业和交通物流企业提供金融服务，通过定向投放的方式为企业提供具有长期稳定性和流动性的资金，确保能源领域的绿色转型升级；考虑到央企承担着较多的城市建设项目活动，且所需资金较大，2023 年 5 月国务院国资委发布的《中央企业债券发行管理办法》政策鼓励央企在“双碳”领域进行债券发行，通过发行碳中和碳达峰债券来提升项目融资能力，更好地推动绿色产业的发展；在普惠金融支持绿色低碳发展方面，2023 年 10 月国务院发布《关于推进普惠金融高质量发展的实施意见》聚焦普惠金融在绿色低碳产业方面的功效和适用情形，考虑到普惠金融重点所在的乡村领域，企业多为中小微企业，资金需求量小，因此政策重点强调金融机构加大对小微企业的金融产品研发和创新，通过绿色金融来满足小微企业的低碳住房改造升级、绿色交通出行、清洁取暖、绿色家电等领域的金融需求。

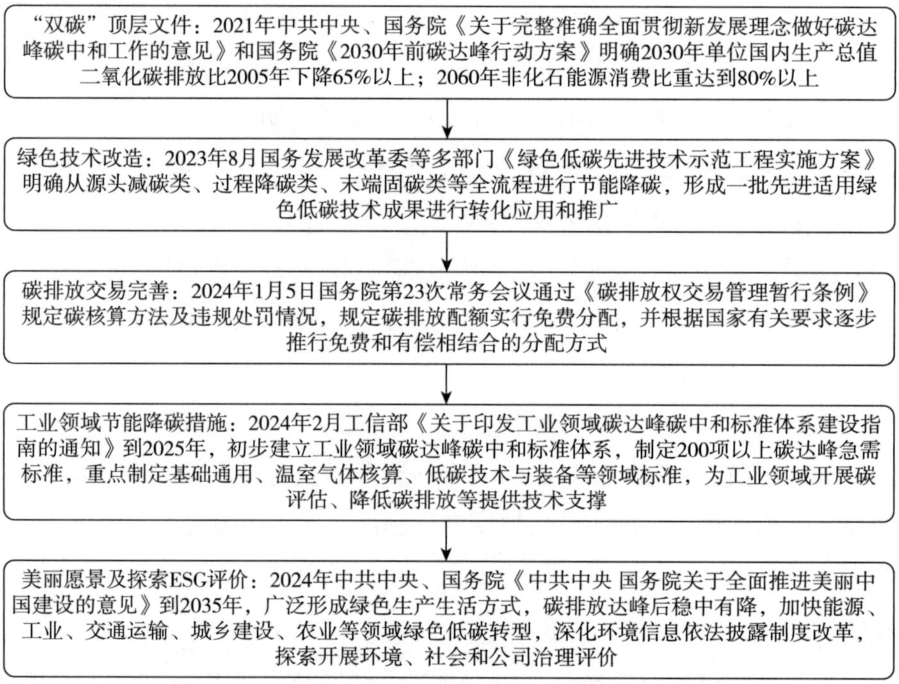

图 2-5　节能降碳政策部署情况

资料来源：各政府部门网站。

2024 年，我国绿色金融政策频发。2024 年 2 月，国家发展改革委等部门联合印发《绿色低碳转型产业指导目录（2024 年版）》（以下简称《目录》），明确强调银行等金融机构要按照合理、合法的原则对符合《目录》基本要求的重点项目进行重点支持。为构建国际领先的绿色金融服务体系，2024 年 3 月，中国人民银行等七部门联合发布《关于进一步强化金融支持绿色低碳发展的指导意见》（以下简称《意见》），《意见》强调绿色金融的标准体系建设，鼓励金融机构结合自身的发展，研究构建碳核算标准和数据库，建设绿色债券、绿色股票、绿色保险等标准体系；其次，明确提出鼓励信用评级机构建立健全针对绿色金融产品的评级体系，支持信用评级机构将环境、社会和治理（ESG）因素纳入信用评级方法与模型；再次，鼓励金融机构开展信息披露工作，针对绿色企业健全披露管理体制，引导企业开展可持续披露工作，同时将 ESG 纳入信用评级方法体系；最后，丰富绿色金融产品，加强绿色信贷、碳排放权挂钩产品、绿色债券、绿色资产证券化、REITs 产品、绿色保险等创新产品的应用和探索。2024 年 5 月国家金融监督管理总局发布《关于银行业保险业做好金融“五篇大文章”的指导意见》聚焦构建科学合理的绿色金融管理体系，鼓励银行保险等金融机构加大绿色金融在重点用能领域的金融扶持力度，丰富和创新金融产品，通过创新环境权益抵质押融资等方式满足不同客群的金融发展需求。同时结合不同行业内客群的特点，对客群可能存在的 ESG 风险因素进行动态评估，降低可能发生的 ESG 投资风险，从而更好地发挥绿色金融在扶持绿色产业方面的产品多样性和风险分散功效。2024 年 10 月，中国人民银行等多部门联合印发《关于发挥绿色金融作用服务美丽中国建设的意见》，明确要针对重点项目工程，提升金融机构绿色金融的服务能力，丰富绿色金融产品体系，更好地贯彻 ESG 理念。2024 年 11 月，中国人民银行等多部门印发《推动数字金融高质量发展行动方案》，明确强调推动金融机构基于企业碳账户、碳排放数据以及环境、社会和公司治理（ESG）评分等，探索创新金融产品和服务模式。

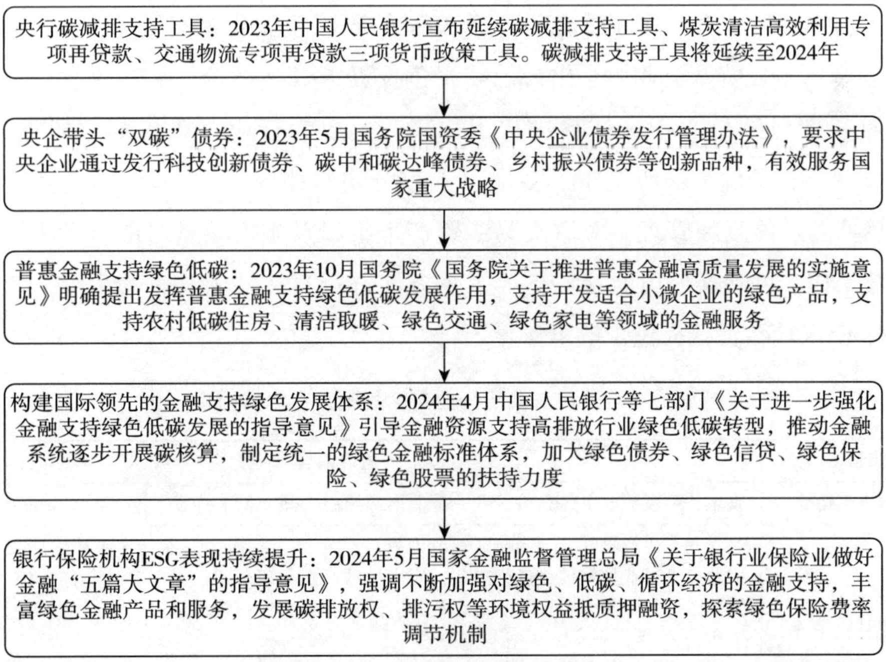

图 2-6　绿色金融政策布局情况

资料来源：各政府部门网站。

第三节
行业自律规则

随着近年来我国 ESG 的发布频率逐渐提升，对行业自律性的要求也逐渐提高，尤其是与上市公司关联紧密的沪深北交易所、证券业协会、央行、保险业协会等监管机构，纷纷发布了针对自身行业特色的自律性规则文件。

一、交易所行业自律规则

（一）自律规则政策概述

交易所作为上市公司履行 ESG 社会责任的主要市场领域，自 2006 年开始便发布多项政策来规范上市公司的运营和社会责任的履行。例如 2006 年深交所发布《深圳证券交易所上市公司社会责任指引》鼓励上市公司将职工的权益以及环境治理等方面的内容纳入企业履行社会责任的重要组成部分；2008 年上交所发布《关于加强上市公司社会责任承担工作的通知》也明确强调企业需要遵纪守法，合规经营，更多地承担社会慈善救助等责任，定期发布社会责任报告；2015 年深交所修订《主板上市公司规范运作指引》更加强调了企业在注重自身经营发展的同时也要做好环境和社会公益事宜；2018 年中国证券投资基金业协会出台了《绿色投资指引（试行）》等文件，对企业履行 ESG 社会责任的核心指标体系进行了构建，也成为行业自律规范化的重要文件。2020—2023 年，沪深交易所发布了多项《上市公司自律监管指引》，从企业的规范运作、信息披露、停复牌管理、关联交易、资产重组以及破产重整、股份管理、纪律处罚、保荐工作、可转换公司债券发行等多个方面进行自律性管理，为后续上市公司更好地履行 ESG 社会责任提供了政策保障。

表 2-5　沪深交易所行业自律规则重点内容梳理

自律领域	重点内容
企业的规范运作	股东、董事、监事等人员管理、企业内部控制管理、员工持股、投资者关系的处理等
信息披露	对农业、矿产资源业、制造业、电力供应、建筑、零售、快递、软件和信息技术服务、房地产等行业披露信息进行规范，应当披露行业市场环境、政策环境、经营模式、竞争结构以及风险等内容。同时对相关的披露事务管理进行规范运营。做好信息披露的评价工作
停复牌管理	对停复牌的规则、期限、重大事项等内容进行规范管理
关联交易	关联关系应当合规不隐瞒，保持信息披露透明度，关联交易的相关投融资活动需合规

续表

自律领域	重点内容
资产重组、破产重整	重组的信息要披露透明，重组的审议、终止、说明会、审核和注册要依法合规，强调监管的重要性，规范破产重整的流程运作，明确重整后的各方权益分配安排
股份管理	针对回购股份、股份变动、减持股份的披露、处理、监管等要清晰明确
纪律处罚	明确纪律处罚的认定范围，针对披露违规、运营违规、交易违规、中介服务违规等问题进行规范管理
保荐工作	明确保荐工作的具体要求，规范保荐督促制度建设，提出合理保荐意见以及履行义务
可转换公司债券发行	针对上市公司开展可转债的基本流程进行规范，包含上市及挂牌、转股、赎回、回售、本息兑付等重大事项

资料来源：根据政策文件内容梳理。

进入 2024 年，沪深北交所分别发布自身的《上市公司自律监管指引——可持续发展报告（试行）》，将行业自律规则推向了新的历史高度，明确要求上市公司应当保持真实、全面、准确、客观的发展模式，对特定的上市公司规定强制性披露要求，按照“自愿+强制”“过渡+缓释”“成本+效益”的方式提升行业自律性，禁止向社会公众提供误导性的内容信息，要遵循国际市场的标准，围绕“财务和影响”的双重重要性原则进行有效的信息披露，通过构建行业自律性规则，引导上市公司更好地履行 ESG 社会责任，将 ESG 融入企业的经营发展，形成外部约束力和内部有效管制的协同推进的局面，保障社会各方主体的利益，提升企业的价值。

表 2-6　沪深北交易所自律性监管指引可持续发展报告梳理

交易所	深交所	上交所	北交所
主要披露板块	主板、创业板	主板、科创板	新三板精选层
披露方式	“强制+自愿”	“强制+自愿”	自愿
强制披露主体	深证 100 指数、创业板指数样本公司以及境内外同时上市的公司	上证 180 指数、科创 50 指数样本公司以及境内外同时上市的公司	无
过渡期安排	相关的披露主体应在 2026 年 4 月 30 日之前公布 2025 年的 ESG 可持续发展报告。同时定量难以确定的指标可以定性的方式进行披露，但需要解释无法定量披露的原因。而且在 2025—2026 年，无法更好地定量可持续发展对财务状况影响的情况，可通过定性进行披露		无具体详细安排
环境信息披露侧重点	应重点围绕气候变化影响、防污治理、保护生物多样性、生态环境保护、循环再利用等多个维度进行自律性议题构建		
公司治理披露侧重点	重点围绕反不正当竞争、反贪污腐败、反商业贿赂等内容进行公司的治理和完善，加强企业自身的自律性管理，优化监管制度、提升内部风险控制能力		
社会信息披露侧重点	重点围绕扶持乡村振兴建设和提供乡村服务贡献能力、提升科技创新应用成果在社会的价值增长、供应链的科学管理、企业产品和服务质量的提升、员工的职业发展和培育等方面进行战略布局		

资料来源：根据政策文件内容梳理。

2024 年 11 月 6 日，沪深北交易所分别发布了《上市公司自律监管指南——可持续发展报告编制（征求意见稿）》，成为 2024 年初自律监管指引的辅助参考类政策文件，对报告披露的主体进一步明晰，议题披露设置的重要性进行了明确，同时也提出了《可持续发展报告》披露框架示例，成为支持上市公司践行可持续发展理念的重要政策性自律文件。

表 2-7　沪深北交易所自律性监管指南可持续发展报告梳理

<table>
<tr><th>交易所</th><th>深交所</th><th>上交所</th><th>北交所</th></tr>
<tr><td>强制披露主体</td><td>在整个报告期内持续被纳入深证 100 指数和创业板指数的样本公司；在境内发行 A 股或 B 股，同时在境外发行 H 股、D 股等境外股本以及存托凭证（GDR）的境内外上市公司</td><td>在整个报告期内持续被纳入上证 180 指数、科创 50 指数的样本公司；在境内发行 A 股或 B 股，同时在境外发行 H 股、D 股等境外股本以及存托凭证（GDR）的境内外上市公司</td><td>无</td></tr>
<tr><td>自愿披露主体</td><td colspan="3">自愿披露《可持续发展报告》的上市公司</td></tr>
<tr><td rowspan="2">议题重大影响的判断依据</td><td colspan="3">财务重要性：议题是否预期在短期、中期和长期内对公司商业模式、业务运营、发展战略、财务状况、经营成果、现金流、融资方式及成本等产生重大影响</td></tr>
<tr><td colspan="3">影响重要性：企业在相应议题的表现是否会对经济、社会和环境实际或者潜在产生重大影响</td></tr>
<tr><td>财务重要性议题管理与披露框架</td><td colspan="3">治理：构建三级 ESG 治理架构
战略：与时间范围相关联
影响、风险和机遇管理：提前识别，主动应对
指标与目标管理：量化绩效，透明传达</td></tr>
<tr><td>《可持续发展报告》披露框架示例</td><td colspan="3">一、报告编制说明
二、公司基本信息
三、议题重要性评估
（一）双重重要性分析
（二）尽职调查、利益相关方沟通
（三）议题重要性分析结论
四、公司 ESG 治理安排
公司可持续发展治理架构、可持续发展相关信息报告、监督与考核机制
五、环境维度议题
应对气候变化、污染物排放、废弃物处理、生态系统和生物多样性保护、环境合规管理、能源利用、水资源利用、循环经济等议题的治理，战略，影响、风险和机遇管理，指标与目标等内容的披露
六、社会维度议题
员工、产品和服务安全与质量、数据安全与客户隐私保护、创新驱动、科技伦理、供应链安全、平等对待中小企业、乡村振兴、社会贡献议题的治理，战略，影响、风险和机遇管理，指标与目标等内容的披露
七、可持续发展相关治理维度议题
反商业贿赂及反贪污、反不正当竞争议题的治理，战略，影响、风险和机遇管理，指标与目标等内容的披露
八、ESG 数据表和附注
九、对标索引表
十、第三方鉴证/审验报告（可选）</td></tr>
</table>

资料来源：根据政策文件内容梳理。

（二）自律规则政策影响分析

从三大交易所发布行业自律性文件产生的影响来看，当前世界主要国家均是通过发布 ESG 报告的形式来实现 ESG 理念的贯彻，并结合企业的年度财务报告，构成反映企业经营发展状况和践行可持续发展理念情况的重要组成部分。但 ESG 披露的口径不一致也是造成我国当前无法更好地开展 ESG 活动的主要原因。因此，三大交易所本次发布的可持续发展报告对未来我国更好地贯彻 ESG 理念以及推动资本市场健康发展将起到较好的支撑作用。

首先对于投资者来说，投资者更希望看到清晰、可对比的公司价值和披露信息内容，而本次三大交易所发布的 ESG 指引对披露的内容进行了进一步明确，同时也对部分上市公司进行了强制性披露要求，增强了资本市场的透明度，有助于投资者更好地了解上市公司的基本情况和在绿色低碳发展过程中的投资机遇，从而做出科学的投资判断，保障投资者权益的价值实现。其次对上市公司来说，本次 ESG 指引的出台更是综合考量了环境、社会、治理三方面的因素，以往企业更多的是关注环境治理问题，而本次政策出台后也将激励上市公司更好地履行社会责任以及推动公司的综合治理。从本次强化 ESG 信息披露的角度来看，企业通过 ESG 信息披露可以大大提升公司的市场影响力，提升投资者对企业的投资信心，进而有助于提升企业的抗风险能力，通过在资本市场吸收投资者资金，为公司的健康持续发展注入活力。此外，本次 ESG 指引的发布在国家层面也能够形成良性循环发展，在 ESG 深入贯彻的情况下，将助力建设环境友好型和资源循环型社会。

同时 ESG 对企业的影响因素更为宽泛，虽然 ESG 作为非财务指标并不会对企业的财务状况产生直接的影响，但其会影响企业做出投资判断，进而造成财务风险的发生。尤其是当前 ESG 作为全社会普遍公认的可持续发展标准，对企业的声誉价值意义较大，而一旦企业 ESG 出现风险也将给企业的财务状况以及信用情况造成风险。本次 ESG 指引的发布，虽然仅对部分上市公司进行了强制性披露要求，但同样对其他非特定上市公司形成参考，其提倡的可持续发展价值理念也表明了未来的发展思路，也为全部上市公司提供了未来的政策指引方向。

因此，在本次三大交易所齐发 ESG 指引的环境下，未来全部上市公司将会积极响应政策的指引，尤其是在强制性要求范围内的上市公司，更需要严格地执行 ESG 披露要求，在过渡期内实现 ESG 的披露管理，提升公司的可持续发展能力。而其他未纳入强制性披露要求的上市公司也将会朝着强制化管理要求进行优化和调整，加快健全 ESG 治理体制。同时随着未来法律法规愈发规范，针对企业 ESG 实践的法律、审计、评级等服务也将配套完善，从而满足企业 ESG 服务基本要求。

二、证券业协会自律规则

（一）自律规则政策概述

证券业协会作为我国证券市场的主要监管机构，近年来对证券公司的行业规范和要求进一步提升。自 2017 年以来，在证监会的指导下，证券业协会持续多年开展社会责任的专项评价工作，2017 年证券业协会发布的《中国证券业协会专业委员会管理办法》明确了专业委员会应当保持良好的工作纪律并履行好工作责任；2019 年发布的《证券经营机构投资者教育工作指引》强调了行业要帮助投资者更好地了解证券市场和树立 ESG 投资理念，进而保障投资者权益；2021 年证券业协会发布的《证券公司履行社会责任专项评价办法》（以下简称《办法》）成为目前行业自律规则的里程碑式文件。《办法》的核心要领是提升证券公司的社会责任服务意识和自律能力，更好地服务和满足社会广大群体的市场需求。《办法》聚焦乡村振兴、履行新发展的服务理念、有效参与社会公益以及表彰奖励等评价领域，通过构建 12 项指标为证券公司履行 ESG 社会责任提供方向。且从评价的指标构成来看，自律性文件更加注重服务的具体化和服务理念的创新升级。尤其是在乡村振兴领域，统计具体帮扶贫困县数量、助力企业脱贫的直接融资规模等，从更为客观的指标体系来提升证券公司服务的质量和效果。

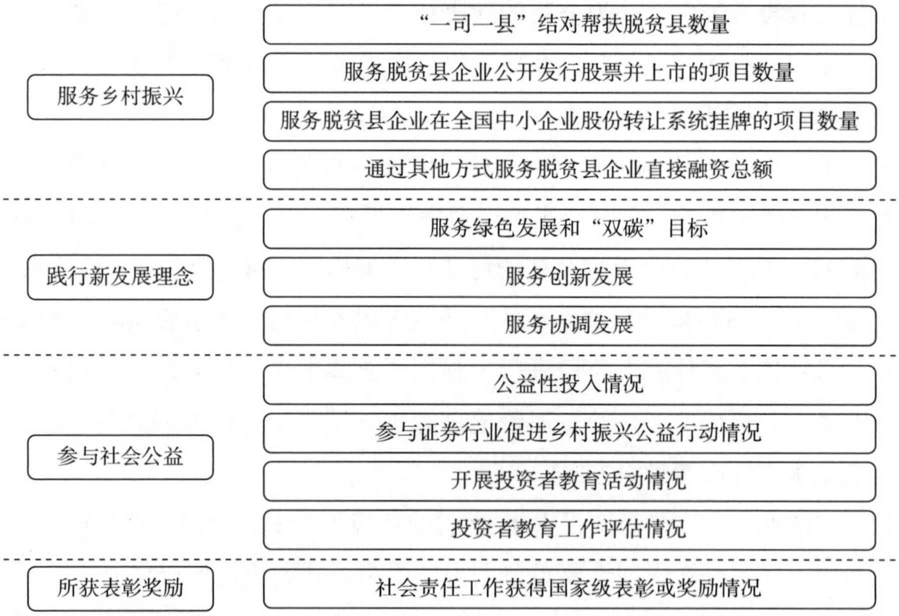

图 2-7 证券公司社会责任专项评价指标

资料来源：根据政策文件汇总梳理。

此后《中国证券业协会自律措施实施办法（2024 年修订）》对纪律处分、自律措施适用标准、自律审理等重要事项进行了进一步的论述，成为引导行业健康发展、保障投资者合法权益的重要文件。

（二）自律规则政策影响分析

从证券业协会的自律政策来看，政策通过评分的模式来对涉及的 ESG 模块进行评价，进而凸显出侧重点。从整体的四大模块来看，乡村振兴以及社会公益两大领域的赋分比重较大，足以体现出目前证券公司的投融资业务活动中更多地倾向乡村普惠以及公益性活动领域，提升企业 ESG 的社会责任意识，更好地发挥证券公司的中介服务作用。同时政策为确保行业的长期持续发展，依据新发展理念的指标来支持创新发展和强调绿色经济的可持续发展，进而为企业将 ESG 理念持续融入公司的经营发展提供保障，激励企业保持长期的社会责任意识。同时自律政策也将履行社会责任与证券公司的评价挂钩，综合考虑证券公司的脱贫攻坚工作开展情况，也有助于提升企业的 ESG 服务理念。

三、中国人民银行自律规则

（一）自律规则政策概述

近年来，中国人民银行在针对金融机构方面的行业自律规则始终强调金融标准的制定，推动金融机构与实体经济在 ESG 方面的有效配合，自律政策主要聚焦于 2021—2022 年。2021 年，央行发布了我国标志性的 ESG 金融机构行业自律规则《金融机构环境信息披露指南》（以下简称《指南》）。《指南》从披露的具体原则、形式、披露的频率、核心重点披露内容等多个方面进行管理和要求。披露的主体涵盖了银行、保险、证券、资产管理机构等多个金融领域。更加强调金融机构应当围绕真实、连贯、及时、一致的自律性原则进行信息的披露，提升信息披露的透明度。同时《指南》也鼓励金融机构围绕自身发展实际，采取合理的报告模式进行披露公开。尤其是在披露的重点内容方面，围绕金融机构的未来发展规划、公司治理结构、金融产品及服务创新、风险管理控制、投融资对环境影响分析等多个方面进行规划和管理，未来将助力金融机构更好地提升金融服务企业 ESG 投资的能力和服务质量。2022 年中国人民银行等多部门联合印发《金融标准化“十四五”发展规划》，强调要构建引领国际先进水平的行业标准体系，建立 ESG 评价标准体系，通过构建统一高效的绿色金融服务体系来提升自身的绿色信贷服务水平。

表 2-8 金融机构自律规则政策指引

自律规则	重点内容
适用范围	银行、保险、证券、资产管理机构、信托、期货
披露原则	真实：环境信息要真实可靠，数据来源明确 连贯：注重披露的方式和内容上保持连贯可行 及时：针对可能发生重大事件和风险的问题，应当保持及时披露的原则 一致：在进行测算的过程中要保持不同时期的口径一致
披露方式	环境信息报告、年度报告以及社会责任报告
披露频率	每年至少对外披露一次
披露核心内容	未来发展规划：公司的战略目标、具体行动方案、配套政策落地以及实施的效果情况 公司治理结构：在公司董事会、高管、职能部门等领域设置专门的绿色金融内设机构以及管理职位 金融产品及服务创新：围绕具体的信贷对象研究创新绿色金融产品，针对适用利率、用途、期限等方面进行产品的研制 风险管理控制：通过对可能存在的环境风险进行识别，并加以控制，以降低可能出现的金融风险 投融资对环境影响：对金融机构投融资活动对环境产生的影响进行分析，并进行量化测算

资料来源：根据政策文件梳理。

（二）自律规则政策影响分析

从近年来中国人民银行自律政策的部署来看，对金融机构披露ESG的要求逐渐提高，鼓励金融机构采用多种不同的方式进行ESG信息披露，但考虑到绿色金融投融资在环境领域的测算难度较高，计算复杂，因此数据的有效收集以及分析存在风险。政策更多地强调数据的来源要清晰，未来政策将鼓励商业银行等金融机构搭建全面且可靠的环境数据信息平台系统，确保数据的可溯源。此外，风险环境的压力测试也是当前重要的关键点，通过对场景的应用管理、风险压力测算的传导路径等进行研究，测算和评估碳排放情况，匹配金融产品，进而降低数据获取难度以及提升测算的精准度。因此，未来政策的持续深化也将激励金融机构更加注重气候风险情景与评估模型间的有机结合，进而提升金融机构ESG信息披露和服务实体经济的能力。

四、保险业协会自律规则

（一）自律规则政策概述

保险行业近年来始终围绕提供绿色保险的服务模式助力企业ESG的发展，作为金融配套服务的保险领域，加速保险险种的创新以及保险行业绿色转型发展已成为重点关注的方向。2022年6月保险业协会发布《保险公司投资管理能力信息披露自律管理准则（试行）》明确强调要提升保险公司自身的社会责任意识和自身服务能力水平，构建良好的信息披露体系，提升投资管理能力自评估水平，提升信息的真实、客观披露能力。

2023 年 12 月，中国保险行业协会正式发布《保险机构环境、社会和治理信息披露指南》（以下简称《指南》），将 ESG 三大维度的因素纳入保险行业的发展理念当中，鼓励各个保险机构结合自身的发展实际来进行 ESG 信息披露以及履行社会责任。这也成为我国第一个聚集 ESG 理念的保险行业自律性文件。《指南》针对 ESG 披露内容、披露的形式和时间、承担的披露责任以及监管的基本要求等方面进行部署，设置了 72 个指标体系，实现了 ESG 重要议题的全方位覆盖。同时从《指南》的基本特点来看，政策将涉及绿色低碳等重要内容纳入 ESG 信息披露领域，以金融强监管等框架，提升保险行业自身的自律性水平，进而提升保险行业在业务管理和 ESG 理念渗透等方面的融合度，提升公司治理水平和风险控制效果。尤其是政策高度与国际先进 ESG 理念接轨，综合考虑了 GRI、SASB、GHG Protocol 温室气体核算等国际领先的 ESG 指标系统，进一步提升了行业的披露质量。同时政策也结合了我国自身的发展特色，将国家“双碳”重点行业、乡村振兴建设以及金融普惠等领域进行结合，打造符合我国特色的保险金融产品，从而能够更好地提升保险绿色投资的效果。此外政策通过定量和定性组合的方式提升保险行业开展 ESG 工作的参考价值，有助于全面地提升 ESG 披露质量，实现保险行业与 ESG 的协同发展。

（二）自律规则政策影响分析

从近年来保险行业 ESG 自律政策的发布逻辑来看，重点聚焦从事环境责任投保的企业在进行环境治理方面的管理能力，鼓励保险企业披露相关的内容和信息，同时保险行业自身也需要建立及时、准确、响应机制完善的自律管理体制，保障社会利益各方的权益，促进行业自身与外部机构在 ESG 领域的合作，通过有效的评估及审计，提升行业 ESG 社会责任履行服务能力。尤其是绿色保险作为当前绿色金融的重要领域，未来是保险行业推进业务开展的重要方向。在政策的引导下，未来保险行业将增加绿色保险的可对比性，细化绿色保险的产品内容，更好地满足投资者对市场信息的判断需求，进而保障绿色保险产品的服务质量。

参考文献

[1] 刘世伟，任秋潇．商业银行环境信息披露进展与展望［J］. 中国金融，2024（16）：26-27.

[2] 保险行业 ESG 信息披露进展［J］. 中国金融，2024（16）：28-29.

［3］李传轩，张叶东．上市公司ESG信息披露监管的法理基础与制度构建［J］．江汉论坛，2024（9）：140-144．

［4］邱天．ESG信息披露“漂绿”的不正当竞争规制逻辑与完善路径［J］．甘肃金融，2024（7）：36-42．

［5］李倩倩．碳排放权交易政策对工业企业绿色转型的影响——基于三重差分的检验［J］．黑龙江金融，2024（6）：25-32．

［6］黄宗彦．政策层面密集推动ESG信披仍面临五大挑战［N］．每日经济新闻，2024-06-17（006）．

［7］Phemelo Tamasiga，Helen Onyeaka，Malebogo Bakwena，El houssin Ouassou. Beyondcompliance：Evaluating the role of environmental，social and governance disclosures in enhancing firm value and performance［J］．SN Business & Economics，2024，4（10）：118-118．

［8］Sahu Asis Kumar，Debata Byomakesh，Dash Saumya Ranjan. Manager sentiment，policy uncertainty，ESG disclosure and firm performance：A large language model in corporate landscape［J］．International Journal of Accounting & Information Management，2024，32（5）：858-882．

第三章

中国企业 ESG 实践

2024 年，沪深北证券交易所发布《上市公司可持续发展报告指引（试行）》（以下简称《指引》），引导和规范上市企业发布 ESG 报告。近年来，随着国内对 ESG 的重视程度不断提升，我国企业 ESG 报告的披露率也在稳步增长。然而我国企业 ESG 表现不尽如人意，A 股上市企业整体 ESG 评级偏低，且弱于港股上市企业，企业 ESG 发展面临着治理体系不完善、信息披露水平较低、对 ESG 认知不足、鉴证需求较低等问题。针对上述问题，建议企业完善 ESG 治理体系，制定 ESG 战略及发展目标，推动 ESG 融入企业发展战略；联动 ESG 与数智化融合发展，重塑 ESG 经营模式；按照《指引》要求，按时发布 ESG 报告、调整披露议题；积极开展 ESG 鉴证服务，提高 ESG 披露质量。

第一节
中国企业 ESG 信息披露现状

一、A 股上市企业 ESG 信息披露现状

（一）上市企业 ESG 披露率稳步增长

近年来，随着国内对 ESG 的重视程度不断提升，A 股上市企业 ESG 报告的披露率也在稳步增长。截至 2024 年 9 月 6 日，沪深北三大交易所上市企业共 5350 家，其中 2210 家发布 2023 年度 ESG 报告（含 ESG 报告、可持续发展报告、社会责任报告，下同），披露率 41.31%，同比增加了 6.97 个百分点。

分市场看，上交所>深交所>北交所。截至 2024 年 9 月 6 日，上交所上市企业 2265 家，1184 家发布 2023 年度 ESG 报告，披露率 52.27%；深交所上市企业 2834 家，1005 家发布 ESG 报告，披露率 35.46%；北交所上市企业 251 家，21 家发布 ESG 报告，披露率仅为 8.37%。

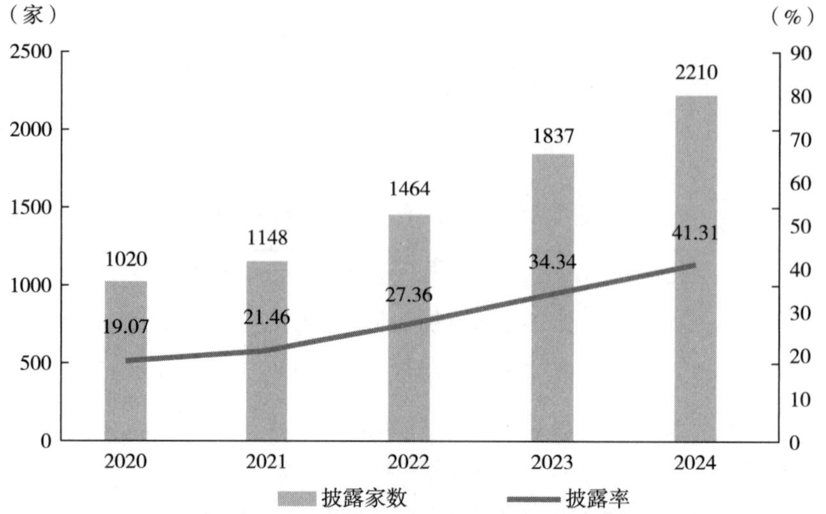

图 3-1　2020—2024 年我国 A 股上市企业 ESG 报告披露情况

注：披露率=发布 ESG 报告企业数量/上市企业数量（以 2024 年 9 月 6 日 5350 家上市企业为基数）。

资料来源：Wind。

表 3-1　各交易所上市企业发布 2023 年度 ESG 报告情况

板块	上市企业数量（家）	发布 2023 年度 ESG 报告企业数量（家）	ESG 报告披露率（%）
全部 A 股	5350	2210	41. 31
上证 A 股	2265	1184	52. 27
深证 A 股	2834	1005	35. 46
北证 A 股	251	21	8. 37

资料来源：Wind。

（二）不同行业 ESG 披露率对比鲜明

不同行业 ESG 披露率均稳步提升。按申万一级行业分类，截至 2024 年 9 月 6 日，我国 A 股上市企业各行业 ESG 披露率均超过 25%。其中，煤炭、社会服务、环保、电力设备、国防军工行业 ESG 披露率增长超过 10 个百分点。

企业 ESG 披露意愿受监管要求、政策推动、行业属性等因素影响，不同行业 ESG 披露率差异明显。例如，金融业（含银行、非银金融）披露率最高，主要系中国人民银行、国家金融监督管理总局监管要求；钢铁、石油石化等高耗能行业在“双碳”政策推动下进行 ESG 报告披露的比例也居前；机械设备行业披露率最低，仅为 26.00%，主要系生产经营过程中涉及较高的资源消耗和碳排放，对于 ESG 信息披露的意愿较低。

表 3-2　近三年各行业上市企业 ESG 报告披露率情况

行业	企业数量（家）	2021 年度 ESG 报告披露率（%）	2022 年度 ESG 报告披露率（%）	2023 年度 ESG 报告披露率（%）	同比增速（%）
银行	42	100.00	100.00	100.00	—
非银金融	85	82.35	87.06	87.06	—
钢铁	45	62.22	73.33	82.22	8.89
煤炭	37	51.35	56.76	67.57	10.81
公用事业	133	49.62	57.89	66.17	8.28
交通运输	126	50.00	60.32	65.87	5.55
石油石化	48	41.67	54.17	60.42	6.25
传媒	130	48.46	53.08	59.23	6.15
房地产	103	45.63	52.43	58.25	5.82
美容护理	33	36.36	42.42	51.52	9.10
食品饮料	127	39.37	47.24	50.39	3.15
有色金属	135	34.07	43.70	49.63	5.93
建筑材料	73	35.62	43.84	47.95	4.11
综合	21	28.57	47.62	47.62	—
社会服务	78	23.08	33.33	44.87	11.54
环保	137	25.55	30.66	44.53	13.87
电力设备	376	24.20	33.78	44.15	10.37
纺织服饰	106	31.13	37.74	42.45	4.71
建筑装饰	165	20.61	34.55	41.82	7.27
商贸零售	101	25.74	33.66	40.59	6.93
轻工制造	161	29.81	33.54	40.37	6.83
国防军工	140	21.43	27.86	40.00	12.14
农林牧渔	110	31.82	38.18	40.00	1.82
医药生物	493	26.17	32.25	38.54	6.29
基础化工	418	21.29	29.67	37.32	7.65
家用电器	102	25.49	29.41	35.29	5.88
汽车	289	19.38	26.30	32.53	6.23
计算机	358	18.72	24.58	31.28	6.70
电子	470	17.02	23.19	30.85	7.66
通信	131	15.27	24.43	28.24	3.81
机械设备	577	15.42	19.58	26.00	6.42

资料来源：Wind。

（三）国企 ESG 披露率远高于非国企

国企 ESG 披露率远高于非国企，且该差距在不断扩大。国企 2023 年度 ESG 披露率

71.26%，非国有企业仅为30.46%。另外，近三年来，国企、非国企ESG披露率差距由27个百分点扩大至41个百分点。

央企ESG披露率尚未实现全覆盖。2022年5月，国务院国资委出台《提高央企控股上市公司质量工作方案》，要求央企上市企业在2023年实现ESG信息披露全覆盖，2023年度央企ESG披露率为94.14%，尚未实现全覆盖。

表3-3 近三年不同公司属性A股上市企业ESG披露率

国有属性	公司属性	企业数量（家）	2021年度ESG报告披露率（%）	2022年度ESG报告披露率（%）	2023年度ESG报告披露率（%）
国有企业	合计	1423	47.22	61.28	71.26
	中央国有企业	461	60.52	80.69	94.14
	地方国有企业	962	40.85	51.98	60.29
非国有企业	合计	3927	20.17	24.62	30.46
	民营企业	3386	17.99	22.50	28.47
	公众企业	304	38.16	42.43	47.70
	外资企业	188	28.19	31.38	37.23
	集体企业	24	33.33	33.33	37.50
	其他企业	25	24.00	36.00	32.00

资料来源：Wind。

（四）高市值企业ESG披露意愿更强

企业市值与ESG披露率呈正相关，高市值企业ESG披露意愿更强。截至2024年9月6日，千亿级市值规模上市企业2023年度ESG报告披露率达到100%，百亿级市值规模上市企业ESG报告披露率为79.66%，百亿级以下市值规模上市企业ESG报告披露率仅为30.23%。

表3-4 近三年不同市值规模A股上市企业ESG披露率

市值规模	企业数量（家）	2021年度ESG报告披露率（%）	2022年度ESG报告披露率（%）	2023年度ESG报告披露率（%）
千亿级	108	98.15	100.00	100.00
百亿级	1047	61.13	71.25	79.66
百亿级以下	4195	17.12	23.48	30.23

资料来源：Wind。

二、强制披露主体ESG信息披露现状

2024年4月，沪深北证券交易所发布《上市公司可持续发展报告指引（试行）》（以下简称《指引》），引导和规范上市企业发布ESG报告。根据《指引》，强制披露

主体应于 2026 年 4 月 30 日前发布《可持续发展报告》或《ESG 报告》。其中，强制披露主体范围包括上证 180 指数、科创 50 指数、深证 100 指数、创业板指数样本公司以及境内外同时上市的公司。

表 3-5　强制披露主体范围

交易所	文件	强制披露主体范围
上海证券交易所	《上海证券交易所上市公司自律监管指引第 14 号——可持续发展报告（试行）（征求意见稿）》	上证 180 指数、科创 50 指数、境内外同时上市的公司
深圳证券交易所	《深圳证券交易所上市公司自律监管指引第 17 号——可持续发展报告（试行）（征求意见稿）》	深证 100 指数、创业板指数、境内外同时上市的公司
北京证券交易所	《北京证券交易所上市公司持续监管指引第 11 号——可持续发展报告（试行）（征求意见稿）》	—

资料来源：上交所，深交所，北交所。

（一）强制披露主体 ESG 信息披露现状

1. ESG 披露尚未全覆盖

强制披露主体尚未全覆盖。截至 2024 年 9 月 6 日，强制披露主体共涉及 457 家，其中，421 家上市企业发布了 ESG 报告，披露率为 92.12%，尚有 36 家上市企业未进行披露。分板块看，境内外同时上市公司披露率达到 100%；上证 180 指数、科创 50 指数、深证 100 指数披露率均超过 95%；创业板指数披露率最低，仅为 73%。

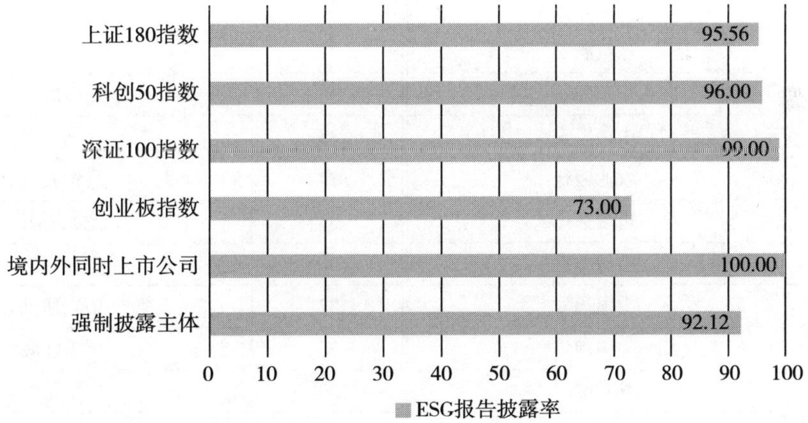

图 3-2　2024 年强制披露主体 ESG 报告披露率情况（%）

资料来源：Wind。

2. ESG 按时披露比例较高

《指引》规定，披露主体应当在每个会计年度结束后 4 个月内编制《可持续发展报告》，经董事会审议通过后披露，披露时间应当不早于年度报告。

强制披露主体 ESG 报告按时披露比例较高，基本在会计年度结束后 4 个月内发布。

从 ESG 报告的发布时间来看，会计年度结束后 4 个月内发布 ESG 报告的强制披露主体数量达到 412 家，占比 97.86%；4 个月后发布 ESG 报告的企业数量仅为 9 家，占比 2.14%。

表 3-6 强制披露主体 ESG 报告发布时间情况

分类	发布时间	发布 ESG 报告的企业数量（家）	占发布 ESG 报告企业数量的比重（%）	
按时披露	1—4 月	412	97.86	97.86
未按时披露	5 月	2	0.48	2.14
	6 月	3	0.71	
	7 月	2	0.48	
	8 月	2	0.48	

资料来源：Wind。

（二）强制披露主体样本企业 ESG 信息披露现状

以 ESG 表现优秀的上市企业为研究对象，选取“中国 ESG 上市公司先锋 100”榜单（2024）中的强制披露主体为样本企业，共涉及 56 家。

表 3-7 样本企业名单

序号	企业简称	序号	企业简称
1	中国移动	29	民生银行
2	中国石化	30	比亚迪
3	包钢股份	31	中芯国际
4	伊利股份	32	国电电力
5	中国平安	33	保利发展
6	农业银行	34	马钢股份
7	迈瑞医疗	35	龙源电力
8	中国交建	36	中远海能
9	中国通号	37	中兴通讯
10	中国神华	38	宝丰能源
11	TCL 中环	39	中国化学
12	中国石油	40	中国中车
13	广汽集团	41	长安汽车
14	贵州茅台	42	京东方 A
15	国电南瑞	43	中国电建
16	建设银行	44	中国海油
17	立讯精密	45	长江电力
18	中国电信	46	云南白药
19	东方电气	47	隆基绿能

续表

序号	企业简称	序号	企业简称
20	宁德时代	48	晶澳科技
21	复星医药	49	TCL 科技
22	招商银行	50	青岛啤酒
23	海通证券	51	海尔智家
24	顺丰控股	52	以岭药业
25	中海油服	53	通威股份
26	中国建筑	54	四川长虹
27	上海医药	55	华电国际
28	中国铝业	56	鞍钢股份

资料来源：中央广播电视总台财经节目中心。

1.《社会责任报告》逐渐被替代

《指引》规定，披露主体应当按照《指引》及交易所相关规定披露《可持续发展报告》或者《上市公司环境、社会和公司治理报告》。

ESG 报告名称中包含关键字“ESG”“可持续发展”的企业数量逐渐增加，《社会责任报告》逐渐被替代。样本企业 2024 年度 ESG 报告中仅 10 家企业沿用《社会责任报告》。

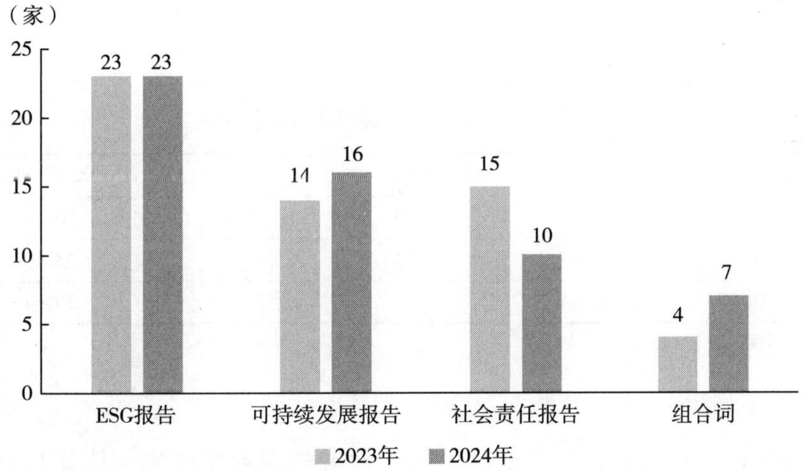

图 3-3 样本企业 ESG 报告名称分类情况

资料来源：根据公开资料整理。

2. 披露时间集中于 3 月、4 月

样本企业 2024 年度 ESG 报告披露时间集中于 3 月、4 月，仅 1 家企业于 2 月份披露。其中，3 月披露家数 33 家，4 月披露家数 22 家，合计占比 98.21%。

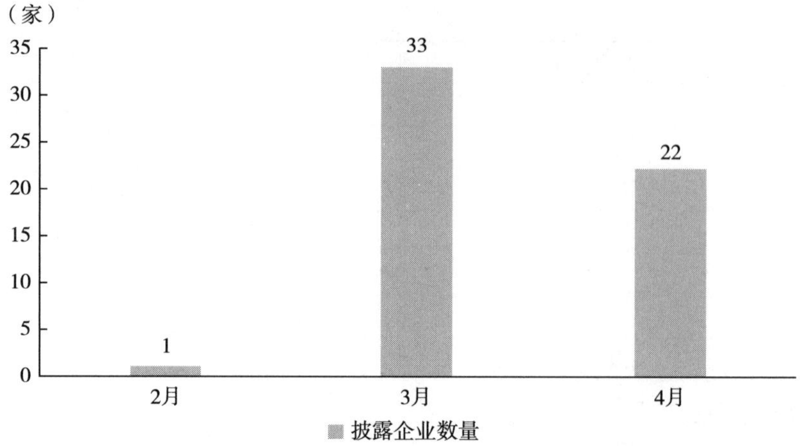

图 3-4 样本企业 2024 年度 ESG 报告月度披露企业数量情况

资料来源：根据公开资料整理。

3. 范围 3 碳排放披露比例较低

根据《指引》，披露主体应当核算并披露报告期内的温室气体排放总量，并将不同温室气体排放量换算成二氧化碳当量公吨数。披露主体应当披露温室气体范围 1 排放量、范围 2 排放量，鼓励有条件的披露主体披露温室气体范围 3 排放量。

样本企业中，范围 1、范围 2 碳排放披露比例较高，范围 3 碳排放披露比例处于较低水平。45 家披露了温室气体范围 1、范围 2 排放量，占比 80.36%，14 家披露了温室气体范围 3 排放量，占比仅 25%。

表 3-8 样本企业温室气体披露情况

披露范围	企业数量（家）	比例（%）
范围 1、范围 2	45	80.36
范围 3	14	25.00
均未披露	11	19.64

资料来源：根据公开资料整理。

4.《ESG 数据表》披露比例提升

根据《指引》，披露主体应当提高可持续发展相关数据收集、核算与分析的信息化、数字化水平，增强所披露数据的可靠性与可比性，不断提高可持续发展信息披露质量。

样本企业中，《ESG 数据表》披露比例大幅提升，46 家在 2023 年度 ESG 报告中披露了《ESG 数据表》，占比 82.14%，较上年度增长 17.86 个百分点。其中，具有连续 2 年数据对比企业 11 家，占比 19.64%，较上年度增长 12.5 个百分点；具有连续 3 年数据对比企业 29 家，占比 51.79%，较上年度增长 7.14 个百分点。

5. 开展第三方鉴证意愿较低

根据《指引》，披露主体聘请第三方机构对《可持续发展报告》进行鉴证或审验的，应当披露该机构的独立性情况、与披露主体的关系、经验和资质、鉴证或审验报告。

尽管开展第三方鉴证可以提高 ESG 报告的可靠性，但由于缺乏监管严要求以及企业需要承担额外的成本支出等因素，目前企业开展第三方鉴证意愿较低。样本企业中，24 家企业开展了 2023 年度 ESG 报告的第三方验证，占比 42. 86%，较上年度仅增加 2 家，可见开展第三方鉴证意愿较低。

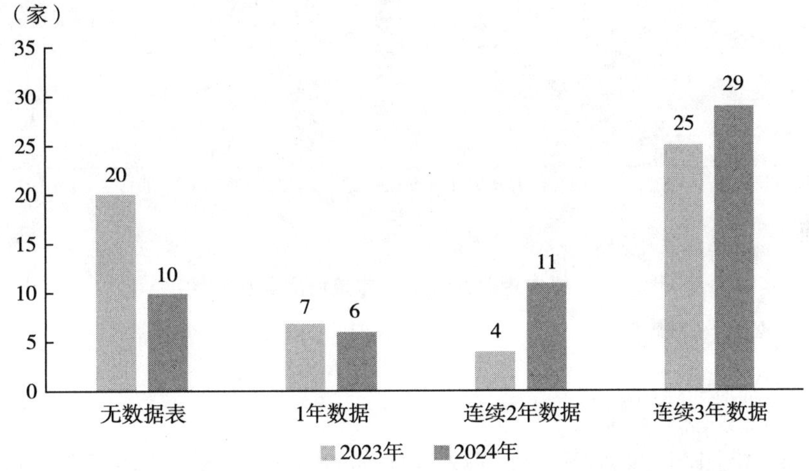

图 3-5 样本企业《ESG 数据表》披露情况

资料来源：根据公开资料整理。

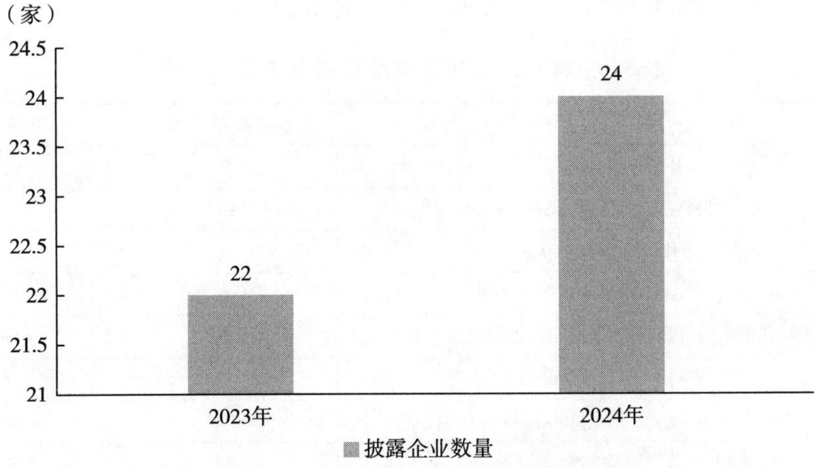

图 3-6 样本企业开展第三方鉴证情况

资料来源：根据公开资料整理。

从样本企业第三方鉴证服务机构来看，主要包括毕马威、德勤、安永、普华永道四大国际会计师事务所以及 SGS、TUV 莱茵、TUV SUD、TUV NORD、BIS 等国际检验检测认证机构。通常情况下，同一家企业更倾向于由同一家机构连续鉴证，2023 年度仅招商银行、中远海能、通威股份三家企业更换了鉴证服务机构。

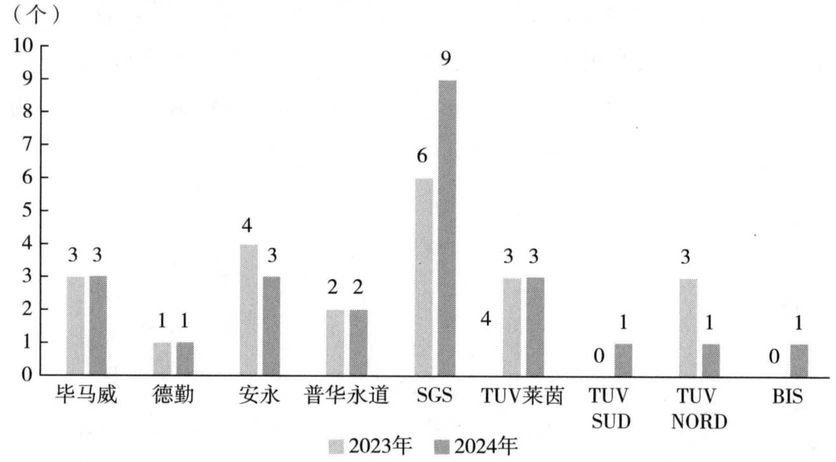

图 3-7 样本企业开展第三方鉴证服务机构情况

资料来源：根据公开资料整理。

6. ESG 报告编制标准以 GRI 为主

样本企业编制 ESG 报告参考标准以 GRI Standards 为主，在其他参照标准的选择上，主要受交易所、公司属性、所在行业等因素影响。样本企业编制 2023 年度 ESG 报告，参考 GRI Standards 的数量最高，达到 50 家，占比 89. 29%；其次为港交所《环境、社会及管治（ESG）报告指引》，达到 35 家，占比 62. 50%。

表 3-9 样本企业 2023 年度 ESG 报告编制标准

	企业数量（家）	占比（%）
GRI Standards	50	89. 29
联合国可持续发展目标（SDGs）	21	37. 50
国际标准化组织 ISO 26000	9	16. 07
SASB（可持续会计标准委员会）标准	6	10. 71
《关于国有企业更好履行社会责任的指导意见》	6	10. 71
《央企控股上市公司 ESG 专项报告编制研究》	9	16. 07
港交所《环境、社会及管治（ESG）报告指引》	35	62. 50
沪、深上市公司自律监管指引等	32	57. 14
《中国企业社会责任报告指南（CASS-ESG 5. 0）》	19	33. 93
气候相关财务信息披露工作组建议（TCFD）	11	19. 64

资料来源：根据公开资料整理。

第二节
中国企业 ESG 表现

一、A 股 ESG 评级整体偏低

我国上市企业 ESG 评级呈现左偏态分布，整体评级偏低。从 Wind ESG、华证、商道融绿、富时罗素 ESG 评级来看：

Wind ESG 评级：截至 2024 年 9 月 6 日，A 股上市企业 5350 家，Wind ESG 评级全覆盖。其中，Wind ESG 评级为 BB 的企业高达 2176 家，占比 40.67%；评级为 A-AAA 的企业 591 家，占比 11.04%，评级为 AAA 的仅海信视像、海尔生物两家企业；评级中位数落在 BB，整体评级偏低。

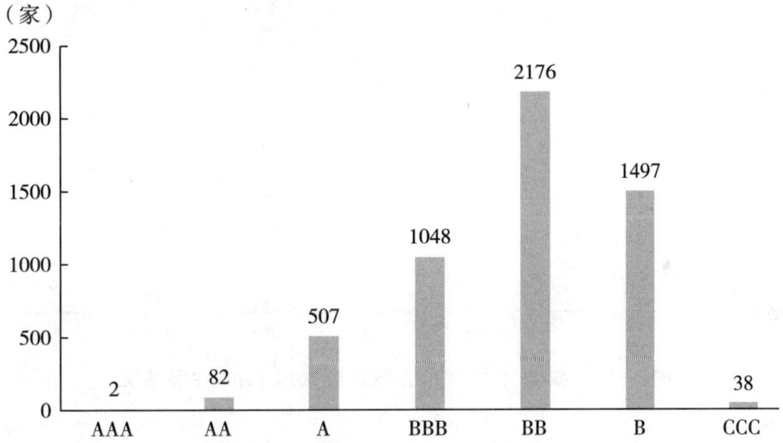

图 3-8　我国 A 股上市企业 Wind ESG 评级情况

资料来源：Wind。

华证 ESG 评级：截至 2024 年 9 月 6 日，华证覆盖 ESG 评级的 A 股上市企业 5338 家，占比 99.78%。其中，华证 ESG 评级为 B 的企业数量最多，达到 1324 家，占比 24.80%；评级为 A-AAA 的企业 433 家，占比 8.11%，其中评级为 AAA 的企业 16 家；评级中位数落在 B，整体评级偏低。

商道融绿 ESG 评级：截至 2024 年 9 月 6 日，商道融绿覆盖 ESG 评级的 A 股上市企业 5288 家，占比 98.84%。其中，商道融绿 ESG 评级为 B-的企业数量最多，达到 1868 家，占比 35.33%；评级为 A-和 A 的企业 712 家，占比 13.46%，其中评级为 A 的企业 67 家；评级中位数落在 B，整体评级偏低。

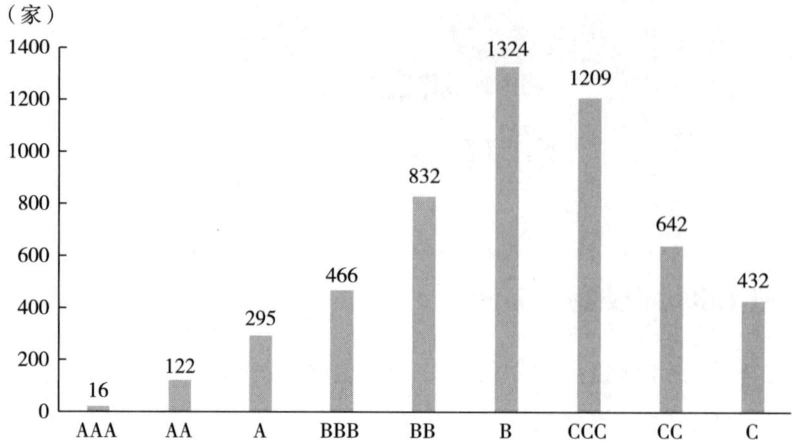

图 3-9　我国 A 股上市企业华证 ESG 评级情况

资料来源：Wind。

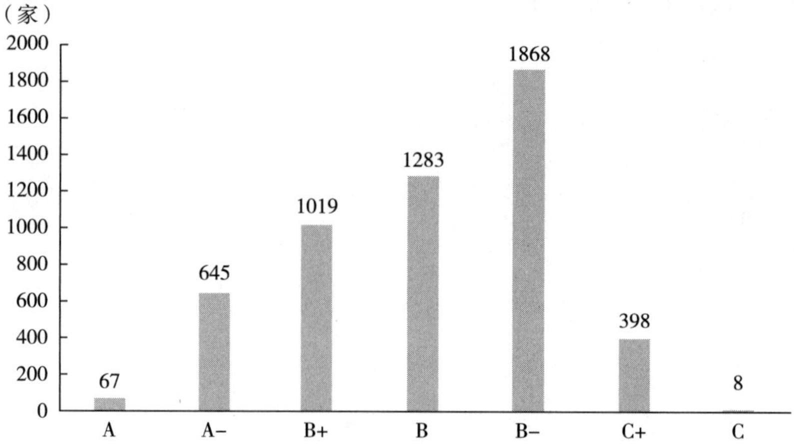

图 3-10　我国 A 股上市企业商道融绿 ESG 评级情况

资料来源：Wind。

富时罗素 ESG 评分：截至 2024 年 9 月 6 日，富时罗素覆盖 ESG 评分的 A 股上市企业 1009 家，占比 18.86%。其中，富时罗素 ESG 评分在 1~2 分的企业数量最多，达到 532 家，占比 52.73%；评分在 4~5 分的企业仅丽珠集团 1 家；评分中位数落在 1~2 分，整体评级偏低。

从评级结果来看，不同机构由于数据获取及处理方式、评价体系侧重点等方面的不同，导致最终的 ESG 评级结果差异较大。以 Wind ESG 评级为 AAA 的海信视像为例，华证 ESG 评级为 BBB，商道融绿评级为 B+，富时罗素评分仅为 1.7 分。

二、港股 ESG 评级优于 A 股

与 A 股 ESG 评级分布不同，港股 ESG 评级整体呈现右偏态分布，整体评级优于 A

股。从 Wind ESG、华证、商道融绿、富时罗素 ESG 评级来看：

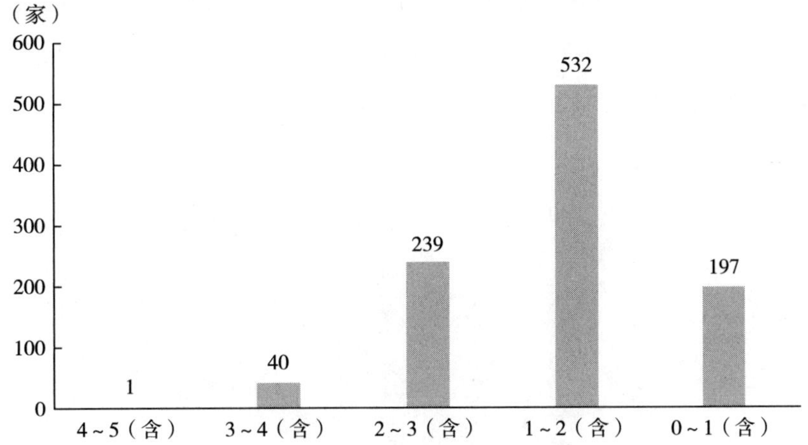

图 3-11　我国 A 股上市企业富时罗素 ESG 评级情况

资料来源：Wind。

Wind ESG 评级：截至 2024 年 9 月 6 日，港股上市企业 2634 家，Wind 覆盖 ESG 评级的企业 2596 家，占比 98.56%。其中，Wind ESG 评级为 BBB 的企业数量最多，达到 1256 家，占比 48.38%；评级为 A 及以上的企业 522 家，占比 20.11%；评级中位数落在 BBB，较 A 股高 1 个等级。

华证 ESG 评级：截至 2024 年 9 月 6 日，华证覆盖 ESG 评级的港股上市企业 150 家，占比 5.69%。其中，华证 ESG 评级为 A 的企业数量最多，达到 40 家，占比 26.67%；评级为 A-AAA 的企业 67 家，占比 44.67%，其中评级为 AAA 的企业 3 家；评级中位数落在 BBB，较 A 股高 2 个等级。

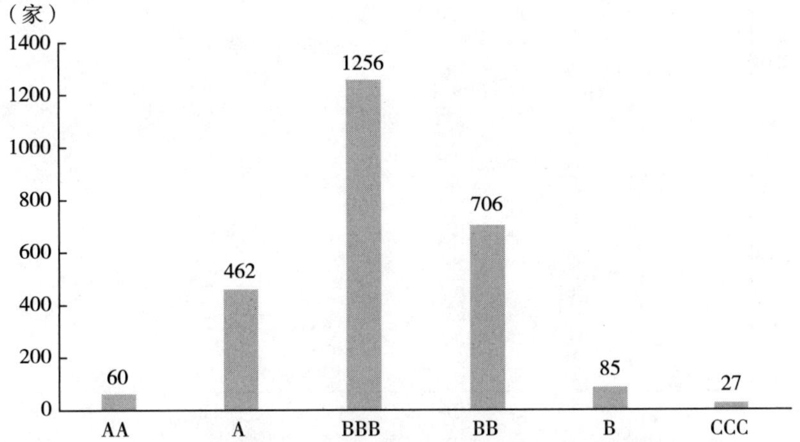

图 3-12　我国港股上市企业 Wind ESG 评级情况

资料来源：Wind。

商道融绿 ESG 评级：截至 2024 年 9 月 6 日，商道融绿覆盖 ESG 评级的港股上市企业 485 家，占比 18.41%。其中，商道融绿 ESG 评级为 B+的企业数量最多，达到 270 家，占比 55.67%；评级为 A-和 A 的企业 175 家，占比 36.08%，其中评级为 A 的企业 22 家；评级中位数落在 B+，较 A 股高 1 个等级。

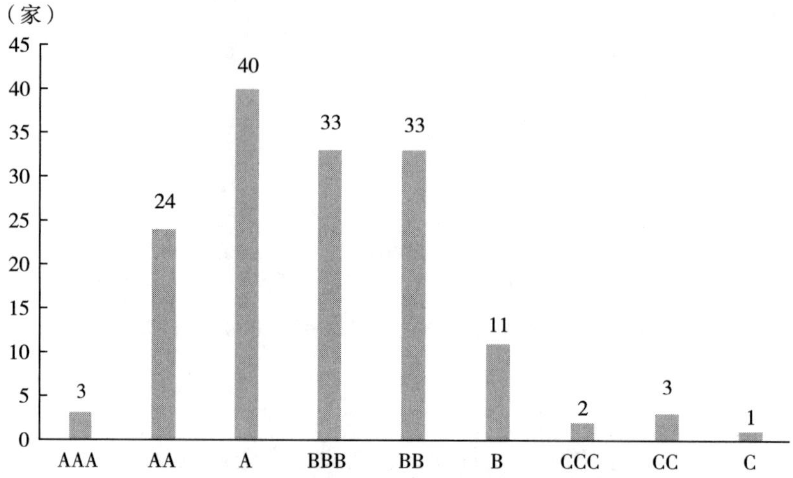

图 3-13　我国港股上市企业华证 ESG 评级情况

资料来源：Wind。

富时罗素 ESG 评级：截至 2024 年 9 月 6 日，富时罗素覆盖 ESG 评分的港股上市企业 246 家，占比 9.34%。其中，富时罗素 ESG 评分在 2~3 分的企业数量最多，达到 120 家，占比 48.78%；评分在 4~5 分的企业 1 家；评分中位数落在 2~3 分，较 A 股高 1 个等级。

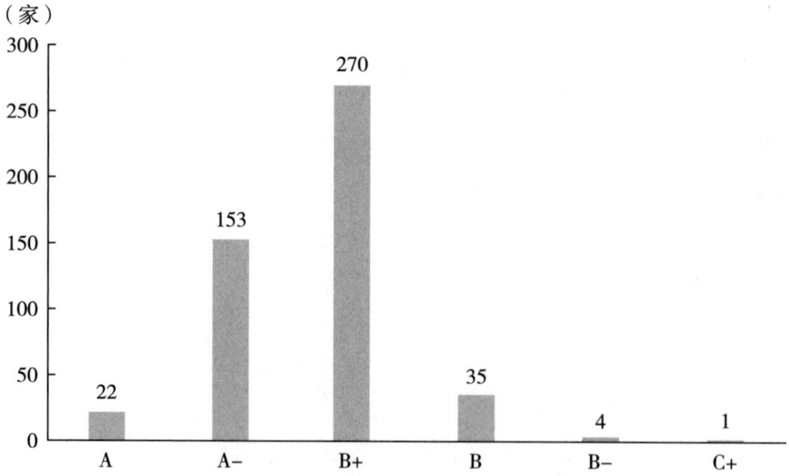

图 3-14　我国港股上市企业商道融绿 ESG 评级情况

资料来源：Wind。

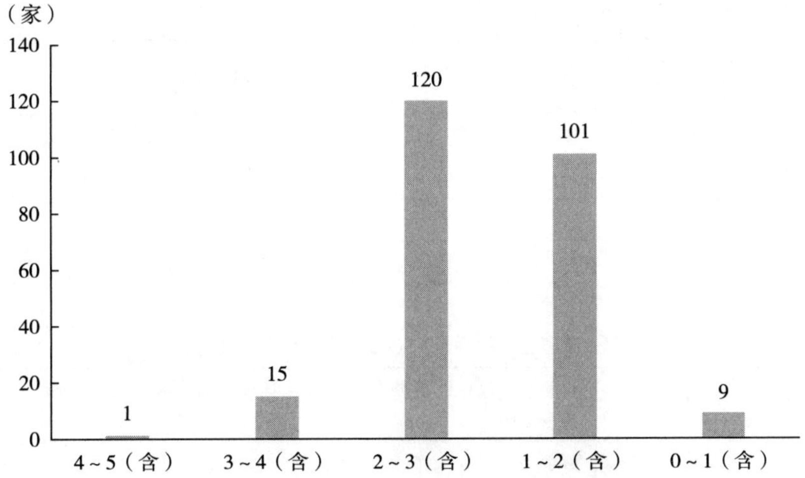

图 3-15　我国港股上市企业富时罗素 ESG 评级情况

资料来源：Wind。

第三节
中国企业 ESG 发展的挑战

一、ESG 治理体系的不足

完善的 ESG 治理架构是企业实施 ESG 战略的基石，以阿里巴巴为例，其构建了可持续发展的四层治理架构，分别为董事会可持续发展委员会、可持续发展管理委员会、ESG 工作组和 ESG 议题专项组，保障了企业 ESG 战略的实施。但就目前我国企业的 ESG 实践来看，部分企业存在尚未建立起完善的 ESG 治理架构，却已发布 ESG 报告的情况，ESG 理念尚未融入企业战略体系，企业进行 ESG 信息披露以被动应对为主，这将不利于企业 ESG 发展。以白酒行业为例，12 家发布 ESG 报告的白酒上市企业中，6 家企业披露了 ESG 治理架构，占比仅 50%。

表 3-10　白酒行业上市企业 ESG 治理架构

企业简称	是否披露 ESG 治理架构	ESG 治理架构
贵州茅台	是	董事会、ESG 推进委员会、环境分委会、社会分委会、治理分委会
五粮液	否	—
泸州老窖	否	—

续表

企业简称	是否披露ESG治理架构	ESG治理架构
古井贡酒	是	履行ESG工作（社会责任）协调小组、董事会秘书室、各部门和子公司
酒鬼酒	否	—
山西汾酒	否	—
今世缘	否	—
口子窖	否	—
金徽酒	是	董事会、战略与ESG委员会、ESG执行团队
水井坊	是	董事会、ESG管理委员会、ESG管理委员会秘书处、ESG工作组、ESG外部专家组
舍得酒业	是	董事会、ESG工作领导小组、ESG工作领导小组办公室
洋河股份	是	董事会、战略委员会、ESG工作小组

资料来源：各公司ESG报告。

二、ESG信息披露的不足

（一）实质性议题重要性判别存在分歧

根据《指引》，ESG信息披露应遵循双重重要性原则，企业结合自身所处行业和经营业务的特点，基于财务重要性和影响重要性，确定实质性议题。

由于缺乏统一的披露标准，导致同一行业不同企业对实质性议题的重要性判别存在较大差异。以生产经营模式相接近的白酒行业为例，参照MSCI实质性地图，环境维度议题权重由高到低分别为水资源管理（20%）、产品碳足迹（10%）、包材及废弃物管理（10%），社会维度议题权重由高到低分别为产品安全与质量（15%）、职业健康与安全（10%）。2023年度，我国白酒行业上市企业在实质性议题的重要性判别上存在分歧，如在环境维度，有的企业将水资源管理视为高度重要议题，有的企业将包材及废弃物管理视为高度重要议题。在社会维度，酒企对产品安全与质量、职业健康与安全两大议题高度重视。

表3-11　白酒行业上市企业实质性议题范围——环境维度

重要性	高度	中度	一般
贵州茅台	保护自然生态、水资源管理	应对气候变化、产品碳足迹	包材及废弃物管理
五粮液	生态治理、排放物与废弃物、水资源管理、零碳酒企	—	绿色包装、绿色物流
泸州老窖	排放物与废弃物	水资源管理、能源管理、环境管理体系、绿色包装	绿色物流
古井贡酒	节能降耗、水资源管理、碳减排		

续表

重要性	高度	中度	一般
酒鬼酒	污染防治、能源管理、碳排放管理、水资源管理、包装材料管理、生态保护		
山西汾酒	绿色低碳、水资源管理、排放与废弃物管理		
今世缘	环境管理体系、水资源管理、能源使用与温室气体排放、绿色运营、绿色行动		
口子窖	三废治理	绿色生产与运营、社区环境治理与保护、原料节约与可再生资源利用、水资源利用	生物多样性的保护、应对气候变化、过度包装及浪费、碳排放管理
金徽酒	环境管理、绿色工厂	节能减排、排放物管理、水资源管理、能源管理	生物多样性
水井坊	水资源管理、可持续农业、能源使用与温室气体排放、绿色生产运营、包装与废弃物管理	绿色产品设计、减少食物损失与浪费、绿色消费	气候变化适应策略、生物多样性
舍得酒业	环境保护	水资源管理、可持续供应链、可持续采购、可持续包装与循环经济、废弃排放管理、气候变化及能源管理	—
洋河股份	水资源管理	能源管理、包材管理、废弃物排放管理、环境管理与生态保护	碳排放管理

资料来源：各公司 ESG 报告。

表 3–12　白酒行业上市企业实质性议题范围——社会维度

重要性	高度	中度	一般
贵州茅台	产品安全与质量、客户服务、员工权益与福利、职业健康与安全、供应链管理、负责任营销	理性饮酒	公益慈善
五粮液	质量与食品安全、职业健康与安全、客户服务	乡村振兴、理性饮酒、职工培训与发展、职工权益、责任营销、文化弘扬、供应链管理、研发创新、技艺传承	公益慈善
泸州老窖	职业健康与安全、食品质量与安全、文化弘扬	员工权益、员工培训与发展、公益慈善、行业共进、供应链管理、经销商管理、客户服务、研发创新、技艺传承、负责任营销	理性饮酒、可持续采购
古井贡酒	安全生产、职工成长、社区公益、科技创新、质量管控、客户服务		
酒鬼酒	职业健康与安全、产品质量与安全、员工管理、供应商管理、负责任营销、顾客服务、公益慈善、创新发展、文化传播		
山西汾酒	食品安全与质量、员工权益与健康安全、科技与产品创新、供应链管理、客户满意度、文化传播		
今世缘	平等与多元化雇佣、员工健康安全、员工职业发展、客户关系管理、供应链管理、产品质量与安全、创新发展、社会公益		

续表

重要性	高度	中度	一般
口子窖	产品安全与健康、消费者权益保障、职业健康与安全、品牌建设与保护、技术研发与创新、员工培训与发展、员工薪酬福利	地区文化弘扬、促进当地就业、行业发展引领、供应链管理、负责任营销与理性饮酒、高学历/技能员工雇佣、投资者管理	乡村振兴与带动区域经济发展
金徽酒	产品质量、责任营销、服务质量	公益助学、供应商管理、阳光采购、员工权益、禁止童工、知识产权、雇佣关系、员工发展	员工活动、公益慈善
水井坊	产品质量与安全、健康生活与理性饮酒倡导、供应链管理、消费者权益保护、合规雇佣、员工权益与福利、职业健康与安全、原材料采购可持续性	负责任营销实践、支持社区发展、经销商管理与权益保护、产业现代化与创新发展、文化传承、包容与多元的职场环境、员工培训与发展	乡村振兴与共同富裕
舍得酒业	产品安全与健康、客户服务与满意度	员工健康与安全、文化传承、消费者健康与理性饮酒、员工权益与关爱、雇佣与劳工准测、员工学习与发展、多元化与包容性、负责任的营销、研发与创新	参与社会公益、乡村振兴与共同富裕
洋河股份	客户服务与权益保障、产品安全与质量保证、员工权益与福利、职业健康与安全	负责任营销、供应链管理、原材料采购可持续性、创新发展、员工培训与发展、包容与多元的职场环境、文化传承、社区发展与社会公益、乡村振兴与共同富裕	—

资料来源：各公司 ESG 报告。

表 3-13　白酒行业上市企业实质性议题范围——公司治理维度

重要性	高度	中度	一般
贵州茅台	公司治理、商业道德与反腐败	合规运营和隐私	—
五粮液	商业道德、守法合规、公司治理	党建引领、投资者权益、数字化建设	—
泸州老窖	数字化建设、信息安全、党建引领	公司治理、守法合规、投资者权益、商业道德	—
古井贡酒	公司治理、数字化建设		
酒鬼酒	公司治理、合规与风控、商业道德、信息安全、品牌建设		
山西汾酒	合规治理、信披透明、商业道德与反腐败		
今世缘	公司治理、合规经营、信息透明、反腐倡廉、风控管理、投资者关系管理		
口子窖	合规生产与运营、商业道德与诚信经营、信息披露质量、风险管理	智能制造与数字化、三会运作、ESG 管理	董事会独立性与多元化、党建工作

续表

重要性	高度	中度	一般
金徽酒	合规经营、信息安全、风险管理、商业道德、税务合规	股东权益	—
水井坊	反腐败和廉洁建设、商业道德与诚信经营	数据安全与隐私保护、知识产权保护、反不正当竞争	投资者关系管理、董事会独立性与多元化、环境与社会风险识别与管理
舍得酒业	风险与危机管理	客户隐私与数据安全、商业诚信与廉政督察、规范公司治理、知识产权保护	—
洋河股份	商业道德、品牌建设与保护	合规经营与风险管理、投资者关系管理、反腐廉洁、知识产权保护、ESG 管理、信息安全与隐私保护	三会运作

资料来源：各公司 ESG 报告。

（二）ESG 定量数据覆盖率较低

为了提升各行业企业 ESG 信息披露水平，强化 ESG 披露体系的行业特色，为投资者提供更具可比性、一致性的行业 ESG 信息，各行业协会/联合会/联盟发布了行业/企业 ESG 披露指南。

表 3-14　行业 ESG 披露指南

协会/联合会/产业联盟	ESG 披露指南	公布日期
中国纺织工业联合会	纺织企业 ESG 披露指南	2024 年 7 月 25 日
中国酒业协会	酒类企业 ESG 披露指南	2024 年 7 月 1 日
中国汽车工业协会	中国汽车行业 ESG 信息披露指南	2024 年 6 月 27 日
中国石油和化学工业联合会	石油化工企业环境、社会和治理（ESG）披露指南	2024 年 6 月 3 日
中国饭店协会	住宿业 ESG 管理体系要求	2024 年 3 月 29 日
中国畜牧业协会	畜牧企业环境、社会、公司治理（ESG）信息披露指南	2024 年 1 月 30 日
中关村智慧能源产业联盟	能源企业 ESG 披露指南	2023 年 12 月 7 日
上海医药行业协会	医药企业 ESG 信息披露指南	2023 年 8 月 25 日
中国技术经济学会	融资租赁企业环境、社会及治理（ESG）报告指南	2023 年 7 月 25 日
上海市物流协会	物流企业 ESG 评价指南	2023 年 7 月 17 日
中国特钢企业协会	钢铁企业环境、社会和治理（ESG）第 1 部分 信息披露	2023 年 6 月 6 日
中关村材料试验技术联盟	建筑材料企业环境、社会及公司治理（ESG）报告指南	2023 年 3 月 28 日

资料来源：全国团体标准信息平台。

目前，企业 ESG 定量数据覆盖率较低，与《指南》存在较大差距。以白酒行业为例，根据中国酒业协会发布的《酒类企业 ESG 披露指南》，白酒企业环境维度定量指标包括资源消耗、污染防治、气候变化、生态保护；社会维度定量指标包括产品责任、供应链管理、员工权益、社会影响；治理维度定量指标包括治理效能。

表 3-15　白酒企业环境维度 ESG 定量数据披露情况

一级指标	二级指标	三级指标
资源消耗	能源	综合能源消耗强度
		可再生能源消耗占比
		综合节能率
	水资源	水资源消耗强度
		水重复利用率
		节水率
	原料物料	原料利用；白酒淀粉出酒率
	废弃物	黄浆水回收利用率
		冷却水循环利用率
		固态酒槽回收利用率
		废渣回收利用率
	包装材料	玻璃消耗
		陶瓷消耗
		金属消耗
		纸箱消耗
		塑料消耗
		包装材料回收率
		包装材料减量率
污染防治	废水	废水排放达标率
		废水排放率
		废水排放强度
		废水污染物排放强度
		化学需氧量（COD_{cr}）排放
		氨氮排放
		总磷排放
		总氮排放
	废气	废气排放达标率
		废气排放强度
		废气污染物排放强度
		二氧化硫排放强度
		氮氧化物排放
	固体废物	固体废物排放强度
		白酒槽排放强度
		危险固体废物排放强度
		危险固体废物合规合法处置率

续表

一级指标	二级指标	三级指标
污染防治	噪声污染	噪声检测
	恶臭污染	恶臭检测
气候变化	温室气体排放	温室气体排放强度
	低碳发展	温室气体减排投资
		温室气体减排量
		温室气体减排强度
生态保护	土地利用	非开发区域占比

资料来源：中国酒业协会。

表 3-16　白酒企业社会维度 ESG 定量数据披露情况

一级指标	二级指标	三级指标
产品责任	产品质量安全	出厂产品合格率
		产品抽检合格率
		批次检验覆盖率
		产品撤回与召回
	负责人营销	责任营销培训覆盖率
	客户服务与权益	客户投诉量
		客户投诉解决率
		客户好评率
供应链管理	供应商管理	供应商年度审核比例
		供应商 ESG 战略
		供应商培训比例
	供应链环节管理	订单满足率
		采购物资总合格率
员工权益	员工招聘与就业	员工性别比例
		员工流失率
		困难就业人员比例
		员工劳动合同签订率
	员工福利与保障	参保员工比例
		工作时间
		员工平均工资增长率
		员工民主管理
		员工劳动纠纷解决率
	员工安全与健康	员工体检覆盖率
		安全培训开展情况
		安全生产投入
		安全隐患排查/整改率

续表

一级指标	二级指标	三级指标
员工权益	员工发展	安全生产事故数量
		工伤/亡发生率
		员工专业技术培训覆盖率
社会影响	社会担当	公益慈善捐赠
	社区建设	社区志愿活动参与
		社区发展投入

资料来源：中国酒业协会。

表 3-17　白酒企业治理维度 ESG 定量数据披露情况

一级指标	二级指标	三级指标
治理效能	创新发展	研发投入
		创新成果

资料来源：中国酒业协会。

以贵州茅台、五粮液、泸州老窖三家白酒企业为例，具体来看，贵州茅台 ESG 定量数据覆盖率 47.37%，环境维度定量数据覆盖率 40.48%，社会维度定量数据覆盖率 53.13%，治理维度定量数据覆盖率 100%；五粮液 ESG 定量数据覆盖率 44.74%，环境维度定量数据覆盖率 42.86%，社会维度定量数据覆盖率 43.75%，治理维度定量数据覆盖率 100%；泸州老窖 ESG 定量数据覆盖率 43.42%，环境维度定量数据覆盖率 38.10%，社会维度定量数据覆盖率 46.88%，治理维度定量数据覆盖率 100%。

表 3-18　贵州茅台等三家酒企 ESG 定量数据覆盖情况

维度	一级指标	二级指标	三级指标	贵州茅台	五粮液	泸州老窖
环境	污染防治	能源	综合能源消耗强度	√		
			可再生能源消耗占比	√*		√
			综合节能率	√*		√
		水资源	水资源消耗强度	√		
			水重复利用率	√	√*	√
			节水率	√*		√
		原料物料	原料利用；白酒淀粉出酒率			
		废弃物	黄浆水回收利用率			
			冷却水循环利用率			
			固态酒槽回收利用率	√		
			废渣回收利用率			

续表

维度	一级指标	二级指标	三级指标	贵州茅台	五粮液	泸州老窖
环境	资源消耗	包装材料	玻璃消耗	√		
			陶瓷消耗	√		
			金属消耗	√		
			纸箱消耗	√		
			塑料消耗	√		
			包装材料回收率		√*	√*
			包装材料减量率			√*
	污染防治	废水	废水排放达标率			
			废水排放量	√	√	
			废水排放强度	√		
			废水污染物排放强度			
			化学需氧量（CODcr）排放		√	√
			氨氮排放		√	√
			总磷排放		√	√
			总氮排放		√	√
		废气	废气排放达标率			
			废气排放强度		√*	
			废气污染物排放强度		√*	
			二氧化硫排放强度		√*	
			氮氧化物排放		√	
		固体废物	固体废物排放强度		√*	√
			白酒槽排放强度			
			危险固体废物排放强度		√*	√
			危险固体废物合规合法处置率		√*	√
		噪声污染	噪声检测			√
		恶臭污染	恶臭检测			√
	气候变化	温室气体排放	温室气体排放强度	√	√	
		低碳发展	温室气体减排投资		√	√
			温室气体减排量	√	√*	
			温室气体减排强度	√*	√*	
	生态保护	土地利用	非开发区域占比			

续表

维度	一级指标	二级指标	三级指标	贵州茅台	五粮液	泸州老窖
社会	产品责任	产品质量安全	出厂产品合格率	√		
			产品抽检合格率	√		√
			批次检验覆盖率	√		
			产品撤回与召回			
		负责任营销	责任营销培训覆盖率			
		客户服务与权益	客户投诉量	√		√
			客户投诉解决率	√	√	√
			客户好评率	√		√*
	供应链管理	供应商管理	供应商年度审核比例	√	√*	
			供应商 ESG 战略			
			供应商培训比例	√*	√	
		供应链环节管理	订单满足率			
			采购物资总合格率			
	员工权益	员工招聘与就业	员工性别比例	√*	√	√
			员工流失率	√	√	
			困难就业人员比例			√
			员工劳动合同签订率		√	√
		员工福利与保障	参保员工比例		√	
			工作时间			
			员工平均工资增长率			
			员工民主管理			
			员工劳动纠纷解决率			
		员工安全与健康	员工体检覆盖率		√	√
			安全培训开展情况	√	√	√
			安全生产投入	√		√
			安全隐患排查/整改率	√	√	√
		员工发展	安全生产事故数量	√	√	√
			工伤/亡发生率	√	√	√
			员工专业技术培训覆盖率	√*	√*	√
	社会影响	社会担当	公益慈善捐赠	√	√	
		社区建设	社区志愿活动参与			√
			社区发展投入			
公司治理	治理效能	创新发展	研发投入	√	√	√
			创新成果	√	√	√

注：带 * 表示企业未发布具体数据，但根据已公开数据可计算或发布了相关数据。

资料来源：贵州茅台 ESG 报告。

（三）ESG 数据披露质量有待提升

我国企业 ESG 定量数据披露整体质量有待提升，一是 ESG 关键绩效指标披露量级两极分化；二是 ESG 关键绩效指标披露口径、方式不一致，导致横向对比性较弱；三是 ESG 报告中错误频出；四是 ESG 数据披露避重就轻，实质性议题决定了企业 ESG 报告披露的主要内容，而目前我国企业 ESG 报告中顾左右而言他现象突出，无关紧要的内容占据 ESG 报告的大量篇幅。

以披露 ESG 绩效的 8 家白酒企业为例，一是绩效指标披露数量悬殊。某公司 ESG 绩效指标发布多达 108 个，某公司仅 11 个，指标量级差距悬殊，并且部分绩效指标披露方式不一致，无法直接对数据进行横向比较。二是指标名称标识错误。如某公司在劳工数据披露中，将“50 岁员工比例”指标错误标识为“30~50 岁（含）员工比例”。三是数据前后矛盾，附录 ESG 关键绩效中的数据与正文披露数据矛盾。如某公司在正文中披露固定源的温室气体排放量为 1.09 吨，移动源的温室气体排放量为 31.71 吨，制冷设备/空调排放量未进行披露（该企业于 2021 年、2022 年数据披露为 2758 吨、1983 吨），但在附录中 ESG 关键绩效中披露固定源的温室气体排放量为 31.71 吨，移动源的温室气体排放量为 0 吨，制冷设备/空调为 0 吨，报告中的前后数据存在矛盾。四是企业有选择性披露之嫌。如某公司披露的人力资源绩效数据高达 25 个，但却未包含员工劳动纠纷数据。

表 3-19　白酒行业 ESG 绩效披露情况——环境绩效

企业名称	分类	环境绩效指标
五粮液（18 个 KPI）	废水	废水排放量、化学需氧量、氨氮、总磷、总氮
	废气	废气排放总量、氮氧化物、二氧化硫、颗粒物
	废弃物	一般工业固体废弃物产生总量、一般工业固体废弃物回收利用量、危险废物产生总量、危险废物回收利用量
	温室气体	范围一温室气体、范围二温室气体、范围三温室气体、温室气体排放总量
	其他	环保投入
泸州老窖（15 个 KPI）	环境管理总投入、用电总量、外购电力总量、可再生能源占比、由节能增效措施直接实现的全年节约电量、综合节能率、循环/再利用水量、水重复利用率、由节水措施直接实现的全年节约用水量、单位产值固体废物排放总量、单位产值危险固体废物总量、危险固体废物合规合法处置率、循环/再利用固体废物总量、固体废物回收利用率、包装材料回收量	
酒鬼酒（31 个 KPI）	环保投入	环保投入金额
	温室气体	温室气体排放强度
	能源	能源消耗强度
	水资源	市政购水取水量、地下水取水量
	包装材料	包装材料—玻璃、陶瓷、纸箱、塑料（消耗量、回收量、回收率）

续表

企业名称	分类	环境绩效指标
酒鬼酒（31个KPI）	废水	化学需氧量排放量、氨氮排放量、总氮排放量、总磷排放量
	废气	氮氧化物排放量、硫氧化物排放量
	废弃物	无害废弃物产生总量、酒糟、污泥、煤渣、脱硫石膏渣、无害废弃物回收利用总量、无害废弃物填满总量、危险废弃物产生总量
今世缘（23个KPI）	资源	耗水总量、人均耗水量、单位产值耗水量、能源消耗总量、外购能源、用电量、清洁能源消耗量（蒸汽）、人均能源消耗量
	排放物	化学需氧量、氨氮、总磷、总氮、危险废弃物产生量、一般固体废物产生量、污泥
	气候变化	温室气体排放量（范围一）、固定源的温室气体排放量（自有固定燃烧装置）、移动源的温室气体排放量（自有运输设备）、制冷设备/空调、温室气体排放量（范围二）、外购电力、外购蒸汽、人均温室气体排放量（范围一和范围二）
口子窖（7个KPI）	综合能源消耗强度、温室气体排放总量、用水总量、水重复利用率、废气排放总量、废水排放总量、循环/再利用固体废物总量	
水井坊（8个KPI）	温室气体排放	锅炉天然气、移动燃烧源（车用柴油、车用汽油）、电力消耗（生产用电、办公用电）
	绿色电力	购买量、相当于减排
	用水量	用水量
舍得酒业（12个KPI）	水资源	耗水总量、回收用水量、污水处理量
	废弃物	生活垃圾、餐厨垃圾、危险废弃物总量
	能源使用	直接能源总耗量、间接能源总耗量、能源消耗总量
	温室气体	直接温室气体、能源间接温室气体、温室气体总量
洋河股份（6个KPI）	电量消耗总量、电量消耗强度、水资源消耗总量、水资源消耗强度、温室气体排放总量、温室气体排放强度	

资料来源：各公司ESG报告。

表3-20　白酒行业ESG绩效披露情况——社会绩效

企业名称	分类	社会绩效
五粮液（21个KPI）	员工人数	总员工人数
	员工流动情况	新入职员工人数、离职员工人数、新入职员工率、离职率
	按性别划分	男性员工人数、女性员工人数
	按年龄划分	30岁以下员工人数、30~50岁员工人数、50岁以上员工人数
	员工培训	员工培训投入、人均参与培训时长
	员工权益	劳动合同签订率、社会保险覆盖率
	职业健康与安全	致人员死亡的生产安全事故、员工因工死亡人数、体检覆盖率
	其他员工类指标	女性管理者比例、困难员工帮扶投入
	研发创新	研发费用
	公益慈善	对外捐赠总额

续表

企业名称	分类	社会绩效
泸州老窖（32 个 KPI）	员工人数	员工总数
	按性别划分	男性员工人数、女性员工人数
	按年龄划分	30 岁以下员工人数、31~50 岁员工人数、50 岁以上员工人数
	按学历划分	专科及以下员工人数、本科员工人数、硕士员工人数、博士员工人数
	员工培训	开展质量培训活动的次数、累计参与质量培训活动的人数、员工培训人次、员工培训投入、员工培训平均时长
	职业健康与安全	安全生产投入、安全生产培训率、安全/应急演练次数、安全演练参与人次、员工伤亡人数、因工重伤率、因工死亡率、因工工伤率、较大以上火灾事故、较大以上安全生产事故、安全隐患整改率、开展安全消防演练的次数
	其他员工类指标	困难员工雇佣比例、困难员工帮扶投入
	研发创新	研发人数、研发投入、研发投入占营业收入比重
酒鬼酒（17 个 KPI）	员工管理	员工总人数、少数民族比例、男性员工比例、女性员工比例、劳动合同签订率、社会保险覆盖率、员工福利总投入、员工人均培训时长、员工投诉率
	顾客服务	客户投诉处理率、经销商综合满意度、消费者综合满意度
	供应商管理	供应商总数、A 类供应商总数、B 类供应商总数、C 类供应商总数
	社会公益	社会公益投入
今世缘（69 个 KPI）	产品管理	客户投诉数量、客户投诉平均受理时长、投诉解决率、参与满意度调查客户量、客户满意度
	供应链管理	合格供货商数量、供应链风险事件统计、供应商 ESG 培训时长、供应商 ESG 培训次数、供应商 ESG 培训覆盖供应商数量、审查的供应商数量、因不合规被中止合作的供应商的数量、因不合规被否决的潜在供应商数量
	科技创新	研发投入、研发投入占比、研发人员人数、研发人员占比、尖端人才人数、专利数量（发明专利、实用新型专利、外观设计专利）、版权著作权、团体标准
	劳工数据	员工总人数、男性员工占总员工的比重、董事会男性占比、高级管理层员工男性占比、女性员工占总员工的比重、董事会女性占比、高级管理层员工女性占比、按年龄组别划分员工比例（30 岁以下、30~50 岁、50 岁以上）、少数民族员工数、按部门人力资源结构（销售与市场员工数、产品研发员工数、客户服务员工数、行政管理员工数）、员工流失率、年度新增就业人数（新入职女性员工数、新入职男性员工数、新入职应届生员工数、新入职社招员工数）、员工教育背景（博士研究生占比、硕士研究生占比、本科及以下占比）、平均每周工作时间、主动离职员工数量、社会保险覆盖率、劳动纠纷事件
	安全生产	工伤/亡人数、员工因公亡故比率、因工伤损失工作日数、安全事故量、安全生产培训场次、接受安全生产培训人次、安全生产培训员工覆盖率、职业伤害险覆盖总人数、健康档案覆盖率
	员工培训	员工培训覆盖率、年度培训支出、员工平均培训时长
	社区投入	社会公益活动次数、社会公益活动投入的资金额

续表

企业名称	分类	社会绩效
口子窖 （5 个 KPI）	劳动合同签订率、社会保险覆盖率、职业病体检覆盖率、产品抽检合格率、撤回/召回数量	
水井坊 （46 个 KPI）	人力资源	员工总人数、全职员工（全职员工数、男女比例、30 岁以下/30~50 岁/50 岁以上比例）、非全职员工（非全职员工数）、管理层（男女比例、30 岁以下/30~50 岁/50 岁以上比例）、新进员工（新进员工数、男女比例、30 岁以下/30~50 岁/50 岁以上比例）、离职员工（男女比例、30 岁以下/30~50 岁/50 岁以上比例）、员工流失率、员工主动离职比例、接受定期绩效及职业发展考核的员工的百分比、员工满意度、科研人员数量、科研人员占全体员工比例、管理层和专业人员的性别比例（初级管理层、高级管理层、营收相关的职能部门管理层、科学技术 STEM 相关从业人员）、员工福利（平均带薪年假、产假、育儿假）
	产品管理	为改善健康与安全，进行评估的重要产品和服务占比、因违反产品安全与健康相关的法律法规，受到罚款、处罚、警告的事件数、因违反产品服务信息与标识规定，受到罚款、处罚、警告的事件数、客户好评率、全年因安全与健康理由须召回的产品数量、全年召回产品数量占全年销售产品数量比例、全年因安全与健康理由须召回的产品价值、全年召回产品价值占全年销售产品价值比例、客户投诉处理率
	供应链管理	开展 SEDEX 问卷评估的供应商数量、使用童工的运营点和供应商数量（个）及具有重大社会负面环境和社会影响的供应商数量、供应商合规培训次数、参与商业行为准则相关的合规培训的供应商数、内部员工采购政策培训次数
	社会公益	公司公益慈善现金捐赠支出、实物捐赠：产品或服务捐赠（现金价值）等、公益项目数量、乡村振兴帮扶人数、志愿者服务人数、员工志愿者服务时长、员工在带薪工作时间内志愿服务的工时
舍得酒业 （25 个 KPI）	雇员	雇员总人数、按性别划分、按职级划分（高级、中级管理层、基层人员）、按年龄划分（30 岁以下、30~50 岁、50 岁以上）、按地区划分
	雇员培训	员工接受培训总人数（按性别、按总部地点）、员工接受培训平均时数（按性别、按总部地点）、接受培训的员工比例、培训总次数、兼职讲师认证数量
洋河股份 （5 个 KPI）	员工总数、女性员工占比、劳动合同签订率、医疗保险覆盖的员工占比、员工培训总时长	

资料来源：各公司 ESG 报告。

表 3-21　白酒行业 ESG 绩效披露情况——治理绩效

企业名称	分类	治理绩效
五粮液 （15 个 KPI）	股东大会	股东大会召开次数、股东大会审议议案总数
	董事会	董事会总成员数（女性成员数、独立董事人数）、董事会中女性董事占比、董事会中独立董事占比、董事会会议次数、董事会会议审议议案总数
	监事会	监事会成员人数（职工代表监事人数）、监事会会议次数、监事会会议审议议案总数
	总经理办公会	总经理办公会会议次数、审议议题数量

续表

企业名称	分类	治理绩效
泸州老窖 （3 个 KPI）	股东大会召开、董事会召开、监事会召开	
酒鬼酒 （16 个 KPI）	党建	党总支数量、党支部数量、党员数量、党委会会议次数
	股东大会	召开股东大会会议次数、股东大会审议议案总数
	董事会	董事会总人数、独立董事人数、女性董事人数、召开董事会会议次数、董事会会议审议议案总数
	监事会	监事会人数、女性监事人数、员工代表监事人数、召开监事会会议次数、监事会会议审议议案总数
今世缘 （16 个 KPI）	董事会组成	董事会人数、召开股东大会、召开董事会会议、召开监事会会议
	合规风控	合规培训、培训人次、员工培训覆盖率
	信息披露	披露材料发布、定期报告发布、季度报告、临时报告发布、其他相关材料、接待投资者调研、接待总人数、回复“上证 e 互动”投资者提问、回复率
口子窖	—	
水井坊 （8 个 KPI）	已接受反腐败培训的员工百分比、涉及反不正当竞争行为、反托拉斯和垄断做法、贪污的诉讼案件数、公司或员工涉及贪污的诉讼案件数、立案侦查腐败案件数、员工因腐败而被开除或受到处分的事件数、公司因违反环境、社会和经济领域相关法律法规，及产品违法违规所引起的处罚次数、公司因违反环境、社会和经济领域相关法律法规，及产品违法违规所引起的罚款金额、接受网络和信息安全相关培训的员工比例	
舍得酒业	—	
洋河股份	—	

资料来源：各公司 ESG 报告。

（四）ESG 数据披露难以反映企业全貌

由于信息不对称，ESG 报告的披露内容存在着信息披露不充分、选择性披露等问题，使得报告无法反映企业真实水准，影响投资者对企业 ESG 表现的评估。以医药行业为例，自 2023 年启动医药领域腐败问题集中整治以来，掀起一场医疗反腐风暴。“反商业贿赂及反贪污”作为医药企业公司治理中的重大议题，是其 ESG 信息披露的要点。据不全完全统计，2023 年 A 股现任高管被留置、调查或刑拘的医药企业达 7 家，其中 4 家发布 2023 年度 ESG 报告，但在报告中仅就廉洁、反腐做企业制度性描述，对于负面事件只字不提，披露不充分、选择性披露问题严重。

（五）“漂绿”现象日益突出

因监管力度弱和企业主观动机驱动，ESG 报告“漂绿”现象日益突出。目前，我国上市企业 ESG 报告仍处于自愿披露阶段，针对报告中的“漂绿”行为，监督管理机构尚未出台法律法规进行惩处，违规成本较低。同时，企业编制 ESG 报告的参照标准不尽相同，选择上倾向于对自身更为有利的编制标准，使得ESG报告难以真实、全面地反映企业信息。另外，ESG报告作为投资者了解企业经营现状和未来发展潜力的途径，“漂绿”行为可能影响投资者的投资决策。企业为了塑造良好的ESG形象，以获得绿色金融机构及投资者的青睐，可能利用信息不对称，对ESG数据避重就轻进行选择性披露，隐瞒在生态环境方面存在的违法违规行为等。

三、ESG评级的不足

（一）ESG评级结果存在分歧

ESG评级作为对企业在环境、社会和公司治理三个维度表现的量化评估，不仅反映了企业可持续发展能力，还可以影响投资者的资金投入，但当前我国ESG评级机构数量较多，评价体系差异较大，使得评级结果存在分歧。从Wind、富时罗素、商道融绿、华证四家ESG评级机构的评级结果来看，由于评价体系的不同，各机构ESG最高评级企业大相径庭，均未重叠。

表3-22　各机构ESG最高评级企业名单

评级机构	最高评级企业名单
Wind（AAA）	海信视像、海尔生物
华证（AAA）	天齐锂业、迈瑞医疗、爱美客、腾远钴业、片仔癀、贵州茅台、厦门钨业、江中药业、中国移动、兴业银行、沪农商行、紫金矿业、九洲药业、天合光能、金盘科技、厦钨新能
商道融绿（A+）	无
富时罗素（4~5分）	丽珠集团

注：评级结果截止时间为2024年9月27日。

资料来源：Wind。

对于同一企业的ESG评级，不同机构的评级档次也存在差异。以白酒企业为例，华证对贵州茅台的评级结果为最高档，商道融绿、Wind评级为第三档，而富时罗素评级仅为第四档。

表3-23　白酒行业不同企业ESG评级结果

	华证	富时罗素	商道融绿	Wind
贵州茅台	AAA	2.0	A-	A
五粮液	BBB	1.6	A-	BBB
泸州老窖	A	1.5	A-	BBB
古井贡酒	A	1.3	A-	A
酒鬼酒	BB	1.9	A-	BBB
山西汾酒	BB	1.5	B+	BB

续表

	华证	富时罗素	商道融绿	Wind
今世缘	AA	1.6	B+	A
口子窖	BB	0.5	B+	BBB
金徽酒	BB	—	B+	BBB
水井坊	BBB	2.2	A-	A
舍得酒业	A	1.4	A-	A
洋河股份	A	1.9	B+	BBB

注：评级结果截止时间为 2024 年 9 月 27 日；华证、Wind ESG 评级档次由高到低分别为 AAA、AA、A、BBB、BB、B、CCC、CC、C，商道融绿 ESG 评级档次由高到低分别为 A+、A、A-、B+、B、B-、C+、C、C-，富时罗素 ESG 评分分档分别为 4~5 分（含）、3~4 分（含）、2~3 分（含）、1~2 分（含）、0~1 分（含）。

资料来源：Wind。

（二）ESG 评级难以代表真正的 ESG 水平

ESG 评级难以代表企业真正的 ESG 水平。2024 年中央广播电视总台财经节目中心发布“中国 ESG 上市公司先锋 100”，遴选的企业 ESG 治理完善、成效显著，但从评级机构的评级结果来看，Wind ESG 评级区间为“BB-AA”，华证 ESG 评级区间为“CC-AAA”，富时罗素 ESG 评分区间为“1.0~4.0”，商道融绿 ESG 评级区间在 B 以上，不同评级机构评价体系的差异使得评级结果难以代表企业真正的 ESG 水平。

表 3-24　中国 ESG 上市公司先锋 100 ESG 评级情况

证券代码	证券简称	Wind ESG 评级	华证 ESG 评级	富时罗素 ESG 评分	商道融绿 ESG 评级
600941. SH	中国移动	AA	AAA	2.1	A-
0836. HK	华润电力	A		1.9	B
600028. SH	中国石化	A	A	2.7	A-
600019. SH	宝钢股份	AA	BBB	3.3	A-
0656. HK	复星国际	AA		1.2	B+
600887. SH	伊利股份	A	A	2.3	A-
601318. SH	中国平安	AA	BB	3.1	A-
0175. HK	吉利汽车	AA		1.8	B+
2319. HK	蒙牛乳业	A			A-
300760. SZ	迈瑞医疗	A	AAA	3.5	A-
1109. HK	华润置地	BBB		1.8	B
601288. SH	农业银行	BBB	A	2.5	A-
1313. HK	华润建材科技	BBB		2.4	B+
0700. HK	腾讯控股	AA		2.6	B+
002129. SZ	TCL 中环	A	AA	2.6	A

续表

证券代码	证券简称	Wind ESG 评级	华证 ESG 评级	富时罗素 ESG 评分	商道融绿 ESG 评级
1193. HK	华润燃气	A		2. 3	B+
2688. HK	新奥能源	A		2. 5	A-
1515. HK	华润医疗	BBB			B+
601088. SH	中国神华	AA	A	2. 8	A-
9988. HK	阿里巴巴-W	A		1. 5	
0267. HK	中信股份	BBB		1. 6	B
0135. HK	昆仑能源	A		1. 7	B+
688009. SH	中国通号	BBB	A	2. 0	A-
002475. SZ	立讯精密	BBB	AA	3. 5	A-
601939. SH	建设银行	BBB	AA	2. 6	A-
0570. HK	中国中药	BBB		2. 1	A-
601857. SH	中国石油	BBB	BBB	2. 8	A-
601238. SH	广汽集团	A	B	2. 4	A-
0992. HK	联想集团	A			A
600519. SH	贵州茅台	A	AAA	2. 0	A-
601899. SH	紫金矿业	AA	AAA	3. 9	A-
000725. SZ	京东方 A	BBB	BBB	2. 9	A-
600048. SH	保利发展	A	A	2. 0	A-
601728. SH	中国电信	BBB	AA	1. 6	A-
600406. SH	国电南瑞	A	AA	2. 4	A-
601800. SH	中国交建	A	BB	1. 7	B+
600875. SH	东方电气	BBB	A	1. 9	A-
600036. SH	招商银行	AA	A	2. 7	A-
3323. HK	中国建材	AA		2. 1	B
300750. SZ	宁德时代	AA	A	2. 7	A
601808. SH	中海油服	A	A	2. 3	A-
2380. HK	中国电力	A		1. 8	B+
000727. SZ	冠捷科技	A	A		A
601668. SH	中国建筑	BBB	BBB	1. 5	B+
002352. SZ	顺丰控股	A	A	2. 9	A
000002. SZ	万科 A	AA	A	2. 3	B+
600517. SH	国网英大	BBB	B	1. 6	A-
600808. SH	马钢股份	A	BBB	2. 6	A
601600. SH	中国铝业	BBB	BBB	2. 9	A-
002594. SZ	比亚迪	AA	BB	2. 5	A-

续表

证券代码	证券简称	Wind ESG 评级	华证 ESG 评级	富时罗素 ESG 评分	商道融绿 ESG 评级
2618. HK	京东物流	A			
688981. SH	中芯国际	BBB	BBB		A
000065. SZ	北方国际	A	BBB		A-
6186. HK	中国飞鹤	A			
002459. SZ	晶澳科技	A	A	3. 2	A
000568. SZ	泸州老窖	BBB	A	1. 5	A-
1177. HK	中国生物制药	AA		1. 6	B+
601012. SH	隆基绿能	A	AA	3. 4	A
600016. SH	民生银行	A	AA	2. 5	A-
601211. SH	国泰君安	A	A	2. 1	B+
000538. SZ	云南白药	BBB	BB	1. 4	A-
2666. HK	环球医疗	A			B+
600795. SH	国电电力	BBB	BB	1. 5	B+
1810. HK	小米集团-W	A		1. 1	
9868. HK	小鹏汽车-W	A			
002032. SZ	苏泊尔	A	BB	1. 1	B+
600685. SH	中船防务	BBB	BBB	2. 4	A-
001872. SZ	招商港口	AA	A	2. 9	A
600848. SH	上海临港	BB	BB	1. 5	B+
1024. HK	快手-W	A			
000800. SZ	一汽解放	BB	B	1. 3	B+
600989. SH	宝丰能源	BBB	BB	1. 9	B+
000063. SZ	中兴通讯	AA	AA	3. 5	A
1099. HK	国药控股	BBB		1. 3	B+
000027. SZ	深圳能源	A	B	1. 4	B+
601117. SH	中国化学	BBB	BBB	1. 7	B+
1209. HK	华润万象生活	BBB			
601669. SH	中国电建	BBB	CCC	1. 6	B+
600690. SH	海尔智家	A	AA	3. 1	A-
601766. SH	中国中车	A	A	2. 0	B+
000928. SZ	中钢国际	BBB	B		B+
9633. HK	农夫山泉	A			
603259. SH	药明康德	AA	AA	3. 7	A
600600. SH	青岛啤酒	A	AA	2. 7	A-
600917. SH	重庆燃气	BB	CC		B+

续表

证券代码	证券简称	Wind ESG 评级	华证 ESG 评级	富时罗素 ESG 评分	商道融绿 ESG 评级
000636. SZ	风华高科	BB	BBB		B+
002603. SZ	以岭药业	BBB	AA	1. 7	A-
603882. SH	金域医学	A	A	3. 5	A-
000596. SZ	古井贡酒	A	A	1. 3	A-
000100. SZ	TCL 科技	A	A	2. 3	A-
000786. SZ	北新建材	A	AA	1. 8	A-
600995. SH	南网储能	A	BB	2. 3	A-
600072. SH	中船科技	BBB	BBB		A-
600938. SH	中国海油	AA	AA	2. 0	A
300122. SZ	智飞生物	A	AA	2. 4	A-
000898. SZ	鞍钢股份	BBB	BB	2. 2	A
000709. SZ	河钢股份	BBB	BB	1. 6	B+
600438. SH	通威股份	AA	AA	2. 4	A
600004. SH	白云机场	BBB	BB	2. 0	A-
002340. SZ	格林美	A	BBB	2. 5	A-

资料来源：Wind。

（三）ESG 评级与 ESG 投资相关性不强

ESG 评级与 ESG 投资的相关性不强。投融资机构进行投资决策时，对企业的 ESG 评级仅作为参考，且一些投资机构有自身的 ESG 评级体系。以基金公司为例，在其进行 ESG 主体投资的过程中，参考 ESG 评级标准有三种模式：一是直接参考第三方机构的 ESG 评级体系；二是自行建立 ESG 评级体系；三是参考第三方机构评级结果的同时，建立自身的评级体系。

表 3-25　我国基金公司 ESG 评级参考标准

基金公司	ESG 评级参考标准
中航瑞华	参考中债 ESG 评价体系和中证 ESG 评级体系
嘉实基金	自建 ESG 评价体系
博时基金	参考 MSCI、Sustainalytics、Wind、妙盈、鼎力等评级体系，建立自身的评级体系
广发基金	参考中证、中债、Wind、妙盈科技等评价体系，建立自身的评级体系

资料来源：每日经济新闻。

四、对 ESG 认知的不足

（一）公众对 ESG 认知不足

我国政府层面对于 ESG 的关注度日益提升，但公众对 ESG 的认知度较低，导致企业在 ESG 方面的投入意愿较低。2024 年以来，我国 ESG 相关政策层出不穷，中共中央、国务院发布《关于全面推进美丽中国建设的意见》明确支持我国 ESG 发展；沪深北交易所发布《指引》为上市公司 ESG 信息披露提供了明确的要求和规范；财政部发布《企业可持续披露准则——基本准则（试行）》，自主探索本土统一的 ESG 信息披露标准；国务院国资委发布《关于新时代中央企业高标准履行社会责任的指导意见》，提出切实加强 ESG 工作，推动控股上市公司围绕 ESG 议题高标准落实环境管理要求、积极履行社会责任、健全完善公司治理，加强 ESG 信息的高水平披露，不断提高 ESG 治理能力和绩效水平，增强在资本市场的价值认同。尽管 ESG 理念在中国逐渐得到推广，但在资本市场和社会层面，ESG 投资理念的普及度还相对较低。投资者对 ESG 的认知不足，导致 ESG 投资需求不高，进而影响企业在 ESG 方面的投入和实践积极性。

（二）企业对 ESG 认知不足

企业对 ESG 认知不足也是制约我国 ESG 发展的一大因素。2024 年 4 月，证监会上市司相关负责人于中关村论坛年会“ESG 协同创新助力美丽中国建设”平行论坛上表示，公司不能将公告作为“广告”，把 ESG 披露作为品牌营销的手段，借 ESG 之名过度包装，提供不准确的信息，误导投资者。另外，许多企业对 ESG 在推动企业可持续发展中的重要性认识不够，仅出于监管压力，被动地进行 ESG 实践和披露。

五、ESG 鉴证的不足

（一）ESG 鉴证的有效需求不足

目前，我国尚处于非强制鉴证阶段，企业自愿进行 ESG 鉴证。由于相关法律法规不健全，导致企业 ESG 信息披露即使出现“漂绿”等造假行为，也不会受到处罚，因此企业开展 ESG 鉴证的意愿较低。根据青绿数据，截至 2024 年 7 月 2 日，除银行业外，其他行业的鉴证比例均低于 30%，且多集中在 10% 以下，ESG 鉴证的有效需求不足。

（二）ESG 鉴证费用较高加重企业负担

企业开展 ESG 鉴证费用通常在几万至几十万元不等，目前我国 A 股 ESG 报告鉴证市场主要由SGS、TUV莱茵、TUV SUD、TUV NORD等国际检测认证机构和安永、毕马威、普华永道和德勤四大国际会计师事务所主导，收费较高加重了企业负担，降低了企业开展ESG鉴证的意愿。根据青绿数据，截至2024年7月2日，150家上市企业开展了2023年ESG报告鉴证服务，其中TUV SUD鉴证市占率最高，达到18.7%，其次为SGS，市占率17.3%，另外四大国际会计师事务所合计市占率达到25.3%。

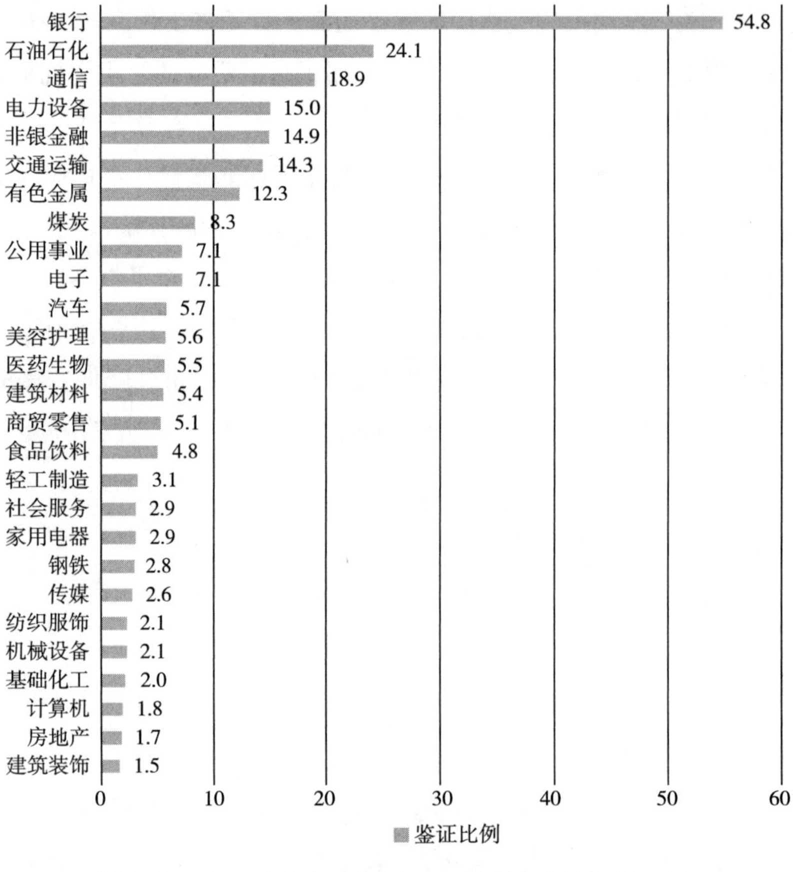

图3-16　A股2023年度各行业ESG报告鉴证比例（%）

资料来源：青绿数据。

（三）ESG鉴证报告水平参差不齐

由于市场上缺乏国际公认的鉴证标准，检测机构和会计师事务所等鉴证机构采用的标准参差不齐，导致鉴证报告在鉴证方法、范围以及深度上存在显著差异，且大多为“有限保证”，削弱了鉴证报告的有效性和权威性，如仅对企业的核心议题或部分关键绩效指标进行核实，或者仅对ESG报告的逻辑结构、完整性、独立性等方面进行验证，却忽略了对定量数据的核实。尽管目前我国尚处于非强制鉴证阶段，但为提高ESG报告公信力，ESG报告的第三方鉴证不可或缺。

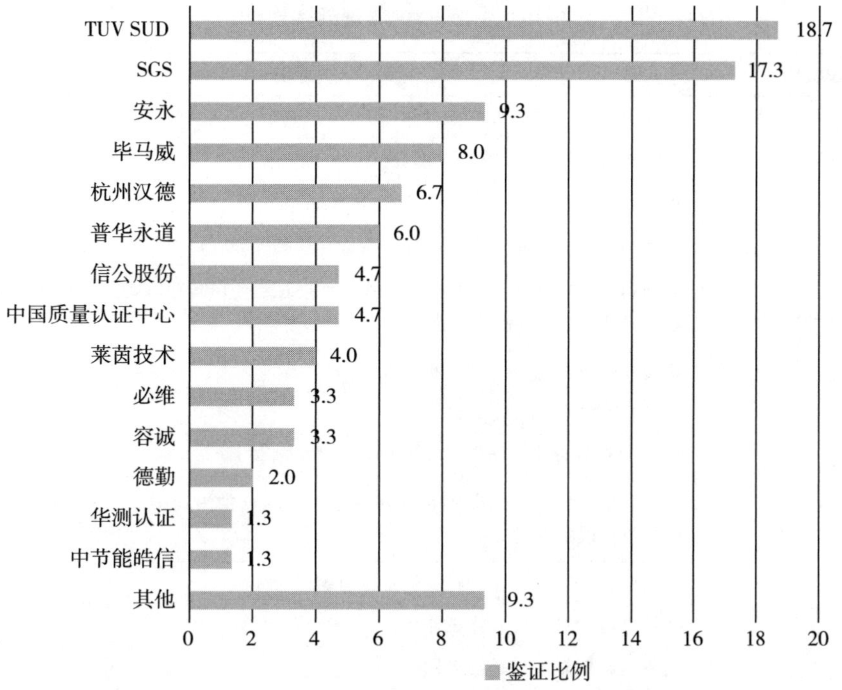

图 3-17　A 股 2023 年度 ESG 报告第三方鉴证机构市占比（%）

资料来源：青绿数据。

第四节
对企业发展 ESG 的建议

一、推动 ESG 融入企业发展战略

根据《指引》，上市公司应当将可持续发展理念融入公司发展战略、经营管理活动中，持续加强生态环境保护、履行社会责任、健全公司治理，不断提升公司治理能力、竞争能力、创新能力、抗风险能力和回报能力，促进自身和经济社会的可持续发展，逐步强化对经济、社会和环境的正面影响。企业需健全 ESG 治理体系，建立董事会—董事会战略与 ESG 委员会—ESG 工作小组（董事会办公室/企业证券管理部门）—各部门、分子公司的四层管理的治理结构，确保 ESG 工作的有效制定、实施和监督，为企业发展 ESG 提供坚实的支撑。

表 3-26　企业 ESG 管理架构建议

管理机构	职能
董事会	决定公司 ESG 发展方向和目标
	审议和批准公司的 ESG 管理制度
	审议公司的 ESG 报告和 ESG 重大事项
董事会战略与 ESG 委员会	对 ESG 目标、战略规划、治理架构、管理制度等进行研究并提出建议
	识别和监督对企业业务具有重大影响的 ESG 相关风险和机遇，指导管理层对 ESG 风险和机遇采取适当的应对措施
	审阅并向董事会提交 ESG 相关报告
	指导 ESG 工作的日常开展
ESG 工作小组/董事会办公室/企业证券管理部门	拟定 ESG 管理相关制度，完善 ESG 工作管理体系
	梳理利益相关方，配合建立与利益相关方的日常沟通渠道，完善沟通机制，组织 ESG 重大议题判定
	收集汇总 ESG 年度报告相关信息，组织报告编制
	统筹协调 ESG 信息披露工作
	统筹利益相关方 ESG 需求回应
	跟踪掌握外部最新的 ESG 政策要求与趋势，研判与企业密切相关的 ESG 议题，并提出建议
	组织企业 ESG 宣贯、培训活动
	其他与 ESG 相关的工作职责
各部门、分子公司	建立并完善 ESG 相关专项管理制度
	根据部门职责，开展利益相关方沟通工作，回应其 ESG 需求
	配合 ESG 信息收集工作，提交相关信息
	配合参与 ESG 宣贯、培训等活动
	其他与 ESG 相关的工作职责

资料来源：各企业 ESG 管理制度。

二、制定 ESG 战略及发展目标

为推进企业践行 ESG 标准和要求，实现外部价值和内部价值的有机统一，企业应制定 ESG 战略规划，明确短期、中期、长期发展目标。以白酒行业为例，目前我国制定 ESG 发展目标的白酒企业仅贵州茅台一家，一定程度上反映了我国企业 ESG 发展仍处于被动披露阶段，发展目标不明晰，尚未将 ESG 融入企业发展。

三、联动 ESG 与数智化融合发展

ESG 数据涵盖了环境、社会、治理三个维度的众多议题指标，难以通过人工方式收集、整理和分析，数智化是赋能企业 ESG 发展的关键环节。数智化可以重塑企业的

ESG 经营模式，在环境维度方面，通过应用物联网、大数据等数智化技术使得企业能够实时监测碳排放、三废产生等环境指标；在社会维度方面，数智化平台可便于企业与利益相关者的沟通，进一步了解其期望及需求；在治理维度方面，数智化有助于提升企业治理效率。

四、调整 ESG 发布时间及议题

时间调整：根据《指引》，强制披露主体应于 2026 年 4 月 30 日前发布 2025 年度《可持续发展报告》，即强制披露主体拥有 2 年的过渡期，在过渡期内，强制披露主体应有规划地为加强信息披露而采取积极行动。对于已发布 2023 年度 ESG 报告的强制披露主体，建议于 2024 年度 ESG 报告中全面应用《指引》；对于尚未发布 2023 年度 ESG 报告的强制披露主体，可尝试参照《指引》发布 2024 年 ESG 报告或基于 2024 年度同业参照情况于 2025 年度 ESG 报告中全面应用《指引》；对于自愿披露主体，即非强制披露主体，可积极对标《指引》进行 ESG 信息披露。

议题调整：《指引》明确了实质性议题范围，并与 GRI 标准保持了较好的兼容性，在 ESG 报告的编制过程中，应坚持“主次分明”的原则，即以《指引》为主要参照标准，将 GRI 等其他标准作为次要参照标准，用以补充和完善议题内容。另外，《指引》相较于 GRI 标准，结合我国国情，设置了乡村振兴、社会贡献等具有我国特色的重要议题，企业在践行 ESG 过程中，要重点关注这些本土议题。

表 3-27　《指引》和 GRI 议题披露对比表

维度	《指引》	GRI 标准
环境	应对气候变化	气候变化
	污染物排放	排放
	废弃物处理	废弃物
	生态系统和生物多样性	生物多样性
	环境合规管理	无
	能源利用	能源
	水资源利用	水资源与污水
	循环经济	物料
社会	乡村振兴	无
	社会贡献	间接经济影响（经济和治理议题）
	创新驱动	无
	科技伦理	无
	供应链安全	供应商社会、环境评估
	平等对待中小企业	采购实践

续表

维度	《指引》	GRI 标准
社会	产品和服务安全与质量	营销与标识
	数据安全与客户隐私保护	客户隐私
	员工	雇佣、职业健康与安全、培育与教育
	无	劳资关系
	无	多元性与平等机会
	无	反歧视
	无	结社自由与集体谈判
	无	童工
	无	强迫或强制劳动
	无	安保实践
	无	原住民权利
	无	当地社区
	无	公共政策
治理	尽职调查	无
	利益相关方沟通	无
	反商业贿赂及反贪污	反腐败
	反不正当竞争	反竞争行为
	无	经济绩效
	无	市场表现
	无	税收

资料来源：《指引》、GRI。

五、开展 ESG 鉴证服务

企业在 ESG 数据的收集和整理过程中，面临着数据烦琐，数据分析缺乏专业性等挑战，第三方专业服务机构从事的与 ESG 相关的信息披露、数据、评级、鉴证、咨询等实践活动，是 ESG 服务市场的重要组成部分。其中，ESG 报告鉴证是确保数据可靠性的必要环节。随着沪深北交易所《指引》的落地，强制披露主体 ESG 数据披露面临着更高标准和质量的要求，企业通过 ESG 报告鉴证，可以提高报告的公信力及透明度，为投资者提供更为准确的信息。

附　录

一、强制披露主体 2023 年度 ESG 报告发布情况

表 3-28　强制披露主体 2023 年度 ESG 报告发布情况

发布 ESG 报告企业						未发布 ESG 报告企业	
序号	企业简称	序号	企业简称	序号	企业简称	序号	企业简称
1	中国通号	142	龙源电力	283	三六零	1	阿特斯
2	龙芯中科	143	招商公路	284	兴业证券	2	佰维存储
3	派能科技	144	招商蛇口	285	中国中铁	3	特锐德
4	凯赛生物	145	新和成	286	工商银行	4	安科生物
5	盛美上海	146	分众传媒	287	东吴证券	5	鼎龙股份
6	晶晨股份	147	紫光国微	288	中国铝业	6	北京君正
7	华大智造	148	三花智控	289	中国太保	7	润泽科技
8	华海清科	149	TCL 中环	290	上海医药	8	景嘉微
9	西部超导	150	宁波银行	291	中国中冶	9	中科创达
10	沪硅产业	151	中航光电	292	中国人寿	10	新易盛
11	时代电气	152	纳思达	293	长城汽车	11	健帆生物
12	柏楚电子	153	科大讯飞	294	邮储银行	12	贝达药业
13	翱捷科技-U	154	大华股份	295	中国建筑	13	精测电子
14	天岳先进	155	歌尔股份	296	中国电建	14	星源材质
15	晶合集成	156	上海莱士	297	华泰证券	15	欧普康视
16	中复神鹰	157	东方雨虹	298	中银证券	16	长川科技
17	中无人机	158	洋河股份	299	中国卫通	17	开立医疗
18	奕瑞科技	159	海大集团	300	中国电信	18	江丰电子
19	大全能源	160	顺丰控股	301	中国中车	19	三角防务
20	三一重能	161	北方华创	302	光大证券	20	帝尔激光
21	国博电子	162	海康威视	303	中国交建	21	指南针
22	复旦微电	163	晶澳科技	304	京沪高铁	22	美畅股份
23	固德威	164	赣锋锂业	305	光大银行	23	怡合达
24	华润微	165	天齐锂业	306	中国石油	24	润丰股份
25	芯联集成-U	166	立讯精密	307	中国能建	25	华兰疫苗
26	萤石网络	167	荣盛石化	308	招商轮船	26	江波龙
27	百利天恒-U	168	三七互娱	309	浙商证券	27	湖南裕能
28	芯原股份	169	比亚迪	310	中国银河	28	沪电股份

续表

发布ESG报告企业						未发布ESG报告企业	
序号	企业简称	序号	企业简称	序号	企业简称	序号	企业简称
29	和辉光电-U	170	龙佰集团	311	中国中免	29	上海机场
30	奇安信-U	171	以岭药业	312	紫金矿业	30	拓普集团
31	航材股份	172	卫星化学	313	方正证券	31	甘李药业
32	格科微	173	天赐材料	314	浙商银行	32	斯达半导
33	天能股份	174	牧原股份	315	中远海控	33	万泰生物
34	中芯国际	175	国信证券	316	建设银行	34	伯特利
35	神州泰岳	176	恩捷股份	317	中国核电	35	石英股份
36	乐普医疗	177	凯莱英	318	中国银行	36	德业股份
37	华测检测	178	深南电路	319	中国重工		
38	亿纬锂能	179	德赛西威	320	中金公司		
39	爱尔眼科	180	鹏鼎控股	321	中信银行		
40	网宿科技	181	中国广核	322	人民网		
41	同花顺	182	浦发银行	323	中科曙光		
42	钢研高纳	183	包钢股份	324	药明康德		
43	新宙邦	184	华能国际	325	海天味业		
44	东方财富	185	民生银行	326	安井食品		
45	碧水源	186	宝钢股份	327	今世缘		
46	当升科技	187	浙能电力	328	韦尔股份		
47	中航电测	188	中远海能	329	口子窖		
48	东方日升	189	华电国际	330	珀莱雅		
49	智飞生物	190	中国石化	331	东方电缆		
50	汇川技术	191	中信证券	332	璞泰来		
51	信维通信	192	三一重工	333	华友钴业		
52	沃森生物	193	招商银行	334	福斯特		
53	宋城演艺	194	保利发展	335	益丰药房		
54	汤臣倍健	195	中国联通	336	兆易创新		
55	欣旺达	196	同仁堂	337	洛阳钼业		
56	易华录	197	特变电工	338	东鹏饮料		
57	光线传媒	198	云天化	339	澜起科技		
58	卫宁健康	199	上汽集团	340	中微公司		
59	阳光电源	200	北方稀土	341	传音控股		
60	国瓷材料	201	中国卫星	342	海光信息		
61	博雅生物	202	太极集团	343	拓荆科技		
62	利亚德	203	重庆啤酒	344	金山办公		
63	中际旭创	204	中国船舶	345	石头科技		

续表

发布 ESG 报告企业						未发布 ESG 报告企业	
序号	企业简称	序号	企业简称	序号	企业简称	序号	企业简称
64	晶盛机电	205	巨化股份	346	君实生物-U		
65	泰格医药	206	中国巨石	347	晶科能源		
66	我武生物	207	兖矿能源	348	寒武纪-U		
67	扬杰科技	208	复星医药	349	联影医疗		
68	光环新网	209	恒瑞医药	350	华熙生物		
69	天华新能	210	安琪酵母	351	天合光能		
70	天孚通信	211	万华化学	352	中控技术		
71	菲利华	212	白云山	353	中集集团		
72	三环集团	213	恒力石化	354	晨鸣纸业		
73	芒果超媒	214	江西铜业	355	丽珠集团		
74	昆仑万维	215	中航机载	356	新华制药		
75	蓝思科技	216	国电南瑞	357	鞍钢股份		
76	先导智能	217	小商品城	358	海信家电		
77	深信服	218	江淮汽车	359	弘业期货		
78	胜宏科技	219	华鲁恒升	360	金风科技		
79	蓝晓科技	220	片仔癀	361	海普瑞		
80	温氏股份	221	通威股份	362	ST 墨龙		
81	兴齐眼药	222	士兰微	363	东江环保		
82	康泰生物	223	中国动力	364	浙江世宝		
83	亿联网络	224	中金黄金	365	郑州银行		
84	圣邦股份	225	贵州茅台	366	青岛银行		
85	华大基因	226	山东黄金	367	皖通高速		
86	朗新集团	227	恒生电子	368	南方航空		
87	光威复材	228	长电科技	369	中国东航		
88	捷佳伟创	229	海螺水泥	370	宁沪高速		
89	金力永磁	230	用友网络	371	深高速		
90	宁德时代	231	青岛啤酒	372	大众公用		
91	迈为股份	232	福耀玻璃	373	中船防务		
92	康龙化成	233	海尔智家	374	上海石化		
93	迈瑞医疗	234	爱旭股份	375	南京熊猫		
94	锦浪科技	235	闻泰科技	376	华新水泥		
95	新诺威	236	锦江酒店	377	马钢股份		
96	德方纳米	237	中航沈飞	378	京城股份		
97	卓胜微	238	通策医疗	379	石化油服		
98	新产业	239	中航重机	380	创业环保		

续表

发布 ESG 报告企业						未发布 ESG 报告企业	
序号	企业简称	序号	企业简称	序号	企业简称	序号	企业简称
99	安克创新	240	水井坊	381	凯盛新能		
100	稳健医疗	241	国电电力	382	新天绿能		
101	爱美客	242	山西汾酒	383	重庆钢铁		
102	中伟股份	243	海通证券	384	一拖股份		
103	贝泰妮	244	四川长虹	385	中铝国际		
104	华利集团	245	中炬高新	386	渝农商行		
105	金龙鱼	246	东方电气	387	四川成渝		
106	软通动力	247	国投电力	388	青岛港		
107	华厦眼科	248	伊利股份	389	秦港股份		
108	华大九天	249	航发动力	390	绿色动力		
109	川宁生物	250	张江高科	391	广深铁路		
110	平安银行	251	长江电力	392	中原证券		
111	万科 A	252	三峡能源	393	国联证券		
112	中兴通讯	253	江苏银行	394	北辰实业		
113	TCL 科技	254	中国海油	395	中国外运		
114	中联重科	255	中国移动	396	郑煤机		
115	申万宏源	256	东方证券	397	上海电气		
116	东方盛虹	257	赤峰黄金	398	中海油服		
117	美的集团	258	宝丰能源	399	新华文轩		
118	潍柴动力	259	招商证券	400	美凯龙		
119	徐工机械	260	大秦铁路	401	福莱特		
120	云南白药	261	隆基绿能	402	中远海发		
121	泸州老窖	262	赛轮轮胎	403	长飞光纤		
122	古井贡酒	263	信达证券	404	辽港股份		
123	中油资本	264	中信建投	405	中煤能源		
124	长安汽车	265	中国神华	406	重庆银行		
125	格力电器	266	恒立液压	407	大唐发电		
126	长春高新	267	中国国航	408	金隅集团		
127	中信特钢	268	中国化学	409	昭衍新药		
128	京东方 A	269	首创证券	410	安德利		
129	中航西飞	270	工业富联	411	康希诺		
130	广发证券	271	兴业银行	412	百济神州-U		
131	北新建材	272	西部矿业	413	春立医疗		
132	盐湖股份	273	北京银行	414	荣昌生物		
133	五粮液	274	中国铁建	415	亿华通-U		

续表

发布 ESG 报告企业						未发布 ESG 报告企业	
序号	企业简称	序号	企业简称	序号	企业简称	序号	企业简称
134	新希望	275	国泰君安	416	华虹公司		
135	天山股份	276	陕西煤业	417	昊海生科		
136	双汇发展	277	广汽集团	418	诺诚健华-U		
137	紫光股份	278	农业银行	419	复旦张江		
138	华东医药	279	中国平安	420	庄园牧场		
139	浪潮信息	280	中国人保	421	达仁堂		
140	山西焦煤	281	交通银行				
141	华润三九	282	新华保险				

资料来源：Wind。

二、样本企业 ESG 报告披露情况

（一）ESG 报告名称情况

表 3-29　样本企业 ESG 报告名称

序号	企业简称	2022 年度报告名称关键字	2023 年度报告名称关键字	序号	企业简称	2022 年度报告名称关键字	2023 年度报告名称关键字
1	中国移动	可持续	可持续	29	民生银行	ESG	ESG
2	中国石化	可持续	可持续	30	比亚迪	社会责任	社会责任
3	包钢股份	社会责任	可持续	31	中芯国际	ESG	ESG
4	伊利股份	可持续	可持续	32	国电电力	ESG	ESG
5	中国平安	可持续	可持续	33	保利发展	组合（社会责任+ESG）	可持续
6	农业银行	组合（社会责任+ESG）	组合（社会责任+ESG）	34	马钢股份	ESG	ESG
7	迈瑞医疗	可持续	可持续	35	龙源电力	社会责任	社会责任
8	中国交建	ESG	ESG	36	中远海能	可持续	可持续
9	中国通号	ESG	ESG	37	中兴通讯	社会责任	社会责任
10	中国神华	ESG	ESG	38	宝丰能源	可持续	可持续
11	TCL 中环	可持续	可持续	39	中国化学	ESG	ESG
12	中国石油	ESG	ESG	40	中国中车	ESG	ESG
13	广汽集团	社会责任	社会责任	41	长安汽车	社会责任	社会责任
14	贵州茅台	ESG	ESG	42	京东方 A	可持续	可持续
15	国电南瑞	ESG	ESG	43	中国电建	ESG	ESG
16	建设银行	社会责任	社会责任	44	中国海油	ESG	ESG
17	立讯精密	可持续	可持续	45	长江电力	ESG	ESG

续表

序号	企业简称	2022年度报告名称关键字	2023年度报告名称关键字	序号	企业简称	2022年度报告名称关键字	2023年度报告名称关键字
18	中国电信	社会责任	组合（可持续+ESG）	46	云南白药	ESG	ESG
19	东方电气	ESG	ESG	47	隆基绿能	可持续	可持续
20	宁德时代	ESG	ESG	48	晶澳科技	社会责任	社会责任
21	复星医药	社会责任	组合（可持续+ESG）	49	TCL科技	社会责任	ESG
22	招商银行	可持续	可持续	50	青岛啤酒	ESG	ESG
23	海通证券	社会责任	可持续	51	海尔智家	ESG	ESG
24	顺丰控股	可持续	可持续	52	以岭药业	社会责任	社会责任
25	中海油服	ESG	ESG	53	通威股份	ESG	ESG
26	中国建筑	可持续	组合（可持续+ESG）	54	四川长虹	ESG	组合（可持续+ESG）
27	上海医药	组合（可持续+ESG）	组合（可持续+ESG）	55	华电国际	社会责任	社会责任
28	中国铝业	组合（社会责任+ESG）	组合（社会责任+ESG）	56	鞍钢股份	社会责任	社会责任

资料来源：各公司ESG报告。

（二）ESG报告披露时间情况

表3-30　样本企业ESG报告披露时间

序号	企业简称	披露时间	序号	企业简称	披露时间
1	中国移动	2024年3月	29	民生银行	2024年3月
2	中国石化	2024年3月	30	比亚迪	2024年3月
3	包钢股份	2024年4月	31	中芯国际	2024年3月
4	伊利股份	2024年4月	32	国电电力	2024年4月
5	中国平安	2024年3月	33	保利发展	2024年4月
6	农业银行	2024年3月	34	马钢股份	2024年3月
7	迈瑞医疗	2024年4月	35	龙源电力	2024年3月
8	中国交建	2024年3月	36	中远海能	2024年3月
9	中国通号	2024年3月	37	中兴通讯	2024年3月
10	中国神华	2024年3月	38	宝丰能源	2024年3月
11	TCL中环	2024年4月	39	中国化学	2024年4月
12	中国石油	2024年3月	40	中国中车	2024年3月
13	广汽集团	2024年3月	41	长安汽车	2024年4月
14	贵州茅台	2024年4月	42	京东方A	2024年4月
15	国电南瑞	2024年4月	43	中国电建	2024年4月

续表

序号	企业简称	披露时间	序号	企业简称	披露时间
16	建设银行	2024 年 3 月	44	中国海油	2024 年 3 月
17	立讯精密	2024 年 4 月	45	长江电力	2024 年 4 月
18	中国电信	2024 年 3 月	46	云南白药	2024 年 3 月
19	东方电气	2024 年 4 月	47	隆基绿能	2024 年 4 月
20	宁德时代	2024 年 3 月	48	晶澳科技	2024 年 4 月
21	复星医药	2024 年 3 月	49	TCL 科技	2024 年 4 月
22	招商银行	2024 年 3 月	50	青岛啤酒	2024 年 3 月
23	海通证券	2024 年 3 月	51	海尔智家	2024 年 3 月
24	顺丰控股	2024 年 3 月	52	以岭药业	2024 年 4 月
25	中海油服	2024 年 2 月	53	通威股份	2024 年 4 月
26	中国建筑	2024 年 4 月	54	四川长虹	2024 年 4 月
27	上海医药	2024 年 3 月	55	华电国际	2024 年 3 月
28	中国铝业	2024 年 3 月	56	鞍钢股份	2024 年 3 月

资料来源：各公司 ESG 报告。

（三）碳排放数据披露情况

表 3-31　样本企业碳排放数据披露情况

序号	企业简称	范围 1、范围 2	范围 3	序号	企业简称	范围 1、范围 2	范围 3
1	中国移动	√	√	29	民生银行	√	
2	中国石化	√		30	比亚迪	√	
3	包钢股份			31	中芯国际	√	
4	伊利股份	√		32	国电电力		
5	中国平安	√	√	33	保利发展	√	
6	农业银行	√		34	马钢股份	√	
7	迈瑞医疗	√		35	龙源电力	√	
8	中国交建			36	中远海能	√	
9	中国通号	√		37	中兴通讯	√	
10	中国神华	√		38	宝丰能源	√	
11	TCL 中环	√	√	39	中国化学		
12	中国石油	√		40	中国中车	√	
13	广汽集团	√		41	长安汽车		
14	贵州茅台	√	√	42	京东方 A		
15	国电南瑞	√		43	中国电建		
16	建设银行	√		44	中国海油	√	
17	立讯精密	√	√	45	长江电力	√	
18	中国电信			46	云南白药	√	

续表

序号	企业简称	范围1、范围2	范围3	序号	企业简称	范围1、范围2	范围3
19	东方电气	√		47	隆基绿能	√	√
20	宁德时代	√		48	晶澳科技	√	√
21	复星医药	√	√	49	TCL科技	√	√
22	招商银行	√	√	50	青岛啤酒	√	√
23	海通证券	√	√	51	海尔智家	√	
24	顺丰控股	√	√	52	以岭药业		
25	中海油服	√		53	通威股份	√	√
26	中国建筑			54	四川长虹	√	
27	上海医药	√		55	华电国际		
28	中国铝业	√		56	鞍钢股份	√	

资料来源：各公司ESG报告。

（四）《ESG》数据表数据披露情况

表3-32　样本企业《ESG》数据表数据披露情况

序号	企业简称	2022年度ESG报告数据披露	2023年度ESG报告数据披露	序号	企业简称	2022年度ESG报告数据披露	2023年度ESG报告数据披露
1	中国移动	连续3年	连续3年	29	民生银行	—	—
2	中国石化	连续3年	连续3年	30	比亚迪	连续3年	连续3年
3	包钢股份	—	连续3年	31	中芯国际	连续3年	连续3年
4	伊利股份	连续2年	连续3年	32	国电电力	连续3年	连续3年
5	中国平安	连续3年	连续3年	33	保利发展	连续3年	连续3年
6	农业银行	—	—	34	马钢股份	连续3年	连续3年
7	迈瑞医疗	—	1年	35	龙源电力	1年	连续2年
8	中国交建	连续3年	连续3年	36	中远海能	—	连续3年
9	中国通号	—	—	37	中兴通讯	1年	1年
10	中国神华	连续3年	连续3年	38	宝丰能源	连续3年	连续3年
11	TCL中环	连续3年	—	39	中国化学	连续3年	连续3年
12	中国石油	连续3年	连续3年	40	中国中车	—	1年
13	广汽集团	连续3年	连续3年	41	长安汽车	—	1年
14	贵州茅台	—	—	42	京东方A	—	1年
15	国电南瑞	连续3年	连续3年	43	中国电建	连续2年	连续3年
16	建设银行	连续3年	连续3年	44	中国海油	连续3年	连续3年
17	立讯精密	1年	连续2年	45	长江电力	连续2年	连续3年
18	中国电信	连续2年	连续2年	46	云南白药	—	1年
19	东方电气	连续3年	连续3年	47	隆基绿能	—	连续3年
20	宁德时代	1年	连续2年	48	晶澳科技	—	连续2年

续表

序号	企业简称	2022 年度 ESG 报告数据披露	2023 年度 ESG 报告数据披露	序号	企业简称	2022 年度 ESG 报告数据披露	2023 年度 ESG 报告数据披露
21	复星医药	连续 3 年	连续 3 年	49	TCL 科技	1 年	连续 2 年
22	招商银行	连续 3 年	连续 3 年	50	青岛啤酒	—	—
23	海通证券	连续 3 年	连续 3 年	51	海尔智家	—	—
24	顺丰控股	连续 3 年	连续 2 年	52	以岭药业	1 年	连续 2 年
25	中海油服	—	—	53	通威股份	1 年	连续 2 年
26	中国建筑	连续 3 年	连续 2 年	54	四川长虹	—	—
27	上海医药	连续 3 年	连续 3 年	55	华电国际	—	连续 2 年
28	中国铝业	—	连续 3 年	56	鞍钢股份	—	—

注："—" 表示未披露。
资料来源：各公司 ESG 报告。

（五）开展第三方鉴证情况

表 3-33　样本企业开展第三方鉴证情况

序号	企业简称	鉴证机构	鉴证机构	序号	企业简称	鉴证机构	鉴证机构
1	中国移动	SGS	SGS	29	民生银行	—	—
2	中国石化	毕马威	毕马威	30	比亚迪	—	—
3	包钢股份	—	—	31	中芯国际	—	—
4	伊利股份	—	—	32	国电电力	—	—
5	中国平安	德勤	德勤	33	保利发展	—	—
6	农业银行	毕马威	毕马威	34	马钢股份	—	—
7	迈瑞医疗	SGS	SGS	35	龙源电力	安永	安永
8	中国交建	—	—	36	中远海能	TUV NORD	SGS
9	中国通号	—	—	37	中兴通讯	TUV 莱茵	TUV 莱茵
10	中国神华	毕马威	毕马威	38	宝丰能源	—	—
11	TCL 中环	SGS	SGS	39	中国化学	—	—
12	中国石油	普华永道	普华永道	40	中国中车	—	—
13	广汽集团	—	—	41	长安汽车	—	—
14	贵州茅台	—	—	42	京东方 A	TUV NORD	TUV NORD
15	国电南瑞	—	—	43	中国电建	—	—
16	建设银行	安永	安永	44	中国海油	安永	安永
17	立讯精密	TUV 莱茵	TUV 莱茵	45	长江电力	—	—
18	中国电信	普华永道	普华永道	46	云南白药	—	—
19	东方电气	—	—	47	隆基绿能	SGS	SGS
20	宁德时代	TUV 莱茵	TUV 莱茵	48	晶澳科技	—	SGS
21	复星医药	—	SGS	49	TCL 科技	SGS	SGS

续表

序号	企业简称	鉴证机构	鉴证机构	序号	企业简称	鉴证机构	鉴证机构
22	招商银行	安永	TUV SUD	50	青岛啤酒	—	—
23	海通证券	—	—	51	海尔智家	—	—
24	顺丰控股	SGS	SGS	52	以岭药业	—	—
25	中海油服	—	—	53	通威股份	TUV NORD	BSI
26	中国建筑	—	—	54	四川长虹	—	—
27	上海医药	—	—	55	华电国际	—	—
28	中国铝业	—	—	56	鞍钢股份	—	—

注："—"表示未鉴证。

资料来源：各公司 ESG 报告。

（六）样本企业编制 ESG 报告参考标准

表 3-34 样本企业编制 ESG 报告参考标准

序号	企业简称	GRI Standards	UN SDGs	国际标准化组织 ISO 26000	SASB（可持续会计标准委员会）标准	《关于国有企业更好履行社会责任的指导意见》	《央企控股上市公司 ESG 专项报告编制研究》	香港联合交易所《环境、社会及管治（ESG）报告指引》	沪、深上市公司自律监管指引等	中国社会科学院《中国企业社会责任报告指南（CASS-ESG 5.0）》	中国国家标准《社会责任报告编写指南》（GB/T 36001—2015）
1	中国移动	√	√	√			√	√	√		
2	中国石化	√	√					√	√		
3	包钢股份	√				√			√	√	
4	伊利股份	√			√				√	√	
5	中国平安	√			√			√			
6	农业银行	√									
7	迈瑞医疗	√	√								
8	中国交建	√	√	√		√		√	√	√	
9	中国通号	√				√		√	√	√	
10	中国神华	√						√	√		
11	TCL 中环	√									
12	中国石油		√					√			
13	广汽集团	√						√			
14	贵州茅台	√									
15	国电南瑞	√	√	√		√			√	√	√
16	建设银行							√	√		
17	立讯精密	√									

续表

序号	企业简称	GRI Standards	UN SDGs	国际标准化组织 ISO 26000	SASB（可持续会计标准委员会）标准	《关于国有企业更好履行社会责任的指导意见》	《央企控股上市公司 ESG 专项报告编制研究》	香港联合交易所《环境、社会及管治（ESG）报告指引》	沪、深上市公司自律监管指引等	中国社会科学院《中国企业社会责任报告指南（CASS-ESG 5.0）》	中国国家标准《社会责任报告编写指南》（GB/T 36001—2015）
18	中国电信		√					√			
19	东方电气							√			
20	宁德时代	√							√		
21	复星医药	√						√			
22	招商银行	√						√	√		
23	海通证券	√						√	√		
24	顺丰控股	√			√						
25	中海油服	√						√		√	
26	中国建筑	√	√						√		
27	上海医药	√						√	√	√	
28	中国铝业	√						√			
29	民生银行							√			
30	比亚迪	√	√					√	√	√	
31	中芯国际	√						√			
32	国电电力	√	√	√						√	√
33	保利发展	√					√			√	
34	马钢股份	√	√					√	√	√	
35	龙源电力	√		√			√	√		√	
36	中远海能		√					√	√		
37	中兴通讯	√	√	√				√	√		
38	宝丰能源	√	√	√					√	√	
39	中国化学	√	√							√	
40	中国中车	√	√				√	√	√	√	
41	长安汽车	√								√	
42	京东方 A	√									
43	中国电建	√	√	√		√	√	√	√	√	
44	中国海油	√						√	√		
45	长江电力	√					√		√		
46	云南白药	√							√		
47	隆基绿能	√			√						

续表

序号	企业简称	GRI Standards	UN SDGs	国际标准化组织 ISO 26000	SASB（可持续会计标准委员会）标准	《关于国有企业更好履行社会责任的指导意见》	《央企控股上市公司 ESG 专项报告编制研究》	香港联合交易所《环境、社会及管治（ESG）报告指引》	沪、深上市公司自律监管指引等	中国社会科学院《中国企业社会责任报告指南（CASS-ESG 5.0）》	中国国家标准《社会责任报告编写指南》（GB/T 36001—2015）
48	晶澳科技	√	√					√	√		
49	TCL 科技	√	√		√			√	√		
50	青岛啤酒	√					√		√		
51	海尔智家	√			√			√	√	√	
52	以岭药业	√	√	√				√		√	
53	通威股份	√						√	√		
54	四川长虹	√					√	√	√		
55	华电国际	√					√	√	√		
56	鞍钢股份	√	√			√		√	√		√

资料来源：各公司 ESG 报告。

参考文献

［1］北京注册会计师协会行业发展战略委员会 ESG 课题组．中国 ESG 可持续信息鉴证的现状与建议［J］. 新理财，2024（4）：62-66.

［2］错误频出，A 股 ESG 报告亟需鉴证

［3］董战峰．中国 ESG 标准化发展的现状与挑战

［4］ESG 评级成选股基础门槛 部分基金公司自建体系

［5］王宾雷，刘欢，聂小兵．ESG 服务市场现状研究［J/OL］. 质量与认证，2024（3）：39-41. DOI：10. 16691/j. cnki. 10-1214/t. 2024. 03. 006.

［6］清华大学全球可持续发展研究院．中国地方政府 ESG 评级指标体系研究报告（2023）

［7］千合财经．ESG 剖析：当前发展阶段中的突出痛点

［8］商道咨询．2024 中国上市公司 ESG 信息披露分析与展望报告-A 股（沪深北交易所）

［9］俞建拖．ESG 实践中存在的若干问题及建议

第四章

中国 ESG 评级实践

中国对 ESG 评级的关注始于 21 世纪初，2002 年，证监会与国家经贸委联合发布的《上市公司治理准则》强调了上市公司应关注环境保护、公益事业等领域，这被视为中国 ESG 评级的初步探索。ESG 评级在中国尚处于探索阶段，但已逐渐成为评价企业表现和指导投资的重要标准，越来越多的金融机构开始将 ESG 理念纳入投资决策和风险管理中。中国的 ESG 评级虽起步较晚，但在政策推动和市场实践方面正逐步发展，同时，面临的挑战也为未来的改进和优化提供了方向。

本章首先梳理国内主要的 ESG 评级机构，涉及 Wind ESG 评价体系、商道融绿 ESG 评价体系、华证 ESG 评价体系、嘉实基金 ESG 评价体系等；其次针对国内主要的评级机构进行介绍分析，主要从评级机构的评价体系特点、评价原则及方法以及评级结果等方面进行阐述；最后对各评级机构在定性层面和定量层面进行分析，综合比较来看，ESG 评价结果在中国市场上存在较大的差异，主要是由于目前我国评级指标体系尚不成熟，无法准确反映中国企业的 ESG 表现，同时企业在 ESG 信息披露方面以及评级机构的专业能力和独立性方面存在一定的问题，需要进一步完善评价指标体系，提高数据质量和透明度以及不断提升评价机构的标准化、专业化水平，从而更真实地反映企业的 ESG 表现。

第一节
国内主要 ESG 评级机构概述

ESG 评级，是指从环境（E）、社会（S）和治理（G）三个层面来对企业进行综合考量，利用最优搭配的指标组合和评分比例进行打分，从而全面评判企业的发展绩效、长期发展能力和投资潜力，为投资机构进行投资选择和甄别提供指导。

目前，国内主流 ESG 评级机构包括 Wind、商道融绿、华证、嘉实基金等，不同评级机构的 ESG 评价体系特点存在较大差异。

Wind 拥有大型数据仓库，依托流量入口和自身的数据优势，开发的 ESG 评分体系受到市场广泛关注和认可，评价范围涉及上市公司 ESG 评级、发债主体 ESG 评级、基金 ESG 评级，以及上市公司的碳排放数据库，ESG 评分在 AI 的支撑下每日更新。

商道融绿作为中国本土首家将数据登录到彭博终端的 ESG 评级机构，其 ESG 评级应用到固收市场，助力固定收益投资者实施 ESG 投资策略。

华证作为专业从事指数与指数化投资综合服务的公司，其 ESG 评价体系在因子收益、个股风险预警与尾部风险规避方面存在较显著效应，可作用于投资。

嘉实基金 ESG 评分体系强调本土化架构，采用人工智能、机器学习等科技手段，自主研发建立了一套本土化 ESG 评分系统。

社会价值投资联盟提供的 ESG 评级，其核心宗旨在于深入挖掘企业在环境、社会和治理三个方面的表现，尤其注重企业社会责任的实践和对社会价值的贡献。

世经未来 ESG 评价结合自身行业研究经验，设计更具中国特色的 ESG 评级体系框架，助力行业更好发展。

在数据搜集方面，各评级机构通过公开披露的信息、新闻报道、行业研究等多种渠道获取数据，由于各评级机构在评级方法、数据来源和权重设置等方面存在差异，对公司的评级结果也会呈现一定的差异化。

第二节 主要评级机构及评级体系

一、Wind ESG 评价体系

Wind 信息技术股份有限公司是我国领先的金融软件服务企业，Wind 的数据内容丰富而全面，涵盖了股票、债券等多个领域，这些数据不仅包括了历史数据，更以实时数据更新的方式，确保了信息的时效性和准确性，能够迅速反映市场的最新动态和变化。Wind ESG 评价体系覆盖了企业运营的各个方面，能够全面反映企业的 ESG 表现，作为中国大陆领先的金融信息服务提供商，Wind ESG 评价结果在投资者和市场中具有较高的认可度和参考价值。

（一）评价体系特点

1. 契合中国特色的评估方法

在充分借鉴国际国内 ESG 评级框架的基础上，Wind 致力于构建一套符合中国国情的 ESG 评估体系，该体系紧紧围绕中国的 ESG 理念，特别引入了减碳目标、绿色信贷、企业创新能力认证等体现国家战略要求的特色指标，这些指标既遵循国际标准，又充分体现中国特色，形成了一个全面、科学的指标体系，为评估企业提供有力支撑。

2. 争议事件评估

Wind ESG 评级在评估企业时，不仅关注定量数据，还充分考虑了新闻舆论、监管处罚等因素，这种多维度的评估手段能够全方位展现企业在 ESG 管理实践中的表现，以及企业在应对重大突发风险时的应对策略。

3. 深度捕捉企业运营风险

利用先进的知识图谱技术，Wind ESG 评价体系能够通过股权穿透深入挖掘关联企业的运营状况，确保底层风险无处遁形，这一方法为企业风险防范提供了有力保障，有助于投资者和监管机构更好地识别和管理风险。

4. 覆盖多维度 ESG 数据

Wind ESG 评级体系涵盖了 8000+公司、13000+国家各级监管部门及政府机构、8000+新闻媒体、800+NGO、行业协会等海量数据信息，这些多维度的数据为全面评估企业 ESG 表现提供了丰富、翔实的基础。

5. 公开透明的数据与方法学

从指标打分、权重设定到底层原始数据，Wind ESG 评级体系实现了全过程的透明展示，这种公开透明的做法使得评估结果更具可信度，便于研究人员和投资决策者灵活运用，为他们的决策提供有力参考。

（二）评价指标体系

1. 指标体系框架

Wind ESG 评级指标体系由管理实践与争议事件组成，在国际标准框架的基础上深入考虑了中国资本市场的特点、监管环境以及国内企业的 ESG 实践，打造了具有中国特色的评级指标体系：

表 4-1　Wind ESG 评级指标体系

两大部分	管理实践评估									争议事件		
三大维度	环境			社会			治理			新闻舆情	监管处罚	法律诉讼
29 个议题	环境管理	能源	气候变化	雇佣	发展与培训	职业健康与安全生产	ESG 治理	董监高	反贪污腐败			
	原材料	废弃物	废气	产品与服务	研发与创新	信息安全与隐私保护	股权及股东	审计	反垄断与公平竞争			
	废水	水资源	生物多样性	客户	供应链	社区	税务					
	绿色建筑*	可持续金融*		医疗可及性*	普惠金融*							

续表

两大部分	管理实践评估			争议事件
500+ 指标 2000+ 数据点	环保总投入 清洁能源/可再生能源使用 识别与应对气候变化风险和机遇 生物栖息地保护 ……	反歧视与多元化管理体系与制度 研发员工比例 保障信息安全与隐私保护的措施 ……	董监高离职率 女性董事占比 检举者保护机制 重大事件应对 ……	固废污染 安全事故 强迫劳动罪 高管异动 侵权责任纠纷 ……

注：* 为行业特有议题。

资料来源：Wind。

2. 评估指标选取

在构建完整全面的ESG数据库基础上，Wind ESG评级基于以下要素选取评估指标：

严格遵循国际通行的ESG披露与管理标准，同时深入考虑中国企业的独特性，确保评估指标能够准确反映中国企业在ESG领域的实际表现和挑战；

注重指标的有效性，即所选指标能否真实、准确地衡量企业在ESG方面的表现，同时，评级体系也考虑到数据的可获取性，确保所采用的指标数据来源可靠、更新及时，且能够在不同企业之间进行有效比较；

充分反映不同行业的ESG特性，由于不同行业面临的ESG问题和机遇存在差异，评级体系针对各行业的特定情况，设计了相应的评估指标，这些指标能够捕捉到行业特有的ESG风险和机遇，使得评级结果更加精准和有针对性。

3. 确定实质性议题与权重

基于Wind的数据资源等优势，Wind ESG评级识别72个行业ESG实质性议题并赋不同权重。

在环境和社会维度下，各行业设有不同的实质性议题，治理维度的议题为所有行业的通用实质性议题。

议题与权重选择考虑各行业的ESG风险与机遇、数据可得性与量化分析结果，凸显了各行业关键的ESG风险点，并体现了不同ESG议题给行业内企业带来的相关风险或机遇，以及对环境和社会的积极或消极影响。

4. 计算得分与评级

根据Wind ESG评级模型，采用分析师校核与自动化评估技术，形成兼具及时性与科学性的ESG评级：

Wind ESG评级由ESG核心评估模型、环境风险评估模型和争议事件评估模型组成。

其中，ESG 核心评估模型中的各项指标基于 0~10 分的规则进行打分，根据实质性议题与权重汇总为 E/S/G 维度得分与管理实践得分。

环境风险评估模型通过股权穿透识别受评公司下属单位，将 GIS 技术与相关环境数据相结合，依据相关国家环境标准，对受评公司下属单位周边空气和水质量等级进行量化评估，结合公司下属重点排污单位排污超标情况，确定公司环境风险暴露等级。

争议事件评估模型基于事件严重程度、发生频次、发生时间、信息来源等多维度评估争议事件对受评公司的影响。

5. *动态发布*

Wind ESG 评级不定期更新，Wind ESG 综合得分和争议事件得分每日更新，相关数据发布在 Wind 金融终端等平台。

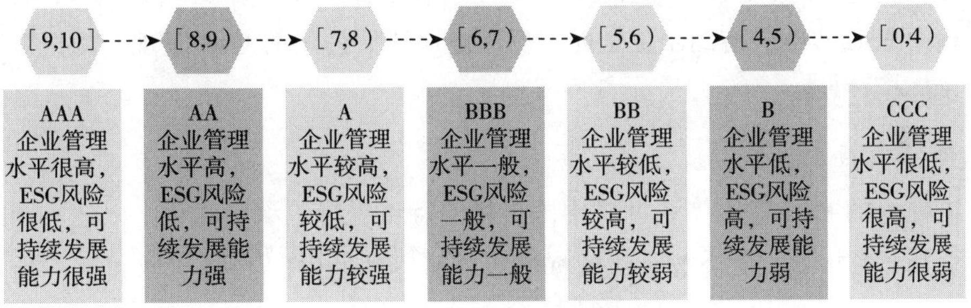

图 4-1　Wind ESG 评级得分数据情况

资料来源：根据公开资料整理。

Wind ESG 已建立评级沟通渠道，作为保障数据质量的方式之一，Wind ESG 定期向受评公司发送邮件，告知评级以及所采集的信息，受评公司可基于公开信息提供反馈意见，如修订错误数据或新增数据；如果受评公司所提供数据为非公开数据，则需以公司签章的形式确认信息的真实性。Wind ESG 分析师对公司的反馈信息进行校验后，将信息纳入公司的最新评估中，若因此产生评级调整，Wind ESG 将会每三个月开放一次窗口期进行评级更新。受评公司如有任何疑问或反馈，亦可随时发送邮件，Wind ESG 会及时地确认公司的反馈信息，保障 Wind ESG 评级的及时性。

二、商道融绿 ESG 评价体系

商道融绿成立于 2015 年，作为国内领先的 ESG 服务提供商，凭借多年的沉淀与成长，积累了达十年的 ESG 专业经验。团队成员在 ESG 领域的持续探索与践行，为公司的创立和进步打下了坚实的根基。商道融绿的 ESG 数据和评级服务在国际上享有较高的认可度，它成为中国唯一登录彭博终端的 ESG 数据供应商，这一成就不仅标志着商道融绿的 ESG 数据和评级服务得到了国际权威机构的认可，也显示了公司在 ESG 领域的领先地位，通过彭博终端这一全球金融信息服务平台，商道融绿的 ESG 数据得以覆盖更广泛的国际投资者，为他们在投资决策中提供了重要的参考依据。

（一）评价体系特点

1. 全面性

商道融绿的评级系统具有极高的全面性，该系统整合了企业、行业和宏观经济层面的 ESG 信息，形成了一个全方位的评级体系，使得评级结果适用于各种投资与决策环境，为投资者和决策者提供了广泛的应用场景。

2. 多维议题和指标

商道融绿的 ESG 评级方法论基于多维议题、指标和数据点构建，它深入挖掘并还原了目标公司在 ESG 方面的真实表现，这种方法论的设计旨在从多个角度、多个层面审视公司的 ESG 实践，有助于更全面、更准确地评估公司的 ESG 表现，为投资者提供更为详尽的信息支持。

3. 本土化与数据能力

商道融绿的 ESG 评级体系针对中国市场的特点进行了深度优化，以适应国内投资者的需求和监管环境，作为首个将数据接入彭博终端的中国 ESG 评级机构，商道融绿在固定收益市场中的应用尤为突出，包括对债券发行者进行 ESG 评级，从而帮助固定收益投资者更好地实施 ESG 投资策略，推动市场向更加可持续的方向发展。

4. 风险管理与监控

商道融绿的 ESG 评级体系还包括了一个先进的 ESG 风险雷达系统，该系统用于实时监控全网 ESG 相关的监管动态和争议性事件，通过专有风险模型的精确评价，该系统能够对目标公司的 ESG 风险进行有效识别和管理，为投资者提供了及时发现和应对潜在 ESG 风险的强大支持，确保投资决策的稳健性和长期性。

（二）评价指标体系

商道融绿建立了全面的 ESG 评级框架，评级的指标体系由三大维度、14 个二级议题、200 多项具体指标和 700 多个数据点构成。

表 4-2　商道融绿 ESG 评级框架

ESG 评级（A+–D）						
评级结果	ESG 评级得分（0~100）					
	ESG 主动管理			ESG 风险暴露		
	环境（E）		社会（S）		公司治理（G）	
	环境管理	环境风险	社会管理	社会风险	治理管理	治理风险

续表

<table>
<tr><td colspan="7">ESG 评级（A+–D）</td></tr>
<tr><td rowspan="12">实质性议题</td><td colspan="2">环境政策</td><td colspan="2">员工发展</td><td colspan="2">治理结构</td></tr>
<tr><td>管理</td><td>风险</td><td>管理</td><td>风险</td><td>管理</td><td>风险</td></tr>
<tr><td colspan="2">能源与资源消耗</td><td colspan="2">供应链管理</td><td colspan="2">商业道德</td></tr>
<tr><td>管理</td><td>风险</td><td>管理</td><td>风险</td><td>管理</td><td>风险</td></tr>
<tr><td colspan="2">污染物排放</td><td colspan="2">客户权益</td><td colspan="2">合规管理</td></tr>
<tr><td>管理</td><td>风险</td><td>管理</td><td>风险</td><td>管理</td><td>风险</td></tr>
<tr><td colspan="2">应对气候变化</td><td colspan="2">产品管理</td><td colspan="2" rowspan="6"></td></tr>
<tr><td>管理</td><td>风险</td><td>管理</td><td>风险</td></tr>
<tr><td colspan="2">生物多样性</td><td colspan="2">数据安全</td></tr>
<tr><td>管理</td><td>风险</td><td>管理</td><td>风险</td></tr>
<tr><td colspan="2" rowspan="2"></td><td colspan="2">社区</td></tr>
<tr><td>管理</td><td>风险</td></tr>
<tr><td rowspan="2">指标表现</td><td colspan="6">51 个行业模型</td></tr>
<tr><td colspan="6">200+项 ESG 指标
涵盖通用指标和行业指标</td></tr>
<tr><td rowspan="2">底层数据</td><td colspan="6">700+个 ESG 数据点</td></tr>
<tr><td>披露数据</td><td>监管数据</td><td>媒体数据</td><td>宏观数据</td><td>地理数据</td><td>卫星数据</td></tr>
</table>

资料来源：商道融绿官网。

1. STαR ESG 数据平台

商道融绿 STαR ESG 数据平台是展示商道融绿 ESG 评级的平台，覆盖 A 股、港股、中概股以及债券发行主体的 ESG 评级结果和 ESG 评级数据，STαR ESG 数据平台展示的内容完全基于商道融绿自主开发的 ESG 评级体系和方法论。

商道融绿 STαR ESG 数据平台为投资机构提供个股及组合的详细 ESG 评级结果数据、ESG 指标数据及详细的 ESG 数据点信息，这些数据可以帮助全球投资机构更好地了解目标企业的可持续发展水平。

该数据平台的 ESG 评级服务范围广泛，涵盖了我国全部 A 股市场、港股通标的股票、重要的中概股以及关键的债券发行主体，确保了投资机构能够获得全面的 ESG 信息。

STαR ESG 数据平台采用了 14 个核心议题、200 多项具体指标，以及 700 多个数据点，对目标企业的 ESG 表现进行全方位的评估，这些细致的评估维度确保了评价结果的准确性和可靠性。

平台还提供了长达 7 年的历史评级数据和 10 年的历史数据点，收录了超过一百万条 ESG 指标评估记录，为投资机构提供了丰富的历史数据支持，以便于进行趋势分析和风险评估。

此外，STαR ESG 数据平台还提供了个股与行业 ESG 评级的对比分析，帮助投资机构在行业内部进行横向比较，识别领先者和落后者。

为了进一步提升投资决策的便捷性，该平台支持投资组合的直接导入，并且能够一键生成组合的 ESG 评级结果，极大地提高了投资机构在 ESG 整合方面的效率，通过这些功能，商道融绿 STαR ESG 数据平台成为了投资机构在可持续发展投资领域的重要助手。

2. ESG 风险雷达系统

商道融绿 ESG 风险雷达系统是展示商道融绿对评估主体 ESG 风险暴露水平评估结果的平台。商道融绿通过自主研发的 ESG 风险评估模型，利用人工智能结合专家分析，提供覆盖 A 股、港股、中概股以及债券发行主体的 ESG 风险暴露分数和具体的 ESG 风险事件数据，并提供精确的风险类型及风险程度评估，帮助投资机构将 ESG 风险因素整合至投资管理的流程中。

该系统提供的数据服务范围广泛，涵盖了我国全部 A 股市场、港股通标的股票、重要的中概股以及关键的债券发行主体，确保了投资机构能够获得全方位的 ESG 风险暴露分数和具体的 ESG 风险事件数据。

商道融绿 ESG 风险雷达系统围绕 14 个核心议题进行风险评估，通过对风险程度的细致判别，细化了对目标企业 ESG 风险的评估，这些议题覆盖了环境、社会和公司治理等多个方面，确保了评估的全面性和深入性。

此外，该系统还收录了过去 10 年的历史 ESG 风险事件，为投资机构提供了宝贵的历史数据，以便于进行长期趋势分析和风险评估。

为了帮助投资机构更好地理解和比较不同投资对象的 ESG 风险，商道融绿 ESG 风险雷达系统提供了个股与投资组合的 ESG 风险对比分析，这一功能使得投资机构能够直观地看到不同资产之间的风险差异，从而做出更加科学的投资决策。

通过这些功能，商道融绿 ESG 风险雷达系统不仅为投资机构揭示了潜在的 ESG 风险，还提供了精确的风险类型及风险程度评估，极大地提升了投资机构在投资管理流程中整合 ESG 风险因素的能力，这一系统的应用，有助于投资机构在追求财务回报的同时，也能够有效地管理 ESG 相关的风险，推动可持续发展投资实践。

3. ESG 评级结果

商道融绿通过对所有被评估样本的上市公司 ESG 评分进行聚类分析，从而确定 ESG 评级的等级，该评级体系从 A+至 D 共分为 10 个等级五大类，各等级分类及其对应含义如下图所示。

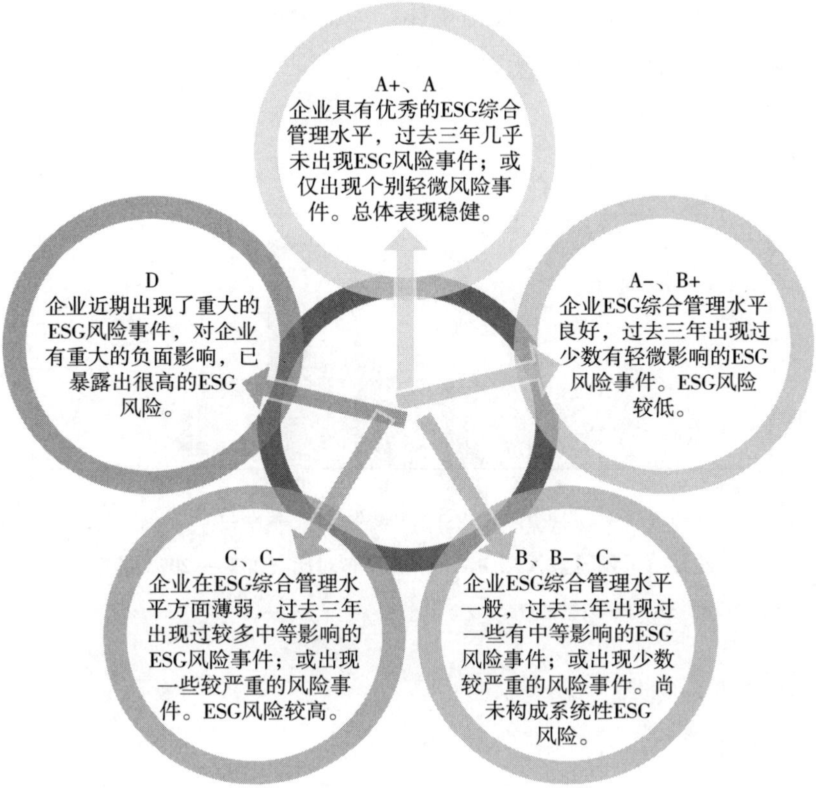

图 4-2　商道融绿 ESG 评级结果

资料来源：商道融绿官网。

商道融绿自 2020 年起 ESG 评级范围涵盖我国全 A 股上市公司，2023 年我国全 A 股 5318 家上市公司，共有 317 家上市公司 ESG 评级在 A-级（含）以上，占比 5.96%，同比 2022 年 A-级及以上公司 143 家占比提升 2.95%。评级在 B+级（含）以上的公司共有 1155 家，占比为 21.72%，同比提升超过 8 个百分点。仅有 592 家上市公司在 C+级（含）以下，占 11.13%。以上 ESG 评级结果表明我国 A 股上市公司的 ESG 绩效加速提升的趋势持续增强，进入高速发展的阶段。

三、华证 ESG 评价体系

上海华证指数信息服务有限公司，自 2017 年 9 月成立以来，一直致力于为投资者提供专业的指数信息服务。在 ESG 评级领域，华证指数信息服务有限公司凭借其独特的视角和深厚的专业背景，推出了一套具有中国特色的 ESG 评级体系，该评级体系在构建过程中，充分参考了国际主流的 ESG 评级方法和实践经验，吸取了国际 ESG 评级的核心要义。在此基础上，华证指数信息服务有限公司结合了中国的国情和资本市场的特点，对评级体系进行了本土化创新和优化。华证 ESG 评级的覆盖范围广泛，不仅包括了中国的 A 股市场，还涵盖了发债主体，华证 ESG 评级体系的推出，对于推动中国资本市场的 ESG 实践具有重要意义。

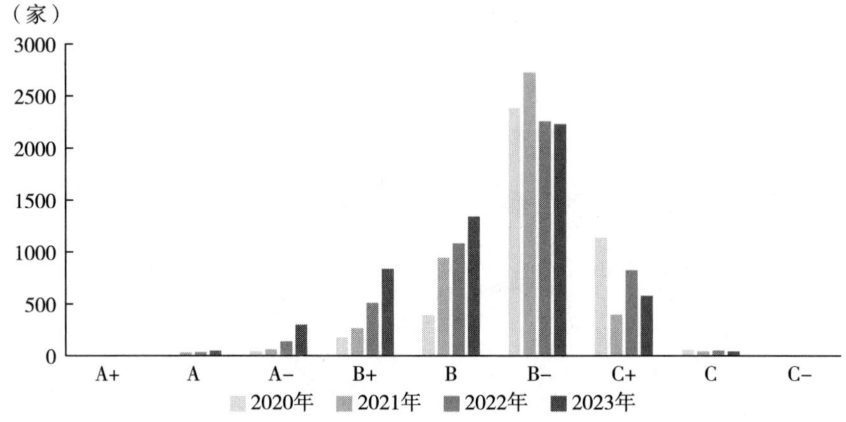

图 4-3　我国全 A 股 ESG 评级分布对比（2020—2023 年）

资料来源：商道融绿 STαR ESG 数据平台。

（一）评价体系特点

1. 具有中国特色

华证 ESG 评价体系深刻理解并融合了中国的社会、经济和文化背景，以及国家的政策法规要求，确保了评价标准与中国特色社会主义价值观相契合，在构建评价指标时，体系特别考虑了中国企业的运营环境、管理实践和市场特性，使得评价结果更加贴近国内企业的实际情况，更加符合中国资本市场的特定需求和监管要求。

2. 更全面的覆盖

华证 ESG 评价体系的覆盖范围极为广泛，它不仅包含了全部 A 股市场的上市公司，还覆盖了主要的港股市场，这种全面的覆盖确保了对中国上市公司 ESG 表现的全方位评估，为投资者和市场参与者提供了一个全面了解中国企业 ESG 表现的市场视角，增强了评价体系的参考价值和适用性。

3. 显著的投资绩效

华证 ESG 评级体系运用科学的方法论和先进的大数据技术，提升了对企业 ESG 表现评估的精确度和可靠性，这种高准确性的评估有助于投资者有效识别和筛选出 ESG 表现优异的公司，从而在投资决策中实现更好的风险控制和回报追求，最终带来显著的投资绩效。

4. 更高的时效性

华证 ESG 评价体系采取了按季度更新评级结果的高频次更新机制，确保了评价信息的时效性和即时性，这种定期且频繁的更新能够及时捕捉和反映公司在 ESG 方面的最新进展和变化，为投资者提供了更为动态和前瞻性的决策支持，使得市场参与者能够更快地响应 ESG 相关的市场趋势和投资机会。

（二）评价指标体系

1. 评价体系

华证 ESG 评价体系由 3 个一级支柱指标、16 个二级主题指标、44 个三级议题指标、近 80 个四级底层指标以及超过 300 个底层数据指标组成，该体系涵盖了所有 A 股上市公司及具有投资价值的港股上市公司。

2. SMART ESG 数字化平台

华证实时收集数百个数据点，对 5300＋A 股、700＋港股、8000＋发债主体共计 14000+个主体进行 ESG 跟踪评级，并对 7000+公募基金进行 ESG 评级。股票 ESG 评级最早追溯至 2009 年。

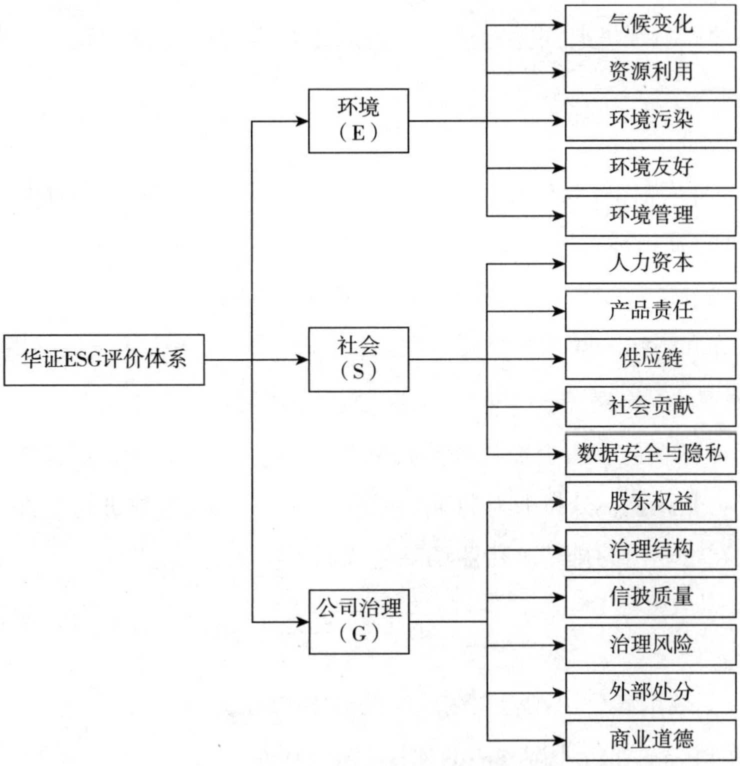

图 4-4　华证 ESG 评价体系指标框架

资料来源：华证指数官网。

（1）资质认证

通过国际证监会组织（IOSCO）的《金融基准原则》鉴证；

获得中国证监会（CSRC）认可的独立第三方 ESG 指数供应商；

成为联合国负责任投资原则组织（UN PRI）正式签署方。

（2）应用广泛

华证ESG评级被监管机构、资管机构、行业组织、学术机构等广泛应用于各类ESG研究与投研分析：

在国内外顶级学术期刊（如《经济研究》）中，有约70%的ESG研究论文使用了华证ESG评级数据；

基于华证ESG指数的首只公募基金产品“银华华证ESG领先指数证券投资基金”2021年获得中国证监会批复；

华证指数已编制约150条ESG系列指数，ESG指数具有显著的超额收益。

（3）体系前瞻

华证ESG在国际公认的ESG评价框架内，并考虑中国特色及具体实践，与国际主流评价结果相关度最高；

关注新兴的风险和机遇，并专注于具有双重重要性的关键性议题，自上而下构建四级指标体系。

（4）评级专业

华证ESG不断优化评级框架，2022年升级至华证ESG评级2.0体系：

通用+行业特征指标，按三级行业区分不同关键性议题；

定量+定性指标相结合，定量指标约占60%，负面指标约占30%；

从影响程度和影响时间两个维度，以均衡、适用的原则科学设置各指标议题权重。

3. 行业调整

在根据指标体系自下而上加权计算得到ESG加权分数后，华证指数进一步对ESG加权分数进行行业调整，分行业对行业内公司的ESG加权分数进行标准化调整，调整后不改变公司在行业内的排序。行业调整公式如下：

$$x_{adjusted}=50\times\frac{x_{weighted}-X_{min}}{x_{max}-X_{min}}+50$$

其中：$x_{adjusted}$表示该公司在行业调整后的最终ESG分数；

$x_{weighted}$表示该公司在行业调整前的加权ESG分数；

x_{max}表示该公司所在行业最高分，介于该行业ESG评级前5%的区间；

X_{min}表示该公司所在行业最低分，介于该行业ESG评级后5%的区间。

由于华证ESG评级的覆盖范围涵盖新上市的公司，此类公司的ESG披露水平通常较低，ESG得分一般也较差，为了避免新上市公司拉低行业基准，行业最高分和行业最低分的计算会排除最近2年新增覆盖的新上市公司。

为避免分数范围较窄的行业被过度调整，确保 ESG 评级提供连贯且可靠的信息，华证指数对于行业最高分较低和行业最低分较高的行业，适当扩大行业基准分数的范围，具体为：

（1）如果行业最低分大于 70，则行业最小值确定为 70，以保证该行业内公司尽可能不会获得最差评级；

（2）如果行业最高分小于 90，则行业最大值确定为 90，以保证该行业内公司尽可能不会获得最高评级。

4. 评级结果

底层指标通过行业权重矩阵由下而上累积计算，得出 ESG 总分并对应到具体的评级等级，具体的评级结果如下所示，其中 BBB 及以上为领先水平，CCC-BB 为平均水平，C-CC 为落后水平。

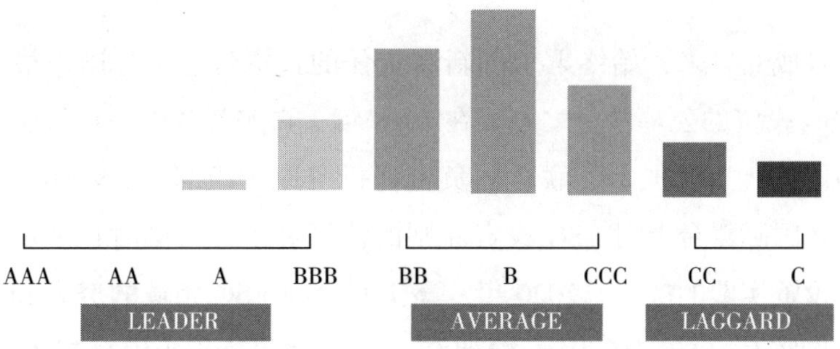

图 4-5　ESG 评级结果

资料来源：华证指数官网。

此外，华证 ESG 评级还会输出公司对应的 ESG 尾部风险等级，侧重负面信息的监控，将公司分为严重警告、警告、关注、低风险四类。

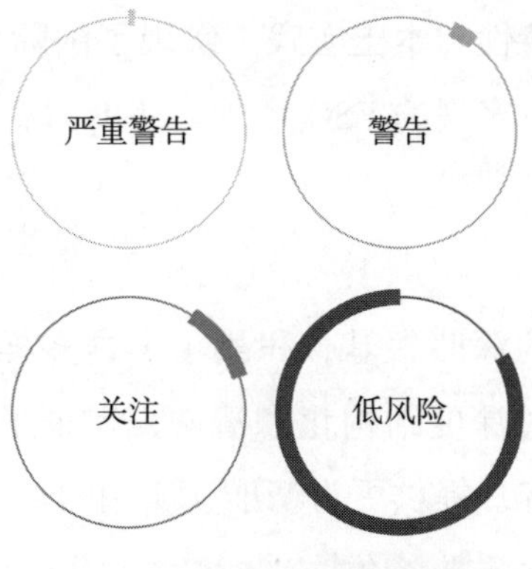

图 4-6　ESG 尾部风险等级

资料来源：华证指数官网。

为加强华证指数ESG评级业务规范化管理，提高华证指数ESG评级工作的独立性和公正性，华证指数设立ESG专家委员会，该委员会定期就华证ESG评级的方法论和数据等方面提出专业建议。

20240430期华证ESG评级数据显示，共有7家上市公司获得AAA评级，96家获得AA评级，获得AAA-A领先评级的公司共390家，占全部A股的7%，同比增加2个百分点；2931家上市公司获得BBB-B中等评级公司，占比55%，同比增加5个百分点；2040家上市公司获得CCC-C落后评级的公司，占比38%，同比下降6个百分点。

按盘别，在AAA-A领先评级中，华证大盘数量居多占51%，华证中盘占26%，华证小盘占18%。此外，仍有3%的华证大盘和10%的华证中盘成分股落在了CCC-C落后评级，这些公司有待进一步提高ESG能力建设。

四、嘉实基金ESG评价体系

嘉实基金自成立以来，始终秉承创新和责任的投资理念，是国内最早投身于ESG研究和实践ESG投资的公募基金之一。在2018年，嘉实基金进一步彰显了其对ESG投资的承诺和领导力，正式加入了联合国负责任投资原则组织（UN PRI），这一举措标志着嘉实基金在国际舞台上对ESG投资原则的认同和支持，同时也展示了其致力于推动全球负责任投资实践的决心。2020年，嘉实基金在ESG领域的努力和成果再次迈上了新的台阶，嘉实基金的ESG因子框架和打分体系在Wind信息技术股份有限公司（Wind）的平台上正式上线。

（一）评价体系特点

1. 领先的方法论

嘉实基金的ESG评价体系采用了一套先进的方法论，这套方法论紧跟国际标准，同时又兼顾了中国市场的独特性和本土实践，实现了国际视野与本土实际的完美结合，它不仅为投资者提供了全面、客观的ESG评价，还助力企业提高ESG管理水平，实现可持续发展。

2. 丰富的本土数据源

嘉实基金凭借其在中国的深厚根基，积累了丰富多样的本土数据源，这些数据源涵盖了各类行业和企业，经过深度结构化和清洗，保证了数据的准确性和可用性，在此基础上，嘉实基金能够为客户提供更为精准、实用的ESG评价和分析。

3. 先进的ESG自然语言处理系统

嘉实基金运用行业领先的ESG自然语言处理技术，对海量的非结构化数据进行深度挖掘和处理，这套系统能够从大量的文本信息中提取关键数据，为ESG评价提供更为全面和深入的分析，这一创新举措，使得嘉实基金的 ESG 评价体系在行业内具有较高的权威性和影响力。

4. 全面的 A 股市场覆盖

嘉实基金的 ESG 评分数据库涵盖了 A 股市场 3800 多家上市公司，拥有自 2017 年至今的完整历史数据时间序列，这种全面且持续的覆盖，为投资者提供了丰富的数据资源，有助于进行长期的趋势分析和投资决策。

5. ESG 与投资的深度结合

嘉实基金将 ESG 评价与投资实践深度融合，通过严格的基本投资逻辑和因子有效性检验，实现了理论与实践的有机结合，这种深度结合不仅体现在理论层面，更在实际投资中取得了显著成效，嘉实基金凭借这一优势，为客户创造了长期稳定的投资回报，赢得了市场的认可和信赖。

（二）评价指标体系

1. 评价原则及方法

嘉实基金的 ESG 评分体系强调本土化构建，整合了众多具有中国特色的 ESG 指标，专注于揭示中国上市公司面临的 ESG 风险与机遇。此外，嘉实基金在 ESG 评分体系中创新性地运用了自然语言处理等前沿人工智能技术，以捕捉动态和非结构化的数据，有效应对了 ESG 信息的不透明性、时效性及信息结构化问题。

2. 评价体系

针对于指标情况，嘉实基金 ESG 评分体系自上而下地选取了 3 个一级指标、8 个二级指标、23 个三级指标，以及超过 110 个底层指标。

3. 评级结果

虽然嘉实基金的 ESG 评价体系未设定具体的 ESG 等级，但它通过 0~100 分的评分范围来展示公司在行业内的 ESG 表现，该体系还能每月更新数据。观察各行业的长期评分，多数行业的得分集中在 50 分左右，而非银金融行业的平均得分略超 60 分，其他行业的长期平均得分则在 40~60 分。总体来看，嘉实基金 ESG 评分体系在行业间的评分差异并不显著。

4. 评分应用场景

ESG 评分在投资研究领域具有广泛的应用场景，涵盖了公司分析、策略制定、投资组合管理、风险控制、以及积极所有权行使等方面。ESG 评分在投资的各个阶段，如初步研究、策略构建、组合管理至风险管理，都能发挥实际效果，协助投资者对上市公司、债券发行方以及自选投资组合的 ESG 表现进行深入多维度的分析。

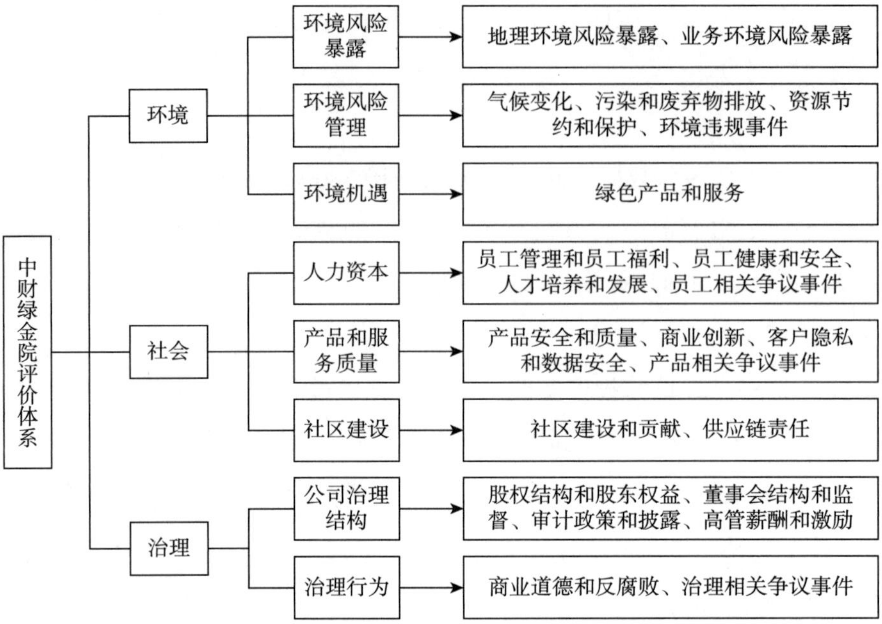

图 4-7　嘉实基金 ESG 评价指标体系

资料来源：嘉实基金官网。

表 4-3　嘉实基金 ESG 评分应用场景

应用场景	具体事件
公司研究	个股基本面分析、ESG 专题研究 ESG 争议事件跟踪、ESG 量化分析
策略构建	负面/正面筛选、ESG 倾斜策略 ESG 指数和量化策略
组合管理	组合 ESG 分析、ESG 整合 基金筛选
风险管理	风险预警、风险管理
积极所有权	公司参与、积极所有权

资料来源：根据公开资料整理。

五、社会价值投资联盟 ESG 评级

社会价值投资联盟成立于 2016 年，位于深圳，该联盟开发了一套独特的 ESG 评价体系，旨在衡量组织在经济、社会和环境方面的综合价值，它不仅关注组织的财务表现，更重视其在社会责任和环境责任方面的贡献，从而推动社会各界更加重视可持续发展，社会价值投资联盟（深圳）联合了 42 家中外知名机构和 68 位来自不同领域的专家学者，共同参与到体系的构建和优化中，这些机构和专家学者的参与，确保了评价体系的专业性、权威性和国际性。

（一）评价体系特点

1. 全面的评估框架

社会价值投资联盟构建了一套基于“三 A 三力三合一”评估原理的全面评估框架，形成了一个全方位、多层次、立体化的评估体系，它不仅确保了评估的全面性，还实现了经济、社会和环境价值的平衡考量，为投资者和企业提供了一个科学、严谨的评价标准。

2. 聚焦社会价值

社会价值投资联盟在评估企业时，不仅关注其财务表现和市场业绩，更将重点放在企业对社会福祉和环境保护的贡献上，这一评估理念鼓励企业在追求经济效益的同时，积极承担社会责任，不断提升社会福祉水平，推动环境保护和可持续发展，通过这种评估，旨在引导企业实现经济效益与社会价值的双重提升。

3. 强调创新与效益转化

社会价值投资联盟特别强调企业在生产技术、经营策略和管理体系等方面的创新，并深入考察这些创新如何转化为经济、社会和环境效益的综合提升，评估框架鼓励企业通过技术创新、商业模式创新和管理创新，实现资源的优化配置，提高生产效率，同时促进社会和环境的和谐共生。

4. 推动社会责任实践

社会价值投资联盟积极推动企业履行社会责任，通过建立透明、规范的管理和运营体系，确保商业行为符合社会伦理和法律法规，评估体系旨在激励企业通过实际行动，如公益慈善、环境保护、员工关怀等，为社会带来积极的影响，同时提升企业的社会形象和品牌价值。

（二）评价指标体系

1. 评估模型

可持续发展价值评估模型采用“先筛选后评估”的方法，由“筛选子模型”和“评分子模型”组成。筛选子模型作为评估的负面清单，涵盖六个领域和 17 个指标，进行“合格与否”的判断。一旦评估对象触及任一指标，即判定为不符合资格，不能进入量化评分阶段。“筛选子模型”的构建遵循了底线原则，体现在刚性门槛、阶段推进两方面。所谓刚性门槛，是指任何上市公司如存在违法违规（省部级以上处罚）状况，如在财务、社会、环境方面有诚信问题或重大负面事件；被证券交易所公告特殊处理（ST、＊ST）等，即属于未达到可持续发展价值的基本要求，禁止入围。所谓阶段推进，是指为有效引导上市公司创造可持续发展价值，在评估的起步阶段门槛宜低不宜高，待理念普及后再逐步提升底线。反映在指标设置上，违规处罚底线设在不低于省部级；反映在评价范围上，全部指标的评价对象为上市公司主体，而尚未延展到上市公司的并表企业。

经过筛选子模型筛选的合格上市公司，将接受评分子模型的可持续发展价值贡献量化评分。评分子模型包括通用版、金融专用版和地产专用版，其中通用版包含 3 个一级指标、9 个二级指标、27 个三级指标和 55 个四级指标。专用版和通用版的“目标|驱动力”和“方式|创新力”下全部指标以及“效益|转化力”下部分指标（社会贡献）完全相同，只在“效益|转化力”指标下的“经济贡献”和“环境贡献”存在差异。

图 4-8 上市公司社会价值评估模型——筛选子模型

资料来源：社会价值投资联盟。

表 4-4 上市公司社会价值评估模型—评分子模型

一级指标	二级指标	三级指标	四级指标
目标｜驱动力	价值驱动	核心理念	使命愿景宗旨
		商业伦理	价值观经营理念
	战略驱动	战略目标	可持续发展战略目标
		战略规划	中长期战略发展规划
	业务驱动	业务定位	主营业务定位
		服务受众	受众结构
方式｜创新力	技术创新	研发能力	研发投入
			每亿元营业总收入有效专利数
		产品服务	产品/服务突破性创新
			产品/服务契合社会价值的创新
	模式创新	商业模式	盈利模式
			运营模式
		业态影响	行业标准制订
			产业转型升级

续表

一级指标	二级指标	三级指标	四级指标
方式丨创新力	管理创新	参与机制	利益相关方识别与参与
			投资者关系管理财务信息披露
		披露机制	财务信息披露
			非财务信息披露
		激励机制	企业创新奖励机制
			员工股票期权激励计划
		风控机制	内控管理体系
			应急管理体系
效益丨转化力	经济贡献	盈利能力	净资产收益率
			营业利润率
		运营效率	总资产周转率
			应收账款周转率
		偿债能力	流动比率
			资产负债率
			净资产
		成长能力	近三年营业收入复合增长率
			近三年净资产复合增长率
		财务贡献	纳税总额
			股息率
			总市值
	社会贡献	客户价值	质量管理体系
			客户满意度
		员工权益	公平雇佣政策
			员工权益保护与职业发展
			职业健康保障
		安全运营	安全管理体系
			安全事故
		合作伙伴	公平运营
			供应链管理
		公益贡献	公益投入
			社区能力建设
	环境贡献	环境管理	环境管理体系
			环保投入支出占营业收入比率
			环保违法违规事件及处罚
			绿色采购政策和措施

续表

一级指标	二级指标	三级指标	四级指标
效益丨转化力	环境贡献	绿色发展	综合能耗管理
			水资源管理
			物料消耗管理
			绿色办公
		污染防控	三废（废水、废气、固废）减排
			应对气候变化措施及效果

资料来源：社会价值投资联盟。

2. 权重确立与评价标准

“评估模型”采用了以下方法确立指标权重和评分值域：在指标赋权中，采用了“层次分析法”和“德尔非法”。首先，50 位专家用“层次分析法”生成判断矩阵，计算出每个四级指标的权重；其次，数据组指标的公开数据完备度计算出指标权重调整系数；最后，模型构建组对“层次分析法”得出的权重值和数据组提供的系数值进行计算，化零为整生成了最终指标权重。在指标赋值方面，采纳了荷兰专家的建议，确立了“0、1、2、3”值域，便于提升中间层的区分度。部分专家建议，对特定的原创指标（如产品/服务契合社会价值的创新等）设置加减分。为维护“评分子模型”的公允性和稳定度，经反复讨论和测试，将加分项植入评分标准，将减分项并入“筛选子模型”。

评价标准确立了“公示优先”“定量优先”“存续优先”的评估原则。所谓“公示优先”是指以权威机构发布的信息为主；所谓“定量优先”是指以能够量化反映为主；所谓“存续优先”是指以可以连续三年以上有稳定信息披露为主。按照这三项评估原则，对四级指标逐一明确界定，并确立评价细则。对于定量指标，采用聚类分析、等比例映射、等距分类、等差排序等方法进行测评；对于定性指标，分为简单定性和复杂定性两类。对于简单定性指标，用直接分析完成；对于复杂定性指标，通过专家组背对背评估、公示验证完成。

3. 评价结果

社投盟将可持续发展价值评价分为 10 个基础等级，其中 AA 至 B 级用“+”和“-”号进行微调，因此，共计 20 个增强等级，而 D 级表示使用筛选子模型筛出的公司。社投盟评价体系的不足之处在于没有按行业分配不同权重，只对企业做出负面清单筛选，这样的做法对于重工业等环境不友好行业的评分不够客观和公平。

六、世经未来 ESG 评价体系

北京世经未来投资咨询有限公司始创于 2004 年，是国内首批专注于金融领域、以商业银行为主要服务对象的专业金融咨询公司。2018 年，世经未来公司成为银行业咨询领域唯一通过 ISO9001 国际质量体系认证的专业咨询公司。

（一）评价体系特点

1. 结合中国特色

世经未来在制定评价指标时，不仅借鉴了国际通行的 ESG 框架，还结合了中国政府的五年规划、社会主义核心价值观以及国内外的可持续发展目标，通过这样的设计，世经未来的评价体系不仅能够与国际标准接轨，还能够更好地适应中国的国情，为国内外投资者、监管机构和公众提供更加全面、客观、公正的企业评价结果。

2. 丰富的行业研究经验

世经未来专注于金融领域，积累了丰富的行业研究经验，公司致力于深入分析相关行业的运行机制、政策环境、发展趋势等关键因素，明确了行业发展的核心指标，在设定指标权重时，世经未来凭借其深厚的研究功底，能够准确把握行业特点，确保评价体系的科学性和实用性，为金融机构提供精准的市场分析和决策支持。

3. 治理能力占据重要地位

在世经未来的评级体系中，治理能力被明确置于企业整体 ESG 表现的核心位置。评级体系强调，良好的治理结构是企业实现可持续发展的基石。因此，在计算 ESG 总分时，治理指标被赋予了最大的权重，这一设计理念体现了世经未来对治理能力在企业运营中作用的深刻认识，也引导企业重视治理结构的优化，从而提升整体的 ESG 表现，为企业的长期发展打下坚实的基础。

（二）评价指标体系

1. 指标框架设计

无论是国际成熟的 ESG 评价体系还是国内尚在发展中的 ESG 评价体系，它们的指标体系普遍呈现三层递进结构，由粗到细：最顶层的一级指标，即环境、社会和公司治理，这一点在各类评级体系中并无异议；而二级和三级指标则是不同 ESG 评级体系之间差异化的关键。鉴于此，世经未来在构建其 ESG 评级体系时，将借鉴国内外成熟评级体系的二级和三级指标，既采用通用指标，也考虑到不同行业特性所需的特定指标。

表 4–5　通用指标及代理变量

一级指标	二级指标	三级指标	代理变量
环境	资源消耗	资源消耗量	能源耗量—电力总消耗量（千瓦时） 包装材料消耗量（吨）
	环境影响	资源利用的环境影响	环保超标或其他违规次数
	排放管理	温室气体排放	温室气体—总排放量密度 （吨/每百万营业额）
		其他排放管理	氮氧化物 二氧化硫 悬浮颗粒物排放
		废物管理	所产生废弃物总量密度 （吨/每百万营业额）
社会	劳动力管理	薪酬福利体系	员工平均工资增长率 医保覆盖率
		员工发展	员工人均培训次数/时数
		人才政策	本科及以上学历员工占比 员工男女比例
		员工权益保障	劳动合同签订率
	生产安全	生产安全和 危险物质管理	年度平均整体事故率 安全培训等活动次数 安全基础设施建设
	区域关系	区域贡献	社会开支总额 平均志愿服务时长
	客户和产品责任	产品安全与质量	客户满意度 客户反馈数量
		可持续因素	累积获得专利数
	供应链管理	供应链社会责任	接受 ESG 评估的供应商数量
公司治理	治理规范	机构设置	董事会规模 是否设有监事会主席 独立董事占比
		股东权益	股息率 股东是否具有投票权
	财务行为 与规范	财务规范	财务负面新闻次数 是否有独立审计委员会
		不稳定因素	贪污诉讼案件 反洗钱违规案件
		信息披露质量	是否出具标准无保留意见 交易所对公司和相关责任人处罚次数
		关联方异常	证监会关联方交易处罚记录

资料来源：根据公开资料整理。

表 4-6　行业（三级）指标设置及代理变量

行业	行业指标	代理变量
电力行业	系统效率	输电和配电损耗占总电产量的比例
金融行业	绿色信贷	绿色信贷授信余额
	客户隐私权	侵犯客户隐私及泄露客户资料事件数及投诉数
	普惠金融	普惠金融产品覆盖率
煤炭开采行业	回采率	采区回采率
农林牧渔行业	客户健康与安全	接受健康与安全影响评估的产品比例
汽车制造业	产品召回率	产品召回率
石油和天然气行业	社区	与当地社区和原住民发生的争端数量
冶炼行业	水资源	水资源循环利用率
食品饮料行业	负责任营销	违反有关市场推广（包括广告、推销及赞助）的法规及自愿性准则的事件数
纺织服装行业	绿色产品	通过可持续发展相关认证的产品比例
批发零售业	负责任营销	违反有关市场推广（包括广告、推销及赞助）的法规及自愿性准则的事件数
交通运输及邮政行业	交通工具	节能环保交通工具的采购与使用
	产品质量	运输服务准点率
技术硬件和设备制造业	原材料	再生原料使用量及百分比
媒体业	客户隐私权	出版物内容中侵犯客户/被报道对象隐私及泄露客户/被报道对象资料事件数或投诉数
	社会影响	响应文化政策开展的活动次数或产品数，获奖作品及“精品工程”数
通信服务业	能效	数据中心电源使用效率（PUE 值）
	基站共享	合作建设基站基础设施数量和/或共建共享率
	网络安全	网络安全事故件数
	信息安全	涉及用户个人身份信息的数据安全事故的次数和比例
	应急保障	紧急情况或灾害救援时的电信产品和服务的应急保障总次数
互联网和软件服务业	反垄断	涉及反竞争行为、反托拉斯和垄断做法的法律诉讼的总数及其结果
房地产业	绿色建筑	投入使用和在建绿色建筑（项目）的比例
	客户隐私权	侵犯客户隐私及泄露客户资料事件数及投诉数
建筑行业	原材料	绿色建材使用率或使用量
租赁和商务服务	客户隐私权	侵犯客户隐私及泄露客户资料事件数及投诉数
科学研究和技术服务业	客户隐私权	侵犯客户隐私及泄露客户资料事件数及投诉数
水利、环境和公共设施管理业	社会影响	按项目划分，因开发而自愿和非自愿被转移和/或重新安置的人口数量

资料来源：根据公开资料整理。

其中，针对于行业指标，直接将相应的行业指标加入到对应层级的通用指标体系中，最终形成各个行业的综合指标体系。

2. 权重分配

在权重赋值中，该评价指标体系给予“治理（G）指标”较高的地位，国内外各评价指标体系对于环境指标和社会指标（例如，资源消耗、排放管理、劳动力管理、区域关系等）在很大程度上能够达成共识，并且更为急迫地推动企业加强环境和社会相关信息的披露，往往却很难在治理指标层面确定共通的评价标准，因而忽视了治理指标在企业履行良好社会责任、维持自身可持续发展能力方面的重要性。但公司治理一直以来都是在投资决策中需要考虑的重要问题，良好的治理能够通过一套完整的治理机制厘清企业决策过程中各方的责、权、利。所以，在世经未来的 ESG 评价指标体系中，公司治理指标扮演重要的角色，在确定整体评级体系的权重分配时，明确将更多的权重分配给治理指标，三项议题指标分别占比如下：E 占 30%，S 占 30%，G 占 40%。在此基础上，对各个企业进行评估。

第一步，确定并识别行业的重点关键议题指标；

第二步，针对相关指标对行业运行影响的程度进行打分，主要从影响程度大小和影响程度的作用时间进行分析；

第三步，根据相关指标的影响程度进行赋值确定。

表 4-7　行业权重赋值设置

		影响时间		
		短期（<1 年）	中期（1—5 年）	长期（>5 年）
影响程度	影响较大	最高权重		
	影响适中			
	影响较小			最低权重

资料来源：根据公开资料整理。

3. 评分结果

世经未来的 ESG 评价体系采用了一种不设定等级标签的评分机制，而是以 0~100 分的数值来直观展示公司的 ESG 表现，这种方法允许直接通过分数来判断公司在行业内的 ESG 水平，而不依赖于预设的等级划分。

假设某公司在环境维度得分为 87 分，社会维度得分为 78 分，治理维度得分为 88 分，那么该公司的总体 ESG 评分为这三个维度的加权平均分，按照 3∶3∶4 的比例，则总体评分为 84.7 分，这个分数表明该公司在 ESG 方面的整体表现位于行业前列。

七、其他评级机构 ESG 评级体系

（一）中证指数 ESG 评价体系

中证指数有限公司自成立以来，一直致力于为投资者提供专业、权威的指数服务。近年来，该公司更是积极推动和引领国内 ESG 投资的蓬勃发展，成为国内 ESG 投资领域的重要力量，基于国际先进的 ESG 投资理念和国际共识框架，中证指数有限公司结合中国资本市场的特点和实际需求，精心研发并发布了中证 ESG 评价体系。

表 4-8　ESG 评价体系

维度	主题	单元
环境维度	气候变化	碳排放
	污染与废物	污染与废物排放
	自然资源	水资源
		土地使用与生物多样性
	环境管理	环境管理制度
	环境机遇	环境机遇
		绿色金融
社会维度	利益相关方	员工
		供应链
		客户与消费者
	责任管理	责任管理
	社会机遇	慈善活动
		企业贡献
公司治理维度	股东权益	中小股东保护
		控股股东与大股东行为
	治理结构与运作	机构设置
		机构运作
		激励与约束机制
	信息披露	信息披露质量
	公司治理风险	公司治理风险
	管理运营	财务风险
		财务质量

资料来源：中证指数官网。

中证指数有限公司根据最新的公开信息和评估体系，以及评分算法，定期更新评分。中证 ESG 评估的更新通常是按月进行的，依据的信息源包括企业的年度报告、季度报告和临时公告、社会责任报告以及其他公开信息；政府机构发布的行业规划、认

证、处罚和监管评价；以及中证指数有限公司特有的企业绿色收入、社会贡献等数据。

（二）中央财经大学绿色金融国际研究院ESG评价体系

中央财经大学绿色金融国际研究院作为国内绿色金融研究的先锋机构，其旗下的ESG数据库在国内ESG领域具有领先地位。该数据库不仅包含了丰富的ESG数据资源，更是全球唯一提供中国债券发行主体ESG评级的平台，体现了其在ESG研究领域的独特优势和权威性。中央财经大学绿色金融国际研究院的ESG数据库，其主要功能涵盖了六大模块，分别为ESG数据、ESG评级、ESG评级报告、公募基金ESG评级、ESG指数和ESG研报，为投资者和企业提供了全方位的ESG信息服务。

中央财经大学绿色金融国际研究院ESG指标具有两大标志性特征：一是E、S、G三个维度都分别包含定性指标和定量指标；二是负面ESG风险的量化衡量，具体指标内容如下图所示。

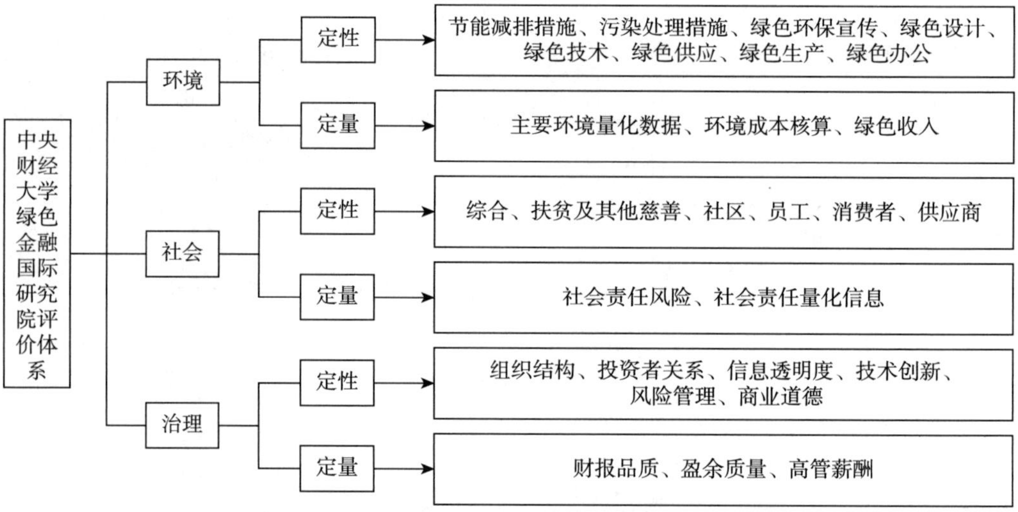

图4-9 中财绿金院评价体系关键指标

资料来源：中央财经大学绿色金融国际研究院。

（三）中国ESG研究院评价体系

中国ESG研究院构建的ESG评价指标体系共有3个一级指标，分别为“环境（E）指标”、“社会（S）指标”和“治理（G）指标”，在这3个一级指标之下又细分为10个二级指标，其中，环境（E）指标之下分为3个二级指标、社会（S）指标之下分为4个二级指标、治理（G）指标之下分为3个二级指标，进一步地，在二级指标之下再次细化，总共落实到68个三级指标，形成了一个独立完整的ESG评价体系结构，以便于为评价对象提供全面的、可量化的分析。

纳入中国ESG研究院ESG评价指标体系的上市公司共286家，其中，金融业120

家（货币金融服务业大类 38 家、资本市场服务业大类 54 家、保险业大类 7 家、其他金融业大类 21 家），批发零售业 166 家（批发业大类 77 家、零售业大类 89 家）。

中国 ESG 研究院评价体系在环境维度方面，将资源的消耗、废物的排放与企业的防治行为构成企业对环境的“影响力闭环”。

表 4–9　环境指标体系情况

一级指标	二级指标	三级指标
环境指标	资源消耗	耗电总量、天然气消耗、燃油消耗、总用水量、总能源消耗、煤炭使用量
	废物排放	总温室气体排放、氮氧化物排放、二氧化硫排放、悬浮粒子/颗粒物、废水/污水排放量、有害废弃物量、无害废弃物量
	防治行为	绿色投融资占比（适用于金融业）、环保投入金额（适用于批发零售业）、是否就气候变化机会进行讨论、是否就气候变化风险进行讨论

资料来源：中国 ESG 研究院。

根据企业活动关联的紧密型，研究院最终确定的社会维度的 4 个二级指标分别为“员工权益”“产品责任”“社区响应”“时代使命”，在二级指标之下又设置 23 个二级指标，其中针对不同行业（金融业、批发零售业），三级指标的侧重有所不同。

表 4–10　社会指标体系情况

一级指标	二级指标	三级指标
社会指标	员工权益	雇员总人数、员工流失率/离职率、劳动合同签订率、女性员工比例、人均培训课时、死亡事故数、医保覆盖率
	产品责任	客户满意度、客户投诉数量、是否有客户反馈系统、供应商数量（适用于批发零售业）、质量管理体系证书、普惠金融（适用于金融业）、研发投入强度、专利数量
	社区响应	资产负债率、利息保障倍数、对外捐赠、注册志愿者人数、合规经营、诉讼次数
	时代使命	扶贫总金额、抗击疫情

资料来源：中国 ESG 研究院。

中国 ESG 研究院结合中国特色现代企业制度的新要求，以及高质量公司治理的新诉求，最终确定从“治理结构、治理机制、治理效能”三个子维度来构建体系。

表 4–11　治理指标体系情况

一级指标	二级指标	三级指标
治理指标	治理结构	第一大股东持股、股权制衡、两权分离度、女性董事、董事会规模、董事会独立董事、两职合一、高管持股、监事人数、党组织成员和董事会成员重合人数、党组织成员和监事会成员重合人数、党组织成员和经理层重合人数
	治理机制	股权激励计划、高管年薪、ROE、现金分红、股息率、营业收入增长率、大股东占款率、管理费用率、质押股票比例、商誉、关联交易
	治理效能	财务报表审计意见、内部控制审计意见、社会责任报告披露、非经常性损益

资料来源：中国 ESG 研究院。

（四）润灵 ESG 评价体系

润灵环球责任评级（RKS），其起源可追溯到 2007 年成立的润灵公益事业咨询研究与公众产品部。经过多年的发展，RKS 已经成为国内责任投资领域的重要力量，致力于提供全面的评级服务，推动企业和社会的可持续发展。

RKS 的评级服务范围广泛，包含 ESG 评级、CSR 报告评级、社会责任投资服务等。润灵 ESG 评价的主要目标是精准满足投资者的需求，以 ESG 风险管理流程为核心，实现风险识别、风险评估、风险控制以及信息披露等目标。

RKS ESG 评级从 E、S、G 三个维度进行评估，每个维度下面按行业特性，识别出投资者关注的关键议题，每个关键性议题，按照管理过程评估其管理的有效性，即管理规划—管理执行—管理绩效，涉及 100 多个指标，按分配的权重，计算 E、S、G 的分别得分和总分。

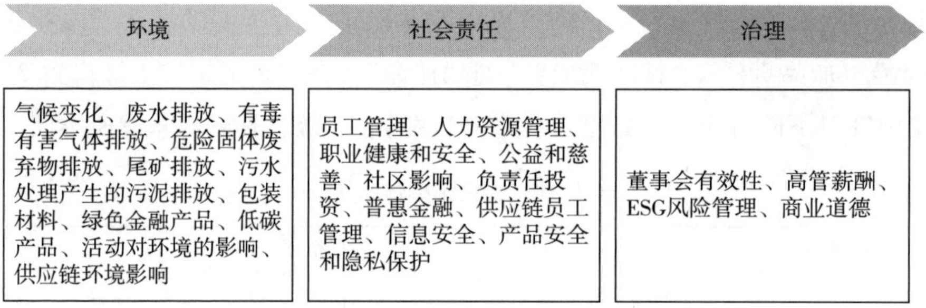

图 4-10　润灵 ESG 评价指数

资料来源：润灵 ESG 评价指数。

第三节
国内评级机构 ESG 评价体系对比评析

表 4-12　国内主要 ESG 评价体系比较

评价体系	一级指标	二级指标	三级指标	数据来源	评级体系特点	评估主体
Wind	3	29	500+	覆盖了公司自主披露的财务报告、ESG 报告、定期公告，各级政府及监管机构公告的数据，各类新闻媒体，并接入了 NGO、专利平台、资质认证等第三方数据	①评级体系构建在“管理实践”和“争议事件”两大核心评价模块之上 ②上线“打分点追溯”机制	覆盖全部 A 股和港股上市公司

续表

评价体系	一级指标	二级指标	三级指标	数据来源	评级体系特点	评估主体
商道融绿	3	14	200+	正面信息主要来自企业自主披露；负面信息来自企业自主披露、媒体报道监管部门公告等	①指标体系对照国内法规、标准及最优实践进行评估；②建立负面信息监控系统，根据严重程度及影响进行评估	沪深 300（2015—2019 年）和中证 500（2018—2019 年）
华证指数	3	16	44	主要为公开数据；同时爬取政府及相关监管部门网站数据、新闻媒体数据等	①融入中国国情，添加扶贫等本土化指标；②爬取的结构化数据每日更新	A 股上市公司
嘉实基金	3	8	23	主要为公开定量数据；同时从各级政府和监管信息发布平台、新闻媒体、行业协会等网站捕捉动态、非结构化数据	①只有评分，没有评级；②提供月度 ESG 评分数据，时效性高	A 股上市公司
社会价值联盟	3	9	28	主要为公开信息	①建立“三 A”“三力”评估架构；②评估模型包含筛选子模型和评分子模型；③评价机构为公益组织	沪深 300
世经未来	3	10	20+	主要为公开资料，涵盖公司自主披露的财务报告、ESG 报告、定期公告，以及第三方公开信息等	①更好地结合中国国情；②给予 G 指标重要角色地位	A 股上市公司
中证指数	3	13	22	主要为企业披露信息、政府机构信息、权威媒体信息等多样化数据	①立足国际共识，充分结合中国特色；②“兼顾风险因素与机遇因素”；③ESG 争议性事件处理更加精细化	A 股上市公司
中央财经大学绿色金融国际研究院 ESG 评价体系	3	22	160	公开信息（其中负面信息来源主要是国家和各地方环保局对企业的环保处罚公告以及监管单位金融处罚公告）	①ESG 三个维度都包含定性指标和定量指标；②添加了扶贫等本土化指标	所有上市公司
中国 ESG 研究院	3	10	68	基础数据收集（利用大数据平台） 量化指标数据（数据标准化处理）	针对于金融业和批发零售业	286 家上市公司
润灵	3	26	100+	企业自主披露信息	以已运行 10 年的润灵环球责任评级（RKS）为基础建立	中证 800

资料来源：根据相关资料整理。

一、各级指标

从各级指标来看，我国 ESG 评级机构的一级指标设计主要围绕环境、社会和治理三大维度，这与国际上主流的 ESG 评价体系相一致。然而，在二级和三级指标的设计上，各家评级机构则展现了各自的特色和侧重点。二级指标的数量在 8~29 个不等，这一设计充分考虑了我国公司的发展现状和特点，相较于国外主要 ESG 评价体系，我国的二级指标更加细致和全面，能够更准确地反映国内企业的 ESG 表现。三级指标作为最具体化和细致化的评价指标，直接反映出公司实际的 ESG 发展状况，在三级指标的设计上，不同的评级机构之间存在显著的差异，有的评价体系力求全面而详尽，包含数十个甚至上百个具体指标，这样的设计虽然全面，但可能会导致指标之间的相互重叠，使得评价结果难以理解，并且重点不突出。另外，还有的评价体系专门强调某一方面的内容，如碳效率或者污染治理，这样的设计虽然能够突出某一方面的 ESG 表现，但可能会忽略其他重要的方面，无法全面反映企业的真实情况。

二、数据来源

从数据来源来看，各家 ESG 评级机构的主要数据获取渠道包括公开信息、媒体报道、监管部门公告、社会组织调查等，同时 ESG 评价机构还会采用文本分析和爬虫等人工智能技术，对数据进行进一步的筛选和处理，文本分析技术可以帮助评级机构从大量的文本数据中提取关键信息，而爬虫技术则可以自动从互联网上收集数据，提高数据获取的效率。通过这些数据获取渠道和技术手段，ESG 评级机构能够获取到企业 ESG 表现的全面信息，并对其进行深入分析，从而为投资者和市场参与者提供准确、可靠的 ESG 评价结果。

三、评价体系特点

从评价体系特点来看，不同的评级机构各具特色，每个评级机构都在其评价体系中融入了独特的视角和方法，使得 ESG 评级更加多元化和丰富。比如，有的评价机构在构建 ESG 评价体系时，融入了中国国情，添加了本土化指标，使得评价体系更具时代性和现实性，能够更准确地反映企业在特定历史时期和特殊环境下的 ESG 表现。

四、评估主体

从评估主体来看，越来越多的上市公司逐渐了解并参与 ESG 相关信息披露，并制定长期 ESG 发展策略。这表明，上市公司已经开始重视 ESG 评价，并将其作为提升企业可持续发展能力的重要手段。国内各家主要 ESG 评价机构，以 A 股上市公司为主体，围绕沪深 300、中证 500 和全部 A 股上市公司的相关 ESG 披露内容，用 ESG 巩固中国企业“护城河”，推动企业健康可持续发展。这种评价方式，不仅能够促进企业改善 ESG 表现，还能够引导资本流向具有良好 ESG 表现的企业，从而推动整个市场的可持续发展。

第四节
国内评级机构评级实践

一、评级差异

目前已经有不少国内评级机构对我国企业进行 ESG 评级，不过，这些评级的结果及其有效性存在很大差异，从我国评级机构评价来看，评级差异主要是集中在评级结果差异和评级形式差异上。

（一）评级结果差异

参照 Avramov 等的测度理念，以 2015—2020 年商道融绿、华证、Wind、社会价值投资联盟以及润灵环球 5 家评级机构为例，量化 ESG 评级分歧，整体的机构评级相关系数为 0. 3105，其中，润灵环球—商道融绿、润灵环球—社投盟相关性相对较高，相关系数位于 0. 5 以上，Wind 与商道融绿、华证以及润灵环球相关系数整体较低，处于 0. 1 以下，整体来看，ESG 评级机构相关系数相对较低，存在较大的分歧。

表 4-13　不同 ESG 评级间的相关性分析

	商道融绿	华证	Wind	社投盟	润灵环球	均值
商道融绿	1					
华证	0. 2629	1				
Wind	0. 0910	0. 0758	1			
社投盟	0. 4136	0. 3983	0. 1425	1		
润灵环球	0. 5916	0. 3472	0. 0987	0. 5033	1	
均值	0. 3398	0. 2711	0. 1020	0. 4546	0. 3852	0. 3105

资料来源：根据公开资料整理。

（二）评级形式差异

在国内 ESG 评级市场中，主要有三种评级形式：一是以等级形式展示的 ESG 评级，例如商道融绿将其评级分为 A+至 D 共 10 个等级五大类，社投盟将可持续发展价值评价分为 10 个基础等级，其中 AA 至 B 级用“+”和“-”号进行微调，因此共计 20 个增强等级；二是以得分形式展示的 ESG 评级，例如嘉实基金通过 0～100 分的评分范围来展示公司在行业内的 ESG 表现；三是同时公布等级和得分的形式，例如 Wind 和华证评级体系，会公布公司的 ESG 总分以及对应的 ESG 评级等级。针对公布等级的 ESG 评级体系，等级划分可以清晰地将企业分为不同的表现类别，如优秀、良好、一般、较差等，通常更直观，便于快速理解企业的 ESG 表现，但等级划分可能掩盖同一等级内企业间的细微差异，企业可能面临较大的压力，需要显著改善才能晋升到更高等级；针对公布评分的 ESG 评级体系，通常可以提供更细致的信息，反映企业在 ESG 各方面的具体表现，将 ESG 表现量化，便于进行数据分析和管理，但不同机构的评分系统和分值范围可能不同，导致比较困难，同时企业可能过分关注分数提升，而忽视了 ESG 实质性的改进；针对公布等级和评分两种形式的 ESG 评级体系，兼顾直观性和细致性，能够提供更全面的 ESG 评价，但需要确保等级和评分之间的对应关系一致，避免混淆，同时双重系统的解释和沟通可能需要更多的资源和时间。

二、成因

ESG 评级结果存在较大的差异，主要是由于目前我国评级指标体系尚不成熟，无法准确反映中国企业的 ESG 表现；同时企业在 ESG 信息披露方面以及评级机构的专业能力和独立性方面存在一定的问题。

（一）评级指标体系尚不成熟

首先，不同的评级机构基于自身的理解和研究背景，构建了多样化的评级模型和指标，这种多元化的评级方法导致了评级结果之间的显著差异，使得企业和社会各界在比较和选择时感到困惑，难以形成统一的评价标准。其次，许多评级指标体系直接借鉴了国外的模型，而没有充分考虑到中国的国情和市场需求，这种做法往往导致评价指标与中国的实际情况不相符，无法准确反映中国企业在 ESG 方面的表现。此外，现有的评级指标体系可能未能充分考虑到不同行业、不同规模企业的特点，由于不同行业和企业面临的 ESG 挑战和机遇各不相同，一套通用的评级体系难以满足所有企业的需求，例如，制造业和金融业的 ESG 重点显然不同，小型初创企业和大型跨国公司面临的 ESG 问题也各有侧重，这种评级结果的普适性和针对性不足，可能导致评级结果无法有效指导企业改进 ESG 实践，从而限制了 ESG 评级在推动企业可持续发展方面的作用。

（二）数据质量和透明度问题

ESG 评级依赖于企业披露的相关数据，然而，目前企业在 ESG 信息披露方面存在不少问题。一方面，许多企业的 ESG 信息披露意识不强，披露的内容不全面、不及时，甚至存在虚假披露的情况，这种行为不仅违反了相关法律法规，也严重误导了投资者和市场参与者。另一方面，由于目前缺乏统一的 ESG 信息披露标准和格式，企业在披露数据时往往各行其是，这导致披露数据在可比性和连续性方面的不足，不同的企业可能采用不同的披露模板和指标，使得评级机构在分析和比较这些数据时面临巨大挑战，这种不一致性不仅增加了评级机构的工作难度，也降低了评级结果的可信度。此外，数据获取的滞后性也是一个突出问题，由于企业披露 ESG 信息通常是在年度报告或特定的 ESG 报告中进行，这些报告的发布往往具有一定的周期性，这意味着，评级机构获取的数据可能无法及时反映企业的最新情况，尤其是在 ESG 领域发生重大变化或事件时，这种滞后性可能会导致评级结果与企业的实际表现不符。

（三）评级机构的专业能力及独立性有待提高

ESG 评级是一项涉及广泛知识领域和复杂评估流程的专业工作，它要求评级机构必须具备深厚的专业知识和丰富的实践经验，然而，在当前市场上，不少评级机构在专业能力方面存在明显的不足，这直接影响了评级结果的准确性和可靠性。一些评级机构可能缺乏对 ESG 概念的深入理解，无法从深层次把握企业在环境、社会和治理方面的表现，这可能导致它们在评估企业 ESG 实践时，无法识别出关键的风险点和潜在的机遇，从而无法为企业提供有针对性的改善建议，同时由于专业能力的限制，这些评级机构可能无法有效地运用先进的分析工具和方法，对企业的 ESG 数据进行深入挖掘和分析，导致评级结果的表面化和简单化。除了专业能力，评级机构的独立性也是保障评级结果公正性的关键，评级机构应当保持客观、中立的态度，不受任何外部因素的影响，但现实中一些评级机构可能因为商业利益的驱动或其他外部因素的影响，而难以维持其独立性，这种情况下，评级机构可能会倾向于给出偏向性的评级结果，以满足特定利益相关者的需求，而不是基于企业真实的 ESG 表现，这种独立性的缺失不仅损害了评级结果的公正性，也削弱了市场对 ESG 评级的信任。

三、优化路径

ESG 评价结果在中国市场上的差异，既由于评价指标体系的不成熟，也受到评级方法、数据获取和评级机构能力等因素的影响。为了提高 ESG 评价的准确性和可靠性，需要进一步完善评价指标体系，改进评级方法，提高数据质量和透明度，以及加强对评级机构的管理，从而更真实地反映企业的 ESG 表现。

（一）完善评级指标体系

政府和行业组织应当联合起来，共同制定一套统一的 ESG 评级指标体系，这套体系应当确立一系列明确、可操作的基本原则和标准，以便所有评级机构在执行评级活动时有所依循，通过这种方式，可以确保评级结果的统一性和可比性，减少因标准不一导致的评级结果差异。在确立了统一标准之后，应当考虑不同行业的独特性，开发定制化的评级指标，这意味着评级指标体系需要根据各行业的环境影响、社会贡献和治理结构等特点进行调整，例如，对于重污染行业，环境指标可能需要更加严格；而对于劳动密集型行业，社会指标则可能更为重要。通过这种定制化的方法，可以提高评级指标的相关性和准确性，更好地反映企业的ESG表现。此外，ESG评级指标体系不应是一成不变的，随着市场环境的变化、技术的进步以及ESG领域的新趋势和新挑战的出现，评级指标体系也需要不断更新，这个过程应当是周期性的，例如每年或每两年进行一次全面的评估和修订，这样，评级指标体系才能保持其时效性和适用性，更好地满足企业和投资者的需求。

（二）提高数据质量和透明度

在政府层面，应当制定详细的规定，明确企业需要披露的ESG信息内容，包括环境保护、社会责任和公司治理，确保信息的全面性和针对性，设定企业披露ESG信息的固定频率，如年度报告或季度报告，以保持市场对企业ESG表现的持续关注；在机构层面，通过实地考察、第三方审计等手段，对企业披露的ESG数据进行深入验证，以识别和纠正可能的信息偏差，同时机构应当建立一套严格的审核机制，对企业的ESG信息披露进行监督和评估，确保数据的准确性和可靠性；在企业层面，通过定期的培训和教育，加强员工对ESG重要性的认识，使ESG理念成为企业文化的一部分，并组织专业培训，提升员工在ESG领域的知识和技能，确保ESG管理体系的有效运行，同时企业应当建立一套完善的内部ESG管理体系，包括制定ESG政策、目标和实施计划，以及定期监测和评估ESG绩效。

（三）提升评价机构的标准化和专业化

政府应当建立评级机构的资质认证制度，确保只有具备一定专业能力和经验的机构才能进行ESG评级，加强对评级机构人员的专业培训，提高其对ESG概念、评估方法和行业特点的理解，鼓励评级机构投资于技术研发，利用大数据、人工智能等技术提高评级的效率和准确性；作为评级机构，可以适时公开其评级方法和流程，这包括公开评级指标的选择、权重分配、数据来源、分析方法以及可能影响评级结果的因素，通过提高评级过程的透明度，可以增强市场对评级结果的信任和接受度。此外，评级机构应制定严格的利益冲突管理政策，这些政策应明确界定可能出现的利益冲突情况，并采取措施确保评级过程的独立性和公正性，例如评级机构应避免参与可能影响其客观性的商业活动，确保评级结果的客观性和公正性，同时加强第三方监督和评估，这包括学术界、行业协会和其他利益相关者对评级机构的监督和评估，以检验评级机构的公正性、准确性和透明度。

参考文献

[1] 陈宁，孙飞．国内外 ESG 体系发展比较和我国构建 ESG 体系的建议［J］．发展研究，2019（3）：59-64.

[2] 国内主要机构和组织发布的 ESG 体系框架．

[3] 娄邹超．关于 ESG 体系相关研究的文献综述［J］．时代经贸，2021，18（11）：65-70.

[4] 王凯，邹洋编，钱龙海，柳学信总主编．中国 ESG 研究院文库 国内外 ESG 评价与评级比较研究［M］．北京：经济管理出版社，2021.

[5] 王垒，李宽，丁黎黎．破解中国式现代化进程中的 ESG 评级之惑：分歧表征、差异成因及治理逻辑［J/OL］．中国石油大学学报（社会科学版）．

[6] 张飒．ESG 体系在我国的应用研究［J］．金融纵横，2017（11）．

[7] 中国证券投资基金业协会．中国上市公司 ESG 评价体系研究报告［R］．北京：中国财政经济出版社，2018.

[8] Avramov D，Cheng S，Lioui A，Tarelli A. Sustainable Investing with ESG Rating Uncertainty［J］．Journal of Financial Economics，2022，145（2）：642-664.

[9] Gibson R，Krueger P，Riand N，et al. ESG Rating Disagreement and Stock Returns. Swiss Finance Institute Research Paper Series，2019（77），104-127.

[10] Rajesh R. Exploring the Sustainability Performances of Firms Using Environmental，Social，and Governance Scores. Journal of Cleaner Production，2020（247），965-987.

第五章

中国 ESG 投资实践

ESG 投资理念已经在全球范围内得到认可和重视，从 20 世纪六七十年代西方国家对环境保护的关注，到 1992 年联合国气候变化框架公约的签署，再到 21 世纪初 ESG 概念的正式提出，ESG 投资已经从早期的伦理投资概念演变成现今的综合性、全球性投资策略。在中国，ESG 投资正处于萌芽阶段，虽然整体规模和市场渗透率相对较小，但近年来市场发展迅速，通过这种方式，投资不仅追求经济效益，同时也推动了社会和环境的正面变革，尽管面临一些挑战，ESG 投资的发展前景仍然被普遍看好。

本章首先从 ESG 投资理念与概述进行分析，梳理 ESG 投资的起源及当前发展现状；分析目前的投资策略，广泛认可的分类方法主要分为七类；其次是介绍目前中国 ESG 投资实践，从整体的投资发展现状到具体的产品发展现状，涉及绿色信贷、绿色债券、ESG 公募基金以及 ESG 指数，分析其整体的产品类型、政策进展以及规模布局情况等；再次结合目前的发展现状以及政策导向，梳理未来的发展趋势，包含投资规模、信息披露、投资策略以及相关配套等方面的发展趋势；最后是 ESG 投资在中国面临的挑战，主要体现在信息披露范围和报告质量、ESG 数据、ESG 评级机构能力以及 ESG 投资占比等方面。

第一节
ESG 投资理念与概述

ESG 投资理念可以追溯到 18 世纪早期的伦理投资，当时就有投资者开始考虑道德和社会责任因素，避免投资于可能对环境和社区造成负面影响的企业。20 世纪六七十年代，随着消费者运动、环保运动的兴起，一些投资者会考虑社会责任和伦理因素。21 世纪初，ESG 投资在全球范围内得到推广和加强。2004 年，ESG 整体概念首次由联合国全球契约和联合国环境规划署在《Who Cares Wins》报告中提出。2006 年，拥有联合国背景的负责任投资原则组织（UNPRI）成立，发布负责任投资六原则，推动将 ESG 理念融入投资政策和实践。2009 年，联合国可持续证券交易所倡议（SSEI）发起。2011 年，美国可持续会计准则委员会开始制定可持续发展会计准则。2015 年，联合国契约组织进一步拓展“全球契约十项原则”为17个具体的可持续发展目标（SDGs），呼吁所有国家行动起来，在促进经济繁荣的同时保护地球。

表5-1 ESG与SDGs关系对应

全球契约十项原则	ESG	SDGs
原则七：企业应对环境挑战未雨绸缪 原则八：企业应该主动增加对环保所承担的责任 原则九：企业应该鼓励开发和推广环境友好型技术	E	3. 确保健康及促进各年龄层的福祉 6. 确保所有人都能享有水、卫生及其永续管理 7. 确保所有人都可取得负担得起、可靠的、永续的及现代的能源 9. 建立具有韧性的基础设施，促进包容且永续的产业发展，并加速创新 11. 促使城市与人类居住具有包容、安全、韧性及永续性 12. 确保永续消费及生产模式 13. 采取紧急措施以因应气候变迁及其影响 14. 保护及永续利用海洋与海洋资源，以确保可持续发展 15. 保护、维护及促进陆域生态系统的永续使用，永续管理森林，对抗沙漠化，终止及逆转土地劣化，并遏制生物多样性的丧失
原则一：企业应该尊重和维护国际公认的各项人权 原则二：企业决不参与（“同谋”）任何漠视与践踏人权的行为 原则三：企业应该维护结社自由，承认劳资集体谈判的权利 原则四：企业应该消除各种形式的强迫性劳动 原则五：企业应该消灭童工制 原则六：企业应该杜绝任何在用工与职业方面的歧视行为	S	1. 消除各地一切形式的贫穷 2. 消除饥饿，达成粮食安全，改善营养及促进永续农业 3. 确保健康及促进各年龄层的福祉 4. 确保实现有教无类、公平以及高品质的教育，并提倡终身学习 5. 实现男女平等，并赋予妇女权利 6. 确保所有人都能享有水、卫生及其永续管理 8. 促进包容且永续的经济成长，实现全面且有生产力的就业，让每一个人都有一份好工作 9. 建立具有韧性的基础设施，促进包容且永续的产业发展，并加速创新 10. 减少国内及国家间不平等 16. 促进和平且包容的社会，以落实可持续发展；所有人可诉诸司法，在所有阶层建立有效的、负责的且包容的制度
原则十：企业应反对各种形式的贪污，包括敲诈勒索和行贿受贿	G	16. 促进和平且包容的社会，以落实可持续发展；所有人可诉诸司法，在所有阶层建立有效的、负责的且包容的制度 17. 强化可持续发展执行方法及活化可持续发展全球伙伴关系

资料来源：根据公开资料整理。

近年来，随着气候变化、反垄断等问题凸显，以及全球监管机构加速行动，在监管、社会、市场等多重力量推动下，ESG主流化进一步加速，已经成为大多数全球主流金融投资机构、跨国公司考量的重要因素。截至目前，众多金融机构加入UNPRI，遵循其投资原则，将ESG纳入投资决策。

表5-2 ESG理念的发展历程（重点时间节点）

关键时间/事件	具体内容
起源	
早期伦理投资	ESG投资理念可以追溯到18世纪早期的伦理投资，当时就有投资者开始考虑道德和社会责任因素，避免投资于可能对环境和社区造成负面影响的企业

续表

关键时间/事件	具体内容
社会责任投资（SRI）	在 20 世纪后半叶，社会责任投资（Socially Responsible Investment，SRI）在美国逐渐兴起。SRI 强调在投资决策中考虑社会、环境和道德因素，避免投资于有害于社会的企业
初步发展	
1971 年	全球首只社会责任投资基金 Pax World Funds 成立
1990 年	全球首个社会责任投资指数发布（现更名为 MSCI KLD 400 Social Index）
1997 年	全球报告倡议组织（Global Reporting Initiative，GRI）成立，开始制定可持续发展报告准则
ESG 概念的提出	2004 年，ESG 概念在联合国主导的、国际金融公司（IFC）发布的研究报告《Who Cares Wins》中被首次提出，指导金融机构如何在投资决策中考虑 ESG 因素
ESG 的普及与主流化国际发展	
2006 年	联合国社会责任投资原则组织（UNPRI）成立，推出《负责任投资原则》（Principles for Responsible Investment，PRI），提出了 ESG 投资需要遵守的六项基本原则和框架
2009 年	联合国贸易和发展会议（UNCTAD）与 PRI 联合发起可持续证券交易所倡议，推动交易所编制 ESG 报告指南
2010 年	MSCI 推出一系列 ESG 指数，为投资者提供了工具和数据
2011 年	可持续发展会计准则委员会（SASB）成立，旨在发布高质量的、行业特定的可持续发展报告标准
2020 年	ESG 成为投资和企业运营的主流，各国政府和监管机构不断推出更加标准化和全面的法规和指引
2022 年	欧盟提出《企业可持续发展报告指令》（CSRD），旨在推动 ESG 信息披露和可持续发展报告的标准化和透明度
2024 年	CSRD 在欧盟各成员国实施，同时欧盟理事会批准通过《企业可持续发展尽职调查指令》，将强制性可持续信息披露与管理要求扩大至在欧盟符合监管条件的第三国企业及企业的供应链

资料来源：根据公开资料整理。

责任投资、ESG 投资等理念在中国起步相对较晚，重点可以分为以下几个阶段。

起始阶段（2000—2009 年）：自 21 世纪之初，我国逐步采纳 ESG 投资理念及相应的国际标准。2006 年，中国 ESG 投资拉开序幕，当时上交所和深交所开始要求上市公司编制社会责任报告。然而，由于缺少统一的报告标准和披露规则，ESG 在当时并未受到广泛重视。2008 年，随着国际金融危机的爆发，公众对企业社会责任和治理模式的认识有了显著提升。

发展初期（2010—2014 年）：2010 年，国内首批与 ESG 相关的基金产品上市，多个部门陆续发布 ESG 相关政策，标志着 ESG 在中国开始走向制度化。随后在 2012—2014 年，多个部门推出了更为实用的 ESG 实施指南、方针或标准，例如环境监测和信息公开办法、商业银行治理指引等，这些举措推动了 ESG 理念的具体实施，象征着我国 ESG 理念从理论提出向实际操作的显著进步和深入发展。

加速发展期（2015—2019年）：2015年10月，党的十八届五中全会提出了“创新、协调、绿色、开放、共享”的新发展理念。在此背景下，ESG理念成为上市公司实施绿色发展战略的重要手段。这一时期，国务院国资委、人民银行等机构发布了ESG相关指导性文件，如《关于中央企业履行社会责任的指导意见》《关于构建绿色金融体系的指导意见》等，进一步推动了ESG理念的规范化和制度化。随后几年，我国ESG标准持续完善，企业ESG实践日益丰富，不仅限于传统的大型企业，新兴的科技公司也开始将ESG融入其战略规划中。2018年，证监会更新了上市公司治理规则，增强了ESG信息的披露要求，从而提升了透明度。

成熟阶段（2020年至今）：自“双碳”目标确立后，ESG投资在资本市场的地位日益上升，ESG投资机构和规模不断增长，投资范围也在扩大，相关的政策和监管体系更加成熟。A股上市公司在ESG披露方面的表现表明，越来越多的企业开始关注ESG的影响力。上交所和深交所也陆续发布了多项标准和指南，显著提升了上市公司ESG信息披露的透明度。多个部委也发布了ESG评价方法，进一步优化了评估体系。国务院发布的支持绿色低碳发展的政策为ESG提供了坚实的政策后盾。同时，碳金融、绿色金融等创新产品的出现加速了ESG金融的市场化进程。自2020年以来，我国ESG投资进入了高速发展和成熟的关键时期。

从整体来看，ESG从早期的伦理投资和社会责任投资发展而来，经过数十年的演进和普及，已成为全球资本市场和企业运营的核心议题，随着国际组织和各国政府的推动以及市场的积极响应，ESG理念和实践在全球范围内不断深化和完善。在中国，ESG的发展也呈现强劲的势头，为企业和个人带来了深远的影响和机遇。

第二节 ESG投资策略分类

ESG投资结合了传统的财务分析，同时考虑环境、社会和治理三个维度，以衡量企业持续发展的能力，旨在寻找既能提升股东价值又能贡献社会价值的投资目标，简而言之，ESG投资策略即将ESG要素以多种形式融入投资选择流程。

根据全球可持续投资联盟（GSIA）的分类，ESG投资策略主要分为七类，这是国际上广泛认可的分类方法，将七种ESG投资策略进一步归为三大类：第一大类是筛选类ESG投资策略，即投资者在投资过程中基于一定的环境、社会和公司治理标准对投资标的进行排除和选择，主要包括正面筛选、负面筛选、国际惯例筛选、可持续主题投资四种投资策略；第二大类是整合类 ESG 投资策略，即通过定性或定量的方法，将 ESG 因子与传统的财务因子结合，对企业进行更加全面的评估，主要包括 ESG 整合投资策略；第三大类是参与类 ESG 投资策略，即投资者通过参与公司治理等，推动公司采取行为从而实现积极的社会影响以及环境影响，主要包括影响力与社区投资、企业参与及股东行动两种投资策略。值得注意的是，负面筛选策略在国际上发展最早，应用较为广泛，将 ESG 因素系统且明确地纳入投资组合的 ESG 整合策略，目前已成为国际最主流的 ESG 投资策略。

表 5-3　七种 ESG 策略分类

筛选类（根据 ESG 标准排除与选择）	整合类（ESG 与传统财务因子整合）	参与类（参与、影响公司治理行为）
正面筛选	ESG 整合	影响力与社区投资
负面筛选	—	企业参与及股东行动
国际惯例筛选	—	—
可持续主题投资	—	—

资料来源：根据公开资料整理。

一、负面筛选

负面筛选即排除筛选，是指寻找在 ESG 方面表现低于同行的公司，然后在构建投资组合时尽量回避 ESG 表现不佳的公司标的。负面筛选的条件相对多元化，可以是产品类别，例如烟草、化工燃料、军工等行业的公司会在负面筛选中被排除；也可以是公司行为，例如涉及环境诉讼、贪污腐败、高碳足迹的公司同样会在负面筛选中被排除；还可以是 ESG 得分最低标准，即在构建投资组合时排除掉 ESG 得分排名较低的一定比例内的公司。

ESG 负面筛选策略组成部分包括公布明确的筛选标准、引入监督、调整投资流程审查投资组合的影响监督、报告和审计。

例如，某只专注于 ESG 的基金采用了负面筛选策略。在基金招募说明书中，明确指出：在综合评估公司 ESG 责任投资表现后，将评级为 B 及以下的公司排除在外，从而建立底层的 ESG 基础投资池。

二、正面筛选

正面筛选所采取的原则类似于“同类最优”，即基于 ESG 的评价标准，根据投资标的 ESG 表现情况，在同一个行业或领域内进行对比和筛选，最终选出 ESG 表现较好的投资标的进行投资，或者对于 ESG 的得分设置一个门槛值，只有高于此门槛值的投资标的才会纳入投资范围。

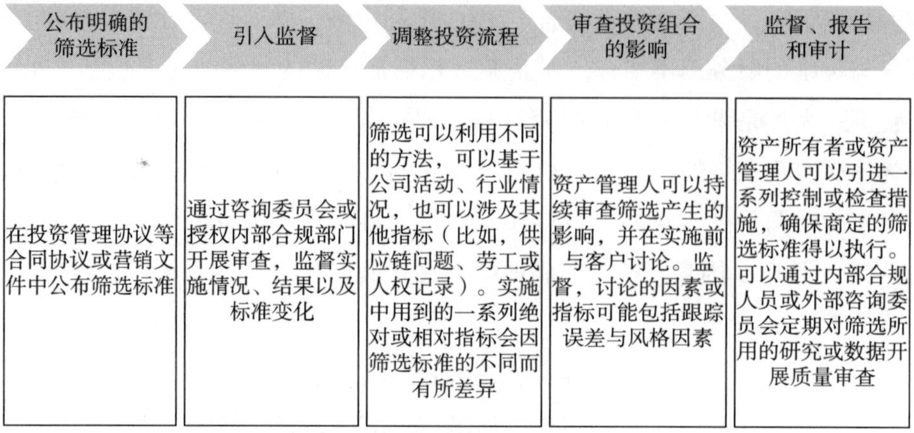

图 5-1　ESG 负面筛选策略组成部分

资料来源：根据公开资料整理。

这种策略常用于 ESG 指数编制，例如，沪深 300 ESG 价值指数（931466）从沪深 300 指数（000030）中挑选 ESG 得分较高且估值较低的 100 只上市公司作为样本。

负面筛选和正面筛选策略都是比较容易操作和实施的，因此被广泛应用，两个策略是很多投资者将 ESG 考虑纳入其投资组合的起点。很多 ESG 指数的编制也是基于这两个策略。

三、国际惯例筛选

国际惯例筛选指的是基于国际规范的最低商业标准或发行人惯例，对证券发行人进行筛选，属于负面筛选的一种。规范筛选与一般的负面筛选和正面筛选最大的区别是，其使用的是现有框架，包括联合国、经合组织、国际劳工组织等机构关于环境保护、人权、反腐败方面的契约、倡议等。例如，《联合国全球契约》《世界人权宣言》以及《关于多国企业和社会政策的三方原则宣言》等。

四、可持续主题投资

可持续主题投资策略指的是对有助于社会整体可持续发展主题的投资标的进行投资，例如可持续农业、绿色建筑、智慧城市、绿色能源等主题。该投资策略十分注重预测长期社会绿色可持续的发展趋势，围绕可持续主题进行投资，但不对特定公司或行业进行 ESG 评价。该策略主要强调投资者的责任和机会，通过支持符合可持续发展原则的公司和项目，促进社会福祉和环境保护事业的不断发展。

可持续发展主题投资可能包括但不限于以下几个方面：

气候变化：气候变化涵盖与气候变化有关的专题投资。这一主题侧重于投资对向低碳经济转型作出广泛贡献的公司，具体包括绿色能源和清洁技术项目，例如风能、太阳能、水能、潮汐能和地热发电。这一广泛主题下的分主题包括但不限于碳转型、脱碳、温室气体排放、适应和减缓气候变化以及气候解决办法。

健康生态系统：涉及保护土地、空气和水的生态良好环境，侧重于投资对环境有积极影响的行业。它不包括水或温室气体排放的次级主题，因为这些是在其他主题下涵盖的内容。这一广泛主题下的分主题包括生物多样性、森林砍伐、水下生命、自然生态系统、地球边界、地球健康和可持续农业。

基本需求：涉及人类的基本需要，侧重于需要帮助的个人，例如为需要帮助的人提供食物、住房、医疗保障和能源。同时，它还涉及人类安全，包括安全的工作场所和社区。这一广泛主题下的分主题包括安全的饮用水、能源、卫生设施、粮食安全、安全工作条件和劳动者权益等。

资源安全：涉及资源的有效利用和循环经济。其中，资源包括水、木材、金属、矿物、气体和所有类型的人造材料。该主题侧重于可二次利用废水、生态高效的产品、废物管理和回收等分主题的投资。

人类发展：关注提高人的能力和促进社会进步，包括支持教育事业、促进就业和推动社会公平。这一广泛主题下的分主题包括多样性、公平和包容、教育、普惠金融、工作和经济增长。

五、ESG 整合

ESG 整合策略（ESG integration）是指资产管理人将环境、社会和治理因素系统明确地纳入传统的财务分析之中。ESG 整合不会以牺牲投资组合收益为代价，不会禁止投资于特定行业、国家或公司，也不会大幅改变原有投资框架，而是在原有投资框架中加入 ESG 方面的识别和评估，将定性分析和定量分析方法相结合，从而降低风险并提高收益。此外，ESG 整合强调“重要性”，非重要 ESG 问题不会对投资决策产生影响。

目前，ESG 整合策略是市场上主流的 ESG 投资策略，ESG 整合策略的资产管理规模已超越负面筛选，成为市场的主导策略，并且其采用率每年以 17%的速度快速增长。

从框架来看，ESG 整合分为三个部分，分别是 ESG 研究、证券估值和组合管理。

在研究层面：ESG 研究。首先涉及从企业报告和第三方机构等渠道搜集财务和 ESG 数据，其次通过定性评估和积极所有权等手段，确定对股票估值有重大影响的财务和 ESG 要素（重要性评估），最后与公司/发行人讨论这些重要因子，并监测参与和/或投票活动的结果（主动所有权评估）。

在个股层面：证券估值。分析关键 ESG 因素对企业价值的作用。在此环节，由于将关键 ESG 因素纳入传统的财务评估和估值过程，这可能会引起财务预测结论、估值模型参数以及估值倍数的调整。

在组合层面：组合管理。基于融入 ESG 要素的财务模型，调整投资组合的权重，并通过计算 ESG 和财务风险敞口、进行 VaR 分析等手段实施风险管理。

表 5-4　ESG 整合框架

研究层面：ESG 研究	个股层面：证券估值	组合层面：组合管理
ESG 整合研究纪要	财务比率预测	资产配置：战术性资产配置、战略性资产配置
集中研究总结表	估值倍数	投资组合构建：组合权重、组合 ESG 概况
委员会会议的 ESG 议程	估值模型变量	风险控制：VaR 分析、ESG 和财务风险及限制
投票	财务预测	情景分析：投资组合情景分析
个人参与/协作参与	证券敏感性分析与情景分析	
公司调查问卷		
红旗指标		
观察名单		
内部 ESG 研究		
SWOT 分析		
重要性框架		

资料来源：根据公开资料整理。

同时也可以分为四个阶段，第一个阶段是定性分析，第二阶段是定量分析，第三个阶段是投资决策，第四阶段是积极所有权评估。

表 5-5　ESG 整合策略定性分析和定量分析

定性分析	定量分析
ESG 分析辅助基本面分析：例如，基本面表现较优但 ESG 表现欠佳的公司需在投资决策前进行深入分析	根据 ESG 得分，通过相关性分析、敏感性分析等方法，对财务数据与估值模型等做出调整，或对投资组合权重进行调整
具体来看，ESG 表现较优但本身价值被低估的公司可能会吸引投资者注意；ESG 表现欠佳但本身价值被高估的公司可能会被卖空	通过 ESG 情景分析调整预期财务数据、估值模型或投资组合权重
若公司 ESG 得分或某分项得分较低，但与公司沟通可以提升这项得分，投资者可以继续买入	在多因子模型等量化模型中加入 ESG 因子

资料来源：根据公开资料整理。

六、影响力与社区投资

社区投资是指为具有明确社会或环境目的的企业提供资金，其下一个子类别为 ESG

影响力投资，该投资指的是通过投资来实现积极的社会和环境影响，其投资目的是在获得经济收益之外产生有益于社会的积极成果，帮助减少商业活动造成的负面影响，因此影响力投资有时也会被认为是慈善事业在投资领域的延伸，常见于一些慈善基金会中。

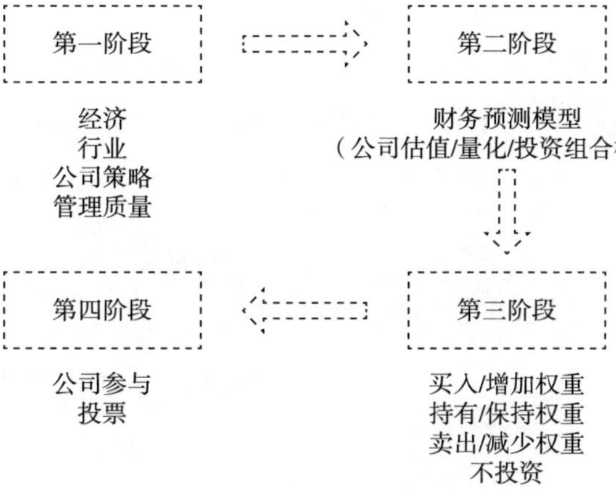

图 5-2　ESG 整合策略四大阶段

资料来源：根据公开资料整理。

七、企业参与及股东行动

企业参与和股东行动指的是投资人利用股东权利来影响企业治理行为，从而实现 ESG 投资目标。主要有四种形式：其一，投资人主动要求披露 ESG 相关信息；其二，直接改变被投资公司的行为并提出明确的要求；其三，股东投票支持 ESG 相关决议；其四，如果投资者未能成功开展上述企业参与活动，可以向公司提出撤资请求。总体而言，企业参与及股东行动投资策略即 ESG 投资者通过积极参与公司治理和股东行动，协助与督促所投资企业推行 ESG 理念，完成 ESG 发展目标。

参与治理的操作流程有四个阶段，分别为准备、对话与跟进、升级、结束。

第一阶段：准备。小组成员需要（1）通过研究或与外部专家通话的方式，就参与治理相关问题达成共识；（2）设定有助于改善目标公司 ESG 绩效的明确的短、中、长期目标，并定期审查这些目标以评估其进展情况；（3）确定一位能够在公司内部有效传达投资者观点的内部拥护者作为公司代表。

第二阶段：与公司的对话与跟进。在获得目标公司和关注问题相关的足够信息后，投资者可以开始与公司管理层进行对话。投资者团体通常通过代表团体发送联名信来与公司进行初步接触，然后采取打电话或要求与公司代表会面的形式进一步跟进。由于政府政策、法律和正式支持可能会使公司发生改变，因此除了上述活动外，投资者可能也会与投资者或公司所在国家/地区的政策制定者接触。

第三阶段：在必要时期升级。如果对话没有得到满意的回应，投资者团体可以考虑采取进一步措施，此时投资者团体应充分发挥他们的集体力量，更公开地去推动公司将目前讨论的 ESG 问题重视起来，可以采取的措施包括发送提醒、代理投票、在年度股东大会上提问、提交股东决议、发表媒体声明、召开特别会议等。

第四阶段：通过评估其有效性来结束参与。如果持续的对话未能取得成功，投资者可能会选择结束合作参与，随着参与的结束，投资者团体应评估并确定公司是否在政策、实施活动和关注的 ESG 问题的透明度方面完成了参与之初制定的步骤。

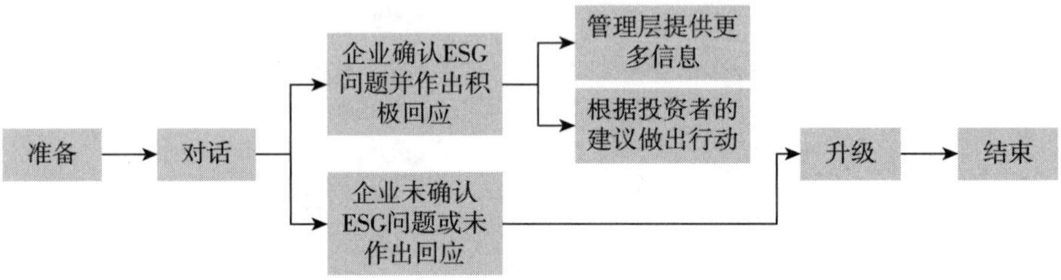

图 5-3　参与治理操作流程

资料来源：根据公开资料整理。

第三节
中国 ESG 投资实践

一、中国 ESG 投资发展现状

（一）市场主体的自发探索和政策引领

在过去几年中，中国的市场主体对 ESG 理念进行了积极的探索和实践。这些市场主体包括企业、投资者、非政府组织等，它们通过实施 ESG 政策和策略，提高自身的运营效率，同时为可持续发展作出贡献。这种自下而上的探索逐渐获得了官方的认可，并被纳入政策制定和执行的框架之中。政府出台的一系列政策和指导方针，为市场主体的自发行动提供了明确的方向和强有力的支持。这种政策层面的支持和市场主体的自发行动形成了良性互动，为 ESG 投资生态带来了新的发展机遇，使其保持了强劲的发展势头。在这种互动中，市场主体不仅能够更好地理解 ESG 的重要性，还能够通过实践不断完善和提升自身的 ESG 表现。

（二）金融机构的积极参与

近年来，中国的金融机构普遍展现出对 ESG 投资的热情。银行、证券、保险等金融机构不仅在内部推广和实践 ESG 理念，而且在投资决策中越来越多地考虑 ESG 因素。此外，越来越多的金融机构加入了联合国推动的可持续金融倡议，如负责任投资原则（PRI）。根据 Wind 数据，目前中国已有超过 134 家机构签署 PRI，其中包括资产管理公司、银行和保险公司等。这些行动表明，中国的金融机构正在将 ESG 因素纳入投资决策之中，并在全球范围内展示中国在可持续金融领域的责任和影响力。

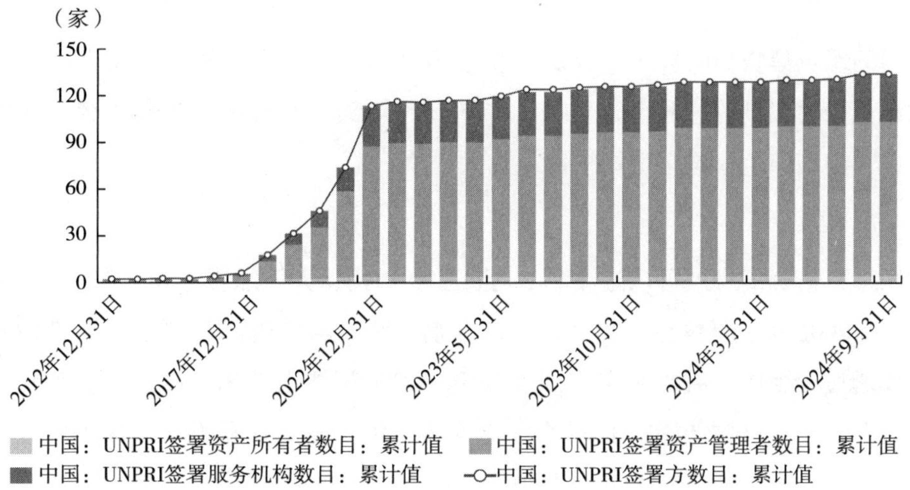

图 5-4　中国加入 UNPRI 的机构累计数量

资料来源：Wind。

（三）聚焦“双碳”目标

近年来，中国在实现碳达峰和碳中和的道路上持续前进，绿色金融成为推动这一目标的重要力量。在这一背景下，政府和企业都在加大对绿色信贷、绿色债券等金融工具的发行和推广力度，这些金融工具都以“双碳”目标为核心。这不仅为 ESG 投资提供了丰富的实践场景和增长空间，也促进了金融行业与实体经济绿色转型的深度融合，为 ESG 投资生态的繁荣发展奠定了坚实的基础。

（四）投资规模不断增长

随着投资理念逐渐被广泛认可和接受，ESG 相关金融产品逐渐丰富，2023 年，中国的 ESG 投资规模实现了 34.4%的同比增长，达到了历史新高。这一数据不仅反映了市场对 ESG 投资的认可和需求，也显示了 ESG 投资在中国的广泛前景。随着越来越多的企业和投资者认识到 ESG 的重要性，以及政策环境的不断完善，ESG 投资在中国正逐渐成为主流。

（五）透明度和规范化程度提升

在全球范围内，包括美国、欧洲以及中国香港等地区在内，ESG 信息披露的规定越来越严格，这种趋势促使中国的ESG投资实践更加规范，投资者的信心和认可度也随之提高。例如，中国证监会和各交易所对上市公司的ESG信息披露提出了更高要求，推动了ESG投资透明度的提升，为中国的绿色转型和高质量发展提供了有力的金融支持，同时也为中国在全球ESG投资领域树立了良好的形象。

二、绿色信贷

中国的绿色信贷兴起较早，经历了从政策导向型的环保融资逐步过渡到规范化制度化的绿色金融工具的过程。近年来，伴随着“双碳”目标的提出与绿色金融制度的不断完善，中国绿色信贷市场规模逐年扩大。

（一）发展历程

中国绿色信贷的发展可以追溯到20世纪90年代，大体经历了如下四个阶段：

1995—2006年，是绿色信贷发展的萌芽期。政府与监管部门要求金融部门在开展信贷工作的过程当中，需要切实将国家环境保护政策纳入考虑，以支持和加快发展环保产业，并对一些过剩产能行业调整信贷投向，建立健全有利于环境保护的政策体系（包括信贷政策）。这期间的政策停留在较高层次的方向性规划上，体现了重视环境保护的政策导向，但实质性落地的程度较差。

2007—2011年，是绿色信贷发展的探索期。其间的标志性事件是2007年将环境执法信息纳入了央行的征信系统，这对企业的影响是实质性的，意味着环境监管部门和金融监管部门形成了信息联动，借助金融的力量加强环境监管。在此之后，中国人民银行、原国家环境保护总局、原银监会出台了一系列政策，要求银行在贷款授信时必须落实环保政策法规的要求，防范信贷风险。这期间的政策导向，一方面是限制高耗能高污染的“两高”企业贷款，另一方面是加强对节能环保领域的贷款支持。

2012—2015年，是绿色信贷发展的成长期。原银监会于2012年2月24日正式出台了《绿色信贷指引》，这成为银行业金融机构开展绿色信贷业务的官方指引性文件；随后，原银监会又分别制定了绿色信贷统计制度以及关键评价指标体系，构建了相对完整的绿色信贷统计规则。其间，国家产业政策继续在支持节能环保产业发展的同时，致力于推动产业结构调整与化解过剩产能，并鼓励金融机构通过能效信贷业务，落实国家节能减碳发展战略。

2016年至今，是绿色信贷发展的成熟期。2016年发布的《关于构建绿色金融体系的指导意见》，开启了我国绿色金融发展的新征程。依据相关要求，银行业协会制定了绿色银行评价方案，央行于2018年出台了绿色贷款专项统计制度及银行绿色信贷业绩评价制度，财政部在2020年将绿色信贷占比纳入国有商业银行的考核条件。为支持

“双碳”目标的推进，央行于 2021—2022 年实施了碳减排支持工具，客观上促进了绿色信贷市场的发展。2024 年 3 月，央行联合六部委发布《关于进一步强化金融支持绿色低碳发展的指导意见》，强调了加大绿色信贷支持力度，优化绿色信贷流程、产品和服务，探索为境内主体境外融资提供增信服务等要求。

（二）绿色信贷制度

国内规则主要包含三方面内容：一是绿色信贷指引，是将环境与社会风险纳入一般贷款业务的行为准则；二是绿色信贷统计制度，是事后进行绿色信贷规模匡算的统计准则；三是绿色信贷的业绩评价标准，是对商业银行绿色信贷业务进行业绩考核的一系列指标及评分细则。

1. 绿色信贷指引

2012 年，原银监会发布《绿色信贷指引》（以下简称《指引》），这是国内首个绿色信贷业务的指引性文件，奠定了国内银行业金融机构发展绿色信贷业务的基础。《指引》主要包含以下几方面内容：第一，银行业金融机构要大力发展绿色信贷业务，并从制度和政策等各方面创造支持业务发展的条件。在组织管理上要建立发展绿色信贷的理念、制定具体战略和目标；在政策制度上要明确绿色信贷支持范围，建立评估客户环境和社会风险、管理风险客户等制度；在能力建设上要建立健全绿色信贷标识体系和制度等。第二，依据对绿色信贷流程管理的要求，将环境和社会方面的风险纳入授信管理；这包括放贷前对环境和社会风险的调查与明确，以及放贷后的违约救济、环境和社会风险评估、风险客户关注等内容。第三，通过内控、信披与监管促使商业银行业提高对绿色信贷业务的重视程度，并确保业务的合规性；具体包括将绿色信贷业务纳入内控考核、定期披露绿色信贷发展情况、定期全面评估并向监管报送等。

2. 绿色信贷统计制度

《绿色贷款指引》发布之后，原银保监会和央行分别发布了绿色信贷的统计规则，两个口径的统计规则在覆盖机构、报送频率、报送内容上均有差异（见表 5-6）。其中，银保监会口径是于 2013 年 7 月基于原银监会办公厅发布《关于报送绿色信贷统计表的通知》，要求银行报送两类企业或项目的贷款情况：一是环境、安全等重大风险企业信贷，主要用于避免或减少因生产过程带来的环境污染，二是节能环保项目及服务贷款，主要用于支持开展节能减排、清洁生产、环境治理等方面的项目和服务。央行口径则是在 2018 年 1 月中国人民银行发布的《关于建立绿色贷款专项统计制度的通知》中，规定金融机构报送绿色信贷专项统计数据。文件明确了需报送金融机构的范围、管理引导条件，并制定了从用途、行业、质量维度进行绿色贷款专项统计的指标。2019 年 12 月，央行对其进行了修订，扩大了绿色贷款的统计范围，并对贷款用途和行业进行了微调。

表 5-6 国内两个绿色信贷统计口径对比

	原银保监会口径	央行口径
依据文件	中国银保监会办公厅关于报送绿色信贷统计表的通知	中国人民银行《关于建立绿色贷款专项统计制度的通知》（银发〔2018〕10 号）；中国人民银行《关于修订绿色贷款专项统计制度的通知》（银发〔2019〕326 号）
报送频率	半年	季度
绿色分类	12 大类（细分为 27 小类）	12 大类
填报机构	全国 21 家主要银行（各政策性银行、国有商业银行、股份制商业银行、邮政储蓄银行）	全国 24 家主要银行（国家开发银行、各政策性银行、国有商业银行、股份制商业银行）
统计内容	1）环境、安全等重大风险企业信贷情况统计表 -贷款余额、比年初增减额、不良率、贷款五级分类 2）节能环保项目及服务贷款情况统计表 -贷款余额、比年初增减额、不良率、贷款五级分类 -七种节能减排量（标准煤、二氧化碳、化学需氧量、氨氮、二氧化硫、氢氧化物、节水）	1）环境、安全等重大风险企业贷款统计 -按企业类别划分 -按承贷主体所属行业划分 -按贷款质量划分 2）绿色贷款统计 -按贷款用途划分（12 大类） -按贷款承贷主体所属行业划分 -按贷款质量划分 -按用途划分的有关行业贷款

资料来源：原银保监会、央行。

3. 绿色信贷业绩评价标准

最早关于绿色信贷的业绩评价标准是 2018 年 7 月中国人民银行印发的《关于开展银行业存款类金融机构绿色信贷业绩评价的通知》，分两级对全国商业银行开展绿色信贷业绩评价，并将结果纳入宏观审慎评估。这对于提高商业银行对绿色信贷的重视程度、促进绿色信贷业务稳步增长起到了积极作用。2021 年 5 月，中国人民银行发布了《银行业金融机构绿色金融评价方案》，在 2018 年版的基础上进行了扩容：一是业务考核范围从绿色信贷扩展到绿色金融领域，二是考核银行范围在原有的大型国有、政策性、股份制等基础上加入了对城商行的考核。

表 5-7 国内两个绿色信贷统计口径对比

《银行业存款类金融机构绿色信贷业绩评价的通知（2018 年 7 月）》				《银行业金融机构绿色金融评价方案（2021 年 5 月）》			
指标分类	指标及权重	评分		指标分类	指标及权重	评分	
		纵向	横向			纵向	横向
定量指标（80%）	绿色贷款余额占比（20%）	4	16	定量指标（80%）	绿色金融业务总额占比（25%）	10	15
	绿色贷款余额份额占比（20%）	4	16		绿色金融业务总额份额占比（25%）	10	15
	绿色贷款增量占比（20%）	4	16		绿色金融业务总额同比增速（25%）	10	15
	绿色贷款余额同比增速（20%）	4	16		绿色金融业务风险总额占比（25%）	10	15
	绿色贷款不良率（20%）	4	16				

续表

《银行业存款类金融机构绿色信贷业绩评价的通知（2018 年 7 月）》				《银行业金融机构绿色金融评价方案（2021 年 5 月）》			
指标分类	指标及权重	评分		指标分类	指标及权重	评分	
		纵向	横向			纵向	横向
定性指标（20%）	执行国家绿色发展政策情况	40%		定性指标（20%）	执行国家及地方绿色金融政策情况	30%	
	《绿色贷款专项统计制度》执行情况	30%			机构绿色金融制度制定及实施情况	40%	
	《绿色信贷业务自评价》工作执行情况	30%			金融支持绿色产业发展情况	30%	

资料来源：中国人民银行。

（三）政策表现

1.《绿色产业指导目录（2019 年版）》扩容更新

2023 年发布的《绿色产业指导目录（2023 年版）》（征求意见稿）以 2019 年的版本为基础，从多个方面进行调整以适应当前形势的最新变化，由原有的六大类别拓展为七大类别，涉及新能源汽车、氢能、储能等领域，以适应国家资源环境状况、产业发展情况的变化，保证支持政策持续集中于对绿色经济发展至关重要的行业。

2024 年 2 月，《绿色低碳转型产业指导目录（2024 年版）》正式印发。一方面，目录具体分类有所调整，对绿色行业细分进行了更新，更好厘清产业边界。另一方面增补重点新兴行业，比如对“降碳转型”进行强化；丰富了农业农村相关的绿色领域；注重推动装备技术数字化升级等。在总体框架结构以及绝大部分的覆盖范围和产业内涵方面均与《绿色产业指导目录 2023 年版》（征求意见稿）保持一致，但也有几大重要调整，其中最主要的是新增低碳转型相关内容，具体体现在一级分类中的清洁能源产业部分更名为能源绿色低碳转型，与绿色产业有了更清晰的划分，新增了重点工业行业低碳转型相关产业，对于工业生产管理环节的数字化、智能化升级方向予以支持。

2. 结构性货币政策工具延续实施

2023 年 1 月，中国人民银行发布延续了两项绿色金融相关的结构性货币政策：一是碳减排支持工具，二是煤炭清洁高效利用再贷款。在碳减排货币政策方面，除时间延续至 2024 年末外，还将部分地方法人金融机构和外资金融机构纳入支持范围，2023 第三季度，碳减排支持工具余额增量已突破 500 亿元，2023 年全年投放碳减排支持工具资金达 2313 万元。在煤炭清洁高效利用专项再贷款方面，中国人民银行支持煤炭清洁高效利用专项再贷款延续实施至 2023 年末，在保障能源供应安全的同时支持经济向绿色低碳转型，2023 年全年煤炭清洁高效利用专项再贷款增量为 1937 万元。截至 2023

年底，中国人民银行基于碳减排工具与煤炭清洁高效利用再贷款分别累计发放资金5410亿元、2748亿元，合计8158亿元。

3. 多地出台绿色信贷专项政策

多地出台绿色信贷专门文件，细化绿色信贷发展方向，推广绿色信贷典型做法、优化绿色信贷领域产品资源配置。如《广州市绿色金融产品指南》等文件，不断规范绿色金融产品机构主体、产品类型等多个方面。此外，部分地方围绕生物多样性、环境权益等领域出台了绿色信贷方面的专门指导性政策。如中国人民大学、中国人民银行衢州市中心支行、开化县人民政府、野生生物保护学会联合编制出台的《银行业生物多样性风险管理指南》规定，银行机构在尽职调查中要纳入生物多样性风险管理，划分出采矿、水利、农林牧渔、能源等21个生物多样性高敏感行业，该标准识别了可能存在生物多样性风险的高敏感行业和地区；提供了银行机构生物多样性风险管理的级别分类。本标准依据项目投资额度及是否属于高敏感行业或高敏感地区，分为A、B、C、D四类管理级别。具体风险如采矿业的勘探活动、开发建设活动和运营作业活动对陆地和水体生态造成极大的暂时性或永久性改变，道路修筑、使用、维护活动会对水体质量产生不利影响等。

（四）市场现状

1. 整体规模不断发展壮大

近年来，绿色信贷规模、增速及占总贷款的比重均持续攀升，绿色信贷市场不断发展壮大。绿色信贷余额从2019年的4.9万亿元持续攀升至2024年上半年的34.76万亿元，已经成为全球规模最大的绿色信贷市场；绿色信贷余额占总贷款余额的比重也从2019年的6.7%上升至2024年上半年的13.9%。同时自“双碳”目标提出之后，各银行大力开展绿色信贷业务，2021—2023年绿色信贷余额增速连续三年保持在30%以上的高位，显著高于同期11%左右的总贷款余额增速。

2. 结构特征不断明显

从结构上看，参与的金融机构已从大型银行拓展到中小银行，其资金投向覆盖了环保、节能减排、绿色发展等多个方向。

绿色交运和清洁能源是绿色信贷资金投入的最主要方向。2013—2017年，原银保监会统计口径下的绿色信贷主要投向了与环境保护、节能减排、绿色发展相关的12个细分方向，其中，绿色交通运输、可再生能源及清洁能源项目是资金投向最多的两个方向，其信贷规模占比超过70%；工业节能节水、垃圾处理及污染防治、自然保护/生态修复/灾害防控也是投入较多的方向。2018年之后，中国人民银行统计口径下的绿色贷款结构则相对粗糙。从行业上看，绿色贷款主要投向了交运、仓储邮政（17.7%），以及电热燃气及水生产和供应业（24.3%）；从产业上看，绿色贷款则主要投向了基础设施绿色升级（43.5%）、清洁能源（26.2%）和节能环保产业（14.0%）。

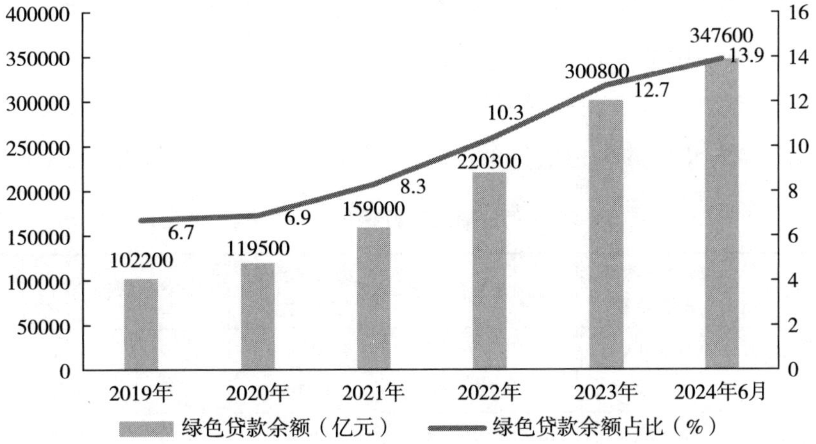

图 5-5　2019—2024 年 6 月中国绿色信贷余额及占比情况

资料来源：Wind。

表 5-8　原银保监会与中国人民银行口径的绿色信贷投向

银保监会口径（2017 年，亿元）			中国人民银行口径（2023 年，亿元）		
	绿色信贷余额	占比		绿色信贷余额	占比
绿色交通运输	30151.67	46.2%	按产业分		
可再生能源及清洁能源项目	16103.17	24.7%	基础设施绿色升级产业	130900	43.5%
工业节能节水	5056.64	7.7%	清洁能源产业	78700	26.2%
垃圾处理及污染防治	3722.9	5.7%	节能环保产业	42100	14.0%
自然保护/生态修复/灾害防控	3378.99	5.2%	其他产业	49100	16.3%
农村及城市水项目	1921.35	2.9%	合计	300800	
资源循环利用	1603.18	2.5%	按行业分		
建筑节能及绿色建筑	1347.79	2.1%	交运、仓储邮政业	53100	17.7%
节能环保服务	672.18	1.0%	电热燃气及水生产供应业	73200	24.3%
绿色农业开发	536.03	0.8%	其他行业	174500	58.0%
绿色林业开发	446.98	0.7%	合计	300800	
境外项目	371.76	0.6%			
2017 年绿色贷款余额（亿元）	65313		2023 年绿色贷款余额（亿元）	300800	

资料来源：原银保监会网站、中国人民银行网站。

绿色信贷业务从早期以大型银行为主，逐渐拓展到中小银行，但业务集中度在提升。一方面，越来越多的中小银行开始在社会责任报告中披露绿色信贷余额的数据，表明参与绿色信贷业务的银行数量在增加。另一方面，中农工建交五大行的绿色信贷余额占绿色信贷总余额的比重在不断上升，中国工商银行、中国农业银行、中国建设银行、中国银行四大国有商业银行的绿色信贷业务规模最大，其合计规模占全部绿色信贷余额的比重从 2013 年的 32.2%，提升至 2023 年的 54.6%；这表明大型银行绿色信贷增长的速度较快，业务集中度在提升。此外，股份制商业银行当中，兴业银行的表现领先，其 2023 年底的绿色信贷余额高达 8090.2 亿元，排名全国第六位。

表 5-9　2023 年各商业银行绿色贷款余额（亿元）

排名	银行简称	2023 年绿色贷款余额	排名	银行简称	2023 年绿色贷款余额	排名	银行简称	2023 年绿色贷款余额
1	中国工商银行	54000.0	15	浙商银行	2034.4	29	青岛银行	261.4
2	中国农业银行	40487.0	16	南京银行	1770.0	30	齐鲁银行	242.0
3	中国建设银行	38800.0	17	北京银行	1560.5	31	兰州银行	127.7
4	中国银行	31067.0	18	平安银行	1396.5	32	紫金银行	122.5
5	交通银行	8220.4	19	上海银行	1000.0	33	青农商行	108.0
6	兴业银行	8090.2	20	杭州银行	681.6	34	厦门银行	71.1
7	邮储银行	6378.8	21	渝农商行	619.8	35	无锡银行	70.0
8	浦发银行	5246.0	22	沪农商行	614.3	36	苏农银行	45.0
9	中信银行	4590.2	23	长沙银行	429.0	37	郑州银行	40.9
10	招商银行	4477.7	24	成都银行	405.1	38	张家港行	35.4
11	光大银行	3137.6	25	宁波银行	386.0	39	江阴银行	30.4
12	江苏银行	2870.0	26	重庆银行	361.0	40	常熟银行	26.3
13	华夏银行	2711.2	27	贵阳银行	313.4	41	瑞丰银行	18.8
14	民生银行	2642.4	28	苏州银行	301.8	42	西安银行	17.0

资料来源：各银行社会责任报告。

3. 各银行积极构建绿色金融发展框架

根据《银行业保险业绿色金融指引》，多家金融机构开始从战略层面推进绿色金融，在组织体系、机构设置等方面构建绿色金融发展框架。

在管理层设定上，多家银行以“董事会—监事会—高管层”治理架构为首选，并结合自身特色加以改良。例如中国银行采用“董事会及专业委员会—高级管理层—专业团队”的三层治理架构，从顶层设计到各目标施行全流程贯彻绿色发展理念。同时多家银行加快建立绿色专营网点，深化能力建设。例如，2023 年中国工商银行打造绿色低碳网点和合肥碳中和支行；光大银行成立绿色金融专业处室、绿色网点、绿色数据中心。

表 5-10　银行“董事会—监事会—高管层”治理架构总结

绿色治理组织架构	绿色金融职能
董事会	承担主体责任，制定每年战略和长短期目标，评估执行情况和改善成效 分别成立子目标委员会以审议多个核心议题
监事会	履行监督职能，实时追踪国内外绿色金融、碳达峰碳中和相关议题，全程监督绿色金融战略实施
高管层	落实绿色金融业务目标，建立工作机制，推动全行绿色金融和自身节能降碳 通过专委会统筹规划绿色金融/碳达峰碳中和工作，落实战略部署，审议规划和政策 通过风险管理委员会将环境气候风险融入经营管理，提升风险管理能力
执行层	通过风险管理委员会将环境气候风险融入经营管理，提升风险管理能力 各分行及子公司健全绿色金融专项管理架构，推进相关工作的具体实施
专业部门	绿色金融/碳达峰碳中和工作机构及成员部门协同推进重点领域绿色金融业务，完善 ESG 风险管理，推进内部节能减碳和绿色转型

资料来源：各银行 2023 年可持续发展报告或社会责任报告。

4. 绿色信贷产品创新持续推进

绿色信贷产品创新继续推进，“绿色信贷+绿色保险”“绿色信贷+碳账户”等创新路线进一步丰富，尤其在可持续发展挂钩类等信贷产品方面也有较多实践。如兴业银行济南分行的“养老金融+绿色贷款+绿色建筑性能责任保险”绿色融资业务，北京银行以企业碳账户和绿色项目库系统碳核算为前提的“京行碳 e 贷”等。在可持续发展挂钩相关的产品方面，广东交行将乡村振兴与气候投融资相结合发放可持续发展挂钩贷款，工商银行推出的可持续挂钩贷款，邮储银行结合“碳减排支持工具”“可持续发展挂钩”和“数字人民币”的创新产品，中国农业银行的 ESG 可持续挂钩贷款，建设银行的“碳优贷”和“碳足迹”挂钩贷款等，都是银行业在服务实体经济转型和促进绿色低碳发展方面的有效尝试。

表 5-11　创新型可持续挂钩贷款产品示例

银行	产品名称	KPI	SPT	挂钩条款
中国建设银行	“碳足迹”挂钩贷款产品	碳排放等级	“红、黄、浅绿、深绿”四色碳排放等级	根据贴标结果和担保措施，对客户执行优惠利率
交通银行	省内首笔“碳中和挂钩”贷款	二氧化碳中和量	二氧化碳中和量是否超过指标	将借款人的贷款利率与二氧化碳中和量等关键绩效指标挂钩，贷款存续期内持续关注绩效目标实现情况
邮储银行	“碳减排支持工具+可持续发展挂钩+数字人民币”贷款	可再生能源发电新增装机容量	可再生能源发电新增装机容量是否达到目标，预计每年可节约标煤 2463.75 吨，减少二氧化碳排放量 8053.64 吨	若融资人在约定期间的可再生能源发电新增装机容量即达到目标则利率不变；若未达到，则第 3 个计息年度执行利率上浮

续表

银行	产品名称	KPI	SPT	挂钩条款
兴业银行	福建省首单产品碳足迹挂钩贷款	项目发电量	碳减排量是否达到各分级指标。预计每年可节约标准煤647.77 吨，减少二氧化碳排放量 1590.62 吨	设置分档利率，在实现预期发电量目标的情况下，对项目贷款执行优惠利率
中国农业银行	本行首笔碳减排挂钩贷款	碳减排效果	将农产品“爱媛橙”种植过程中的碳减排效果与贷款利率挂钩	贷款利率随农产品“碳足迹”减少而降低

资料来源：各银行 2023 年可持续发展报告或社会责任报告。

5. 绿色信贷基础设施加快建设

绿色信贷基础设施建设持续发力，主要体现在政府、金融机构、第三方服务商等积极探索基于大数据、人工智能等先进技术赋能金融服务的路径，提升绿色金融发展质效。在政府侧，如深圳市绿色金融协会受深圳市地方金融监督管理局委托，开展深圳市绿色金融公共服务平台建设工作，目前平台已完成系统开发，并且上线运行，平台为绿色金融的各利益相关方提供科学决策支撑，推动金融服务全社会的绿色、低碳及可持续发展；在金融机构侧，如交通银行湖州分行开展 ESG 企业评价体系模型的研究与应用、中国工商银行提升 ESG 风险系统化提示与管控能力。在第三方服务商侧，如新华财经绿色金融信息服务系统，通过整合业务标准和企业环境数据库，对接绿色金融服务需求；再如佳华科技与北京绿色金融协会携手，共同搭建绿色低碳综合服务平台，满足多样化的碳管理需求；也如中央财经大学绿色金融国际研究院自主开发的一站式绿色金融开放平台“易起惠”，整合绿色主体库、绿色主体识别、绿色项目识别、绿色票据识别、企业 ESG 报告、企业碳核算、CBAM 管控识别等多项功能。

三、绿色债券

（一）发展历程

在中国，绿色债券的出现可以追溯到 2015 年。2015 年 7 月，能源企业金风科技股份有限公司在境外完成 3 亿美元债券的发行，这是全球第一只中资企业发行的绿色债券。当我国在境外绿色债券市场迈出关键一步的同时，我国境内的绿色债券市场正蓄势待发。2015 年 12 月，中国人民银行发布《关于发行绿色金融债券有关事宜的公告》和《绿色债券支持项目目录》，正式拉开了我国绿色债券市场发展的帷幕。此后，中国人民银行、国家发展改革委、上海证券交易所、深圳证券交易所以及中国银行间市场交易商协会紧密协作，相继发布不同类型的绿色债券发布指引，为绿色债券市场的繁荣发展奠定制度基础。乘着政策的“东风”，2016 年 1 月底，上海浦东发展银行与兴业银行率先在中国内地推出了首批绿色金融债券，实现了国内绿色债券市场的突破。同年 8 月，《关于构建绿色金融体系的指导意见》对绿色债券的规章制度进行了完善，并提出了探索第三方评估及评级标准的建议。从此，中国的绿色债券市场步入了新的发展阶段。

（二）绿色债券制度体系

2015 年以来，我国绿色债券市场的制度建设不断迈上新台阶。我国先后出台《关于构建绿色金融体系的指导意见》《绿色债券支持项目目录（2021 年版）》《中国绿色债券原则》《关于支持中央企业发行绿色债券的通知》《关于进一步强化金融支持绿色低碳发展的指导意见》等一系列重要政策文件，逐步规范我国绿色债券发展领域，提升企业发行绿色债券的便利度，助力我国绿色债券市场高质量发展。从募集资金“百分百投向绿”的明确导向，到信息披露趋严的规范化进程，再到绿色债券评估认证的强化，每一步都彰显了我国推广绿色债券的决心与行动。随着政策的不断推动，绿色债券市场的透明度、规范性及绿色评估认证比例显著提升。绿色债券制度建设的不断推进不仅为我国绿色债券市场的长期健康发展奠定了坚实制度基础，更为经济社会的绿色转型注入了强劲动力。

1. “百分百投向绿”

在募集资金用途方面，绿色债券投向项目逐步明确，绿色用途资金最低比例提升至百分百。我国绿色债券发展初期，相关政策允许部分募集资金用于非绿色用途，随着市场的不断发展，整体的资金用途越发严格。2022 年 7 月，《中国绿色债券原则》进一步要求境内绿债募集资金 100% 投向符合《绿色债券支持项目目录（2021 年版）》的绿色项目；深圳证券交易所和上海证券交易所分别于 2022 年 9 月和 2023 年 3 月更新相应的指引文件，将绿色用途资金占总募集资金的比例从之前的 70% 提升至 100%。

2. 信息披露趋严

在信息披露方面，相关要求呈现规范化、严格化趋势。2022 年《中国绿色债券原则》提出及时记录资金流向、定期进行详细披露、延期 2 年以上保存等严格要求。2023 年 11 月发布的《绿色债券存续期信息披露指南》（以下简称《披露指南》）对国内绿债信息披露标准进行统一，通过形成定期报告模板和环境效益信息披露指标体系，强化信息披露的规范性与环境效益的可度量性。具体到不同的绿色债券上，上海证券交易所和深圳证券交易所对于绿色公司债的披露要求已经随相关上市指引更新至 2023 年版，绿色资产支持债券更新至 2022 年版；中国银行间市场交易商协会发布通知明确金融企业债务绿色融资工具应参照《披露指南》进行定期披露。

3. 绿债认证加强

在绿债评估认证方面，我国绿色债券评估认证市场初步形成，评估认证占比不断提升。2022 年 9 月，18 家机构通过绿色债券标准委员会（以下简称“绿标委”）的市场化评议并完成注册，我国绿债评估认证市场进一步规范。2018—2022 年，虽然市场上有多家机构开展绿色债券评估业务，但存在机构类型多样、认证水平参差不齐、市场缺乏监管等问题。2021 年以来，绿标委陆续发布相关自律文件，规范绿色债券评估认证业务。根据绿标委数据，我国绿色债券市场整体评估认证规模占新发行规模的比例由 2022 年的 89.33%增长到 2023 年的 94.55%，绿色债券认证占比进一步提高。2024 年，绿债评估认证市场进一步规范，为绿色债券市场长期健康发展打下坚实基础。2024 年 6 月，绿标委发布《绿色债券评估认证业务检查工作规程（试行）》，细化了具体的操作要求，进一步规范绿色债券评估认证业务检查工作，提高评估认证质量和公信力，保障绿色债券市场的健康发展。

（三）政策表现

“双碳”目标的提出意味着绿色低碳转型与可持续发展成为中国未来经济社会发展的主旋律。在实现“双碳”目标的背景下，我国政府对绿色金融及绿色债券体系的发展和完善给予了极大关注，积极推进相关领域的顶层设计工作，构建了包含“三大功能”和“五大支柱”的政策框架，政策框架的建立健全意味着监管部门意识到了发展过程中所存在的不足，并逐步通过政策的完善解决问题，引导中国绿色债券市场体系的高质量发展。

1. 完善绿色债券市场体系

针对绿色债券发行主体和投资者较为单一的问题，中国政府陆续出台政策扩充绿色债券相关主体的投融资渠道，并逐步放开市场准入，以更便利的通道和更优质的产品赋能绿色债券市场。证监会在 2017 年 3 月发布了《关于支持绿色债券发展的指导意见》，明确了绿色公司债和绿色资产支持证券（ABS）的发行要求，并在系统内建立绿色通道，提升企业发行速度和便捷性。2019 年 4 月，中国人民银行发布了《关于支持绿色金融改革创新试验区发行绿色债务融资工具的通知》，倡导地方政府实施金融奖励政策，以促进城市基础设施企业采纳绿色债务融资手段，例如定向工具和绿色资产支持证券为绿色项目建设融资，由中国人民银行主管的中国银行间市场交易商协会也开放“绿色通道”为绿色债务融资提供更多便利。2021 年 5 月，交易商协会又新增碳中和债券与可持续发展挂钩债券两类创新型绿色债券品种，拓宽了绿色债券的外延，以期吸引更多优质资产进入绿色债券市场。2021 年 7 月，上交所和深交所同日发布了更新后的债券品种指南，宣布新增包括碳中和债券和蓝色债券在内的绿色公司债券子类别，并对募集资金的使用规则和信息披露标准进行了优化，以保障资金投向绿色和低碳行业。

2023 年以来，中国在顶层设计方面进一步强调了发展绿色金融的重要性，并推动了绿色产业规范发展，2023 年 3 月，国家发展改革委发布了《绿色产业指导目录（2023 年版）》（征求意见稿），为绿色金融标准的后续修订提供了参考依据。此外，证监会和国务院国资委联合发布通知，支持中央企业发行绿色债券融资，以促进民营经济的绿色低碳发展。2024 年 10 月，中国银行间市场交易商协会发布《关于进一步优化绿色及转型债券相关机制的通知》，在前期绿色债券及转型类债券相关发行指引的基础上，进一步完善绿色及转型债券相关工作机制，优化信息披露、增加配套措施、健全全环链管理机制，以精准引导资金流向绿色转型领域。

2. 建立绿色债券统一的标准体系

中国的绿色债券标准正在从国内监管规范和国内外标准对接两个方面着手实现标准化。提升政策协同性，促进绿色债券界定标准的统一，这将简化发行流程并激励绿色债券的发行。在早期阶段，中国实行了分散监管模式，不同的绿色债券产品由不同的监管机构负责，遵循各自的指南或目录，这种做法导致发行人在发行不同类别债券时需要遵守不同的标准和规则，以及不同的信息披露要求，这不仅降低了绿色债券市场的效率，给发行人增添了不必要的工作负担，还降低了市场的透明度。为解决这一问题，2021 年 4 月，中国人民银行等部门联合发布了《绿色债券支持项目目录（2021 年版）》，此举标志着绿色债券相关管理机构首次实现了对绿色项目认定标准的整合，从而使得中国绿色金融债券、绿色公司债券以及绿色债务融资工具的标准得到了全面的一致化。

此外，政府正努力促进我国绿色债券准则与全球标准的融合，以支持我国绿色债券的全球化进程，这一举措将提升我国绿色金融产品在国际市场的竞争力和信誉度，并减少绿色资金跨境流动的交易成本及监管难题。特别是近年来，中国的监管部门和市场机构在这方面做出了积极探索，其中，《绿色债券支持项目目录（2021 年版）》将此前备受争议的煤炭清洁利用、燃煤电厂超低排放改造、煤炭开采和洗选等多个国际“非绿”项目剔除，释放出和国际绿色债券标准趋同的信号。2023 年 7 月，中国金融学会绿色金融专业委员利用《可持续金融共同分类目录》对符合要求的绿色债券进行贴标，进一步提高中国绿色债券的国际认可度。

（四）市场现状

1. 绿债发行规模近年有所收缩

中国绿色债券市场发展迅速，2016—2023 年，中国绿色债券发行规模从 2018 亿元增长至8448亿元，翻了两番，年均增长22.7%。同期，绿色债券为更多市场主体提供融资渠道，发行人数量从35家增至299家，发行只数增长10倍。2024年上半年，国内市场共发行200只绿色债券，规模合计2507亿元，与上年同期相比，发行数量下降14.89%，发行规模下降46.43%。受外部融资环境和监管趋严影响，2024年上半年绿色债券发行数量和发行规模均下降。

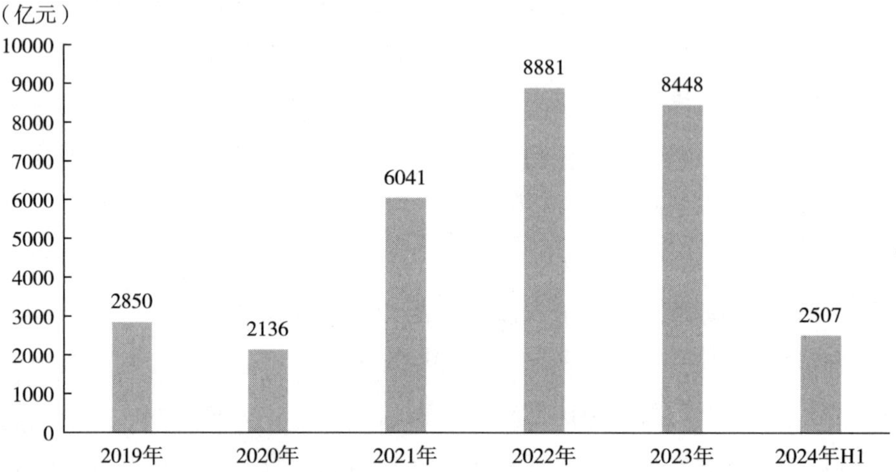

图5-6 2019年至2024年上半年绿色债券发行规模情况

资料来源：中国绿色低碳转型债券数据库。

2023年，我国绿色债券发行数量和规模首次出现放缓现象，2024年上半年，我国绿色债券发行量持续放缓，市场放缓现象体现了发行人和投资者对绿色债券态度的微妙转变。

（1）存量发行人进行消化整合，发债主体相对单一

在国家政策的强力推动下，众多具备资质的企业，尤其是金融机构，积极响应绿色转型的号召，通过发行绿色债券成功为绿色项目的建设募集大量资金。尤其是中国人民银行《银行业金融机构绿色金融评价方案》及原中国银保监会《银行业保险业绿色金融指引》等政策的出台，极大地激发市场活力，促使2022—2023年金融机构大规模发行绿色债券。然而，随着这一波发行高潮的消退，市场逐渐进入一个消化整合期，已发行的绿色债券正逐步转化为实际的项目投资，存量发行人再次发行绿色债券的意愿相对减弱，市场呈现一定的放缓态势。

我国绿色债券发行主体中，国有企业与金融行业占据主导地位。Wind数据显示，2024年上半年，中央国有企业发行规模占总发行规模的33.65%，地方国有企业占比45.91%，国有企业总发行规模占比接近80%。2024年上半年发行的292只绿色债券中，发行只数排名前三的行业分别是金融业、工业和公用事业。其中，金融行业共发

行 105 只绿色债券，发行规模占总发行量的 40. 78%。工业和公用事业的发行只数分别是 73 只和 66 只，发行规模占比分别是 19. 74%和 20. 41%。这种以国有企业和金融行业为主的结构固然反映了绿色债券市场发展初期的稳健性和资源集中优势，但绿色债券市场的长期健康发展必然需要更加多元化的发债主体参与，民营企业和非金融企业的积极参与必不可少。

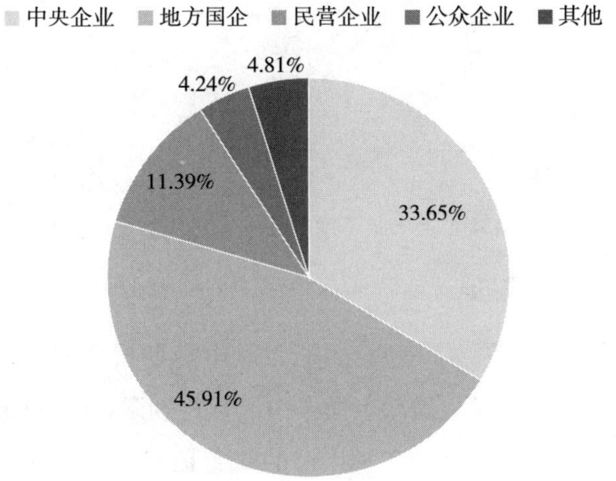

图 5-7　2024 年上半年不同性质主体对应的发行规模占比

资料来源：Wind。

（2）潜在发行人采取审慎态度，绿债发行意愿减弱

随着绿色债券市场的快速发展，我国相关监管体系也在不断完善，旨在提高市场透明度，保护投资者利益，确保资金流向真正的绿色项目。这一过程中，绿色债券的发行标准、认证审核流程、信息披露要求以及后续运营管理的监管力度显著增强，为企业发行绿色债券设立了更高的门槛。监管趋严一方面提升了绿色债券市场的整体质量，另一方面也增加了企业的发行成本和难度，使得部分潜在发行人在评估自身条件后选择保持观望或推迟发行计划。此外，绿色信贷的便捷化以及转型债券、可持续发展挂钩债券等创新融资工具的出现，使得企业拥有更加多元化的绿色融资渠道，绿色债券的部分市场需求被替代，潜在发行人的绿债发行意愿减弱。

（3）大量投资人加剧风险厌恶，缺乏长期主义投资者

在当前全球经济形势多变、市场波动性增强的大环境下，投资者的风险偏好普遍呈现谨慎态势，更加倾向于选择风险较低、收益稳定的投资产品。绿色债券虽然具有支持环保和可持续发展的积极意义，但其项目执行风险、政策变动风险等相对较高，部分投资者在当前市场环境下持谨慎态度。投资者的风险偏好和对风险的避险需求在一定程度上制约绿色债券的发行规模。

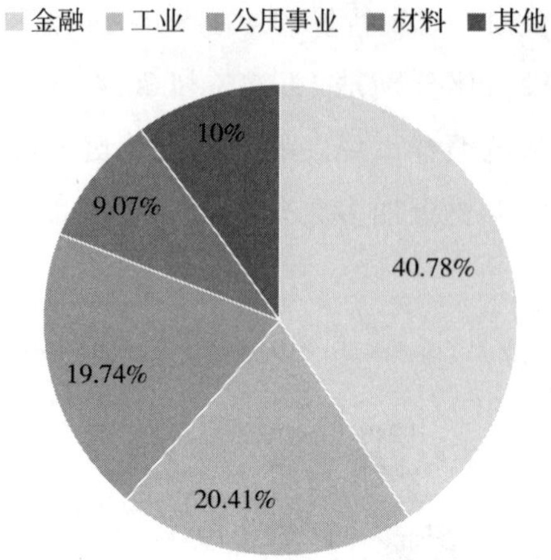

图 5-8　2024 年上半年不同行业主体对应的发行规模占比

资料来源：Wind。

此外，现阶段我国绿色债券市场的投资人以中短期投资者为主，长期主义投资者较为缺乏。2024 年上半年新发行的绿色债券中，发行期限在 1—3 年的规模最大，规模占比超过 60%；期限在 5 年以内（含 5 年）的绿色债券规模占比超过 85%。绿色项目普遍存在前期资金投入巨大、收益回报周期长的特点，而目前绿色债券市场的发行期限以中短期为主，这一结构显然与绿色项目的特点不匹配。经济社会的绿色低碳转型是一项长期工程，必然需要长期资本与耐心资本的支持。

表 5-12　2024 年上半年绿色债券发行期限

类别	发行数量（只）	数量占比（%）	发行规模（亿元）	规模占比（%）
1 年以内	37	12. 63	277. 53	10. 14
1—3 年	146	49. 83	1715. 12	62. 63
3—5 年	56	19. 11	398. 95	14. 57
5—10 年	29	9. 90	160. 12	5. 85
10 年以上	25	8. 53	186. 59	6. 81
合计	293	100. 00	2738. 29	100. 00

资料来源：Wind。

2. 我国绿债发行规模位居世界前列

经过数据统计，2023 年以来我国境内绿债发行规模虽然略有下降，但在国际绿色债券市场上仍然颇具影响力。根据气候债券倡议组织（CBI）与兴业经济研究咨询股份有限公司联合发布的《2023 年中国可持续债券市场报告》，2023 年我国在境内及离岸市场的贴标绿色债券发行量达到 9400 亿元，其中符合 CBI 绿色定义的约为 6000 亿元，连续两年保持世界最大的绿色债券发行市场地位，且维持了绿色债券累计发行量第二大国的地位。此外，我国符合 CBI 定义的贴标绿债比例从 57.3%上升至 63.6%，我国绿债标准与国际接轨的速度不断提升，发行质量和认可度迈上新台阶。

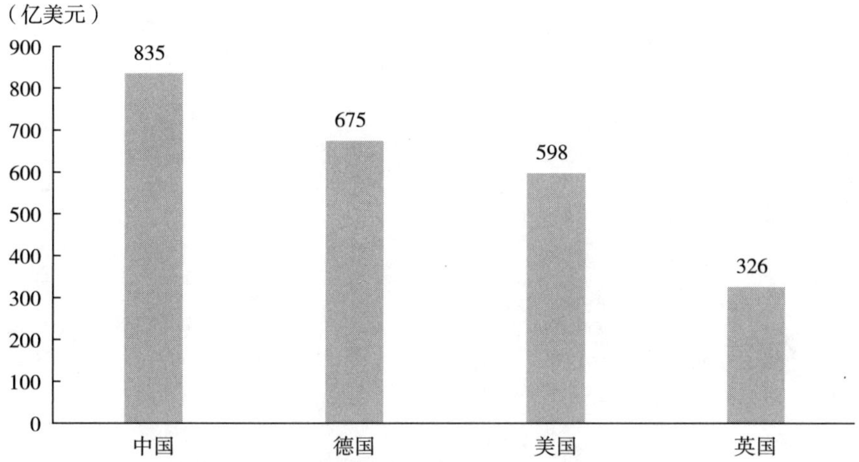

图 5-9　2023 年 CBI 标准绿色债券发行规模前四大国家

资料来源：根据公开资料整理。

3. 绿债发行成本优势明显

绿色债券市场发展初期，中国绿色债券发行成本优势尚不突出。以发行利率衡量，在 2017 年和 2018 年略有融资成本优势，分别为 3.9BP 和 4.2BP，其余年份绿色债券平均发行成本与普通债券接近。2021 年中国人民银行发布的《关于印发〈银行业金融机构绿色金融评价方案〉的通知》将业绩考核从绿色信贷拓展至绿色贷款和绿色债券，该政策出台后绿色债券的融资成本出现明显下降。2021 年绿色债券发行成本优势逐渐凸显，较普通债券低 10.1BP。2022 年和 2023 年绿色债券继续维持较高的成本优势，分别为 12.6BP 和 5.3BP。

根据最新数据整理，2024 年上半年，我国新发行绿色债券（不含资产支持证券）中有 122 只拥有可比债券，其中 101 只呈现成本优势，占比超八成。

4. 碳中和债券等创新绿债品种出现

近年来我国绿色债券发行品种日益丰富，逐渐从由绿色金融债主导逐步向多元化均衡转变。目前我国绿色债券已涵盖金融债、公司债、企业债、非金融企业债务融资工具、资产支持证券等主流债券类型。近几年，我国普通绿色债券范畴中新增碳中和债券和蓝色债券，前者用于支持具有显著碳减排效应的绿色项目，后者则旨在支持海洋保护以及海洋的可持续利用。值得一提的是，我国在碳中和债方面的发展领先于国际市场。2021 年 2 月，我国在银行间市场成功推出了首批六只碳中和债券。同年 3 月，中国银行间市场交易商协会出台了《关于明确碳中和债相关机制的通知》，其中详细规定了“碳中和债”的界定、资金使用、项目评估、信息公开以及激励政策等关键内容，这使得我国成为全球首个正式标注“碳中和”并成功发行此类债券的国家。

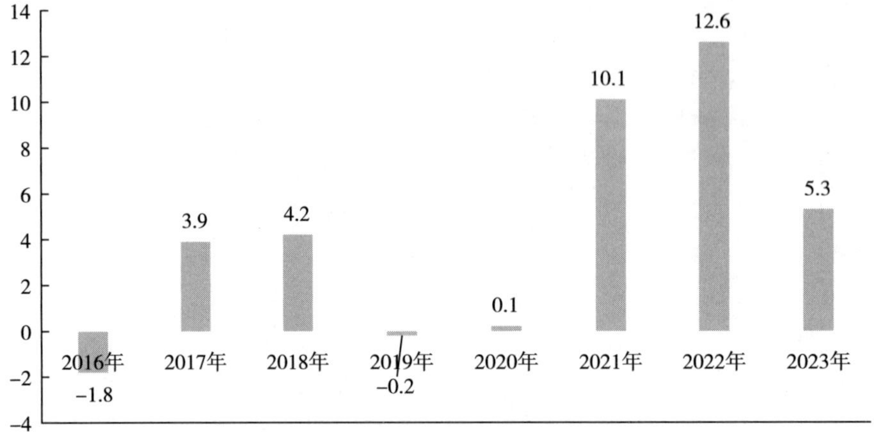

图 5-10　2016—2023 年我国绿色债券发行成本优势

资料来源：中国绿色低碳转型债券数据库。

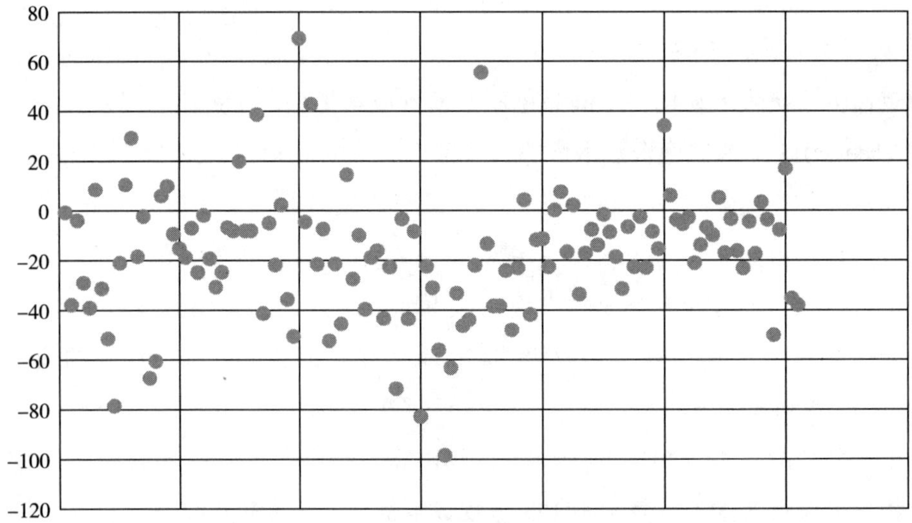

图 5-11　绿色债券发行成本差异分布

资料来源：根据公开资料整理。

四、ESG 公募基金

（一）产品分类

随着 ESG 概念的推广，近年来国内的 ESG 公募基金起步迅猛。国内对 ESG 公募基金也没有统一定义，但是暂且可以归为两类：“泛 ESG 基金”与“纯 ESG 基金”。

表 5-13　国内 ESG 公募基金分类划定

"泛 ESG 基金"			"纯 ESG 基金"	
环境保护主题基金	社会责任主题基金	公司治理主题基金	纯 ESG 主题基金	ESG 策略基金
在投资目标、投资范围、投资策略、投资重点、投资标准、投资理念、决策依据、组合限制、业绩基准、风险揭示中主要考虑环境保护、社会责任、公司治理主题之一的基金			在投资目标、投资范围、投资策略、投资重点、投资标准、投资理念、决策依据、组合限制、业绩基准、风险揭示中明确将 ESG 投资策略作为主要策略的基金为纯 ESG 主题基金，作为辅助策略的基金为 ESG 策略基金	

资料来源：Wind。

"泛 ESG 基金"，是指本身没有采用完整的 ESG 投资理念，而是侧重于环境、社会和公司治理中某一特定方面的基金。根据 Wind 统计，截至 2024 年 6 月末，国内市场"泛 ESG 基金"（只统计初始基金）有 316 只，总规模超过 3000 亿元。而"纯 ESG 基金"的投资策略中完整包含环境、社会、公司治理三个投资理念。根据 Wind 统计，截至 2024 年上半年末，国内市场的纯 ESG 公募基金（只统计初始基金）有 224 只，合计规模超 1300 亿元。

我国的 ESG 公募基金市场相对海外更加多元化，尤其是"泛 ESG 基金"类别。从广义上说光伏、新能源车等基金属于 ESG 投资范畴，但狭义上这些基金的 ESG 元素是较低的，其选择的行业或公司也许在 E 方面做得相对出色，但可能 S 或 G 方面信息披露不足、表现不佳。需要注意的是，目前在基金名字中加入 ESG 关键词并无监管要求，不仅对筛选和定义 ESG 公募基金范畴增添了难度，还存在"漂绿"的风险。证监会在 2022 年出台的《关于加快推进公募基金行业高质量发展的意见》，强调了公募基金要践行责任投资理念，总结 ESG 投资规律。

表 5-14　《关于加快推进公募基金行业高质量发展的意见》对 ESG 公募基金要求

序号	要求
1	积极发挥公募基金专业买方作用 促进全面实行股票发行注册制改革平稳落地 支持北交所改革发展
2	推动公募基金等专业机构投资者积极参与上市公司治理 助力上市公司高质量发展
3	引导行业总结 ESG 投资规律 积极大力发展绿色金融 践行责任投资理念

资料来源：证监会。

（二）政策进展

随着"双碳"目标的提出，各级监管部门已陆续出台多项政策，在支持 ESG 投资、强化企业信息披露等维度逐步推动金融机构践行ESG理念，积极开展ESG投资。相较于欧美而言，目前国内ESG基金政策以支持鼓励性政策为主，监管体系尚不完善，缺乏更为明确的ESG基金标准及ESG基金信息披露规则。

1. 持续支持ESG投资，引导ESG基金高质量发展

我国持续发布相关政策支持和引导ESG基金高质量发展，要求加强投资项目的ESG考量。2023年4月，国家发展改革委员会印发投资项目可行性研究报告编写大纲及说明，除生态环境、资源和能源利用分析等环境影响分析外，将碳达峰、碳中和等新理念纳入高耗能、高排放项目投资可行性分析中，同时要求评价项目在带动当地就业、促进企业员工发展、社区发展等方面的社会责任，要求识别项目产业链、供应链、生态环境、社会影响等方面的风险。以项目为代表的被评估主体是金融市场的直接投资标的，也是基金管理人投资价值链的重要组成部分，对项目的环境、社会维度的影响分析为基金公司评价投资标的提供更多可比数据，提高了数据透明度。

表5-15 《企业投资项目可行性研究报告编写参考大纲（2023年版）》

部分要求	具体内容
项目影响分析	经济影响分析
	社会影响分析
	生态环境影响分析
	资源和能源利用效果分析
	碳达峰碳中和分析
项目风险管控	风险识别与评价
	风险管控方案
	风险应急预案

资料来源：国家发展改革委。

2. 加强监管力度，防范ESG基金“漂绿”

在促进基金行业的可持续发展、积极推动绿色金融和责任投资的理念的同时，我国加强对基金公司和企业的监管力度，防范基金ESG基金“漂绿”现象。在中央层面，最高法出台第一部涉“双碳”规范性文件，依法保障绿色投资资金用途，防范企业在可持续方面的虚假宣传。2023年2月，最高人民法院出台《关于完整准确全面贯彻新发展理念为积极稳妥推进碳达峰碳中和提供司法服务的意见》，依法审理绿色股权投资、绿色股票指数、绿色基金等纠纷案件，同时鼓励更多资本和机构参与气候投融资。

3. 进一步规范ESG基金信息披露标准，提供明确的考量标准

为了提升金融市场的透明度和促进可持续发展，我国进一步加强对ESG基金信息

披露要求，致力于推动 ESG 基金信息披露的标准化和规范化，以确保投资者能够获得准确、全面的信息，从而做出更为明智的投资决策。值得关注的是，部分金融领域可持续发展更为领先的地域（如深圳），已然在绿色投资方面持续完善自身体系建设，出台了《深圳市绿色投资评估指引》《金融机构绿色投融资环境效益信息披露指标要求》等一系列标准，而其他地区仍有待提升。

基金管理人的可持续信息披露可以让投资者了解基金管理人的 ESG 投资策略、纳入考量的 ESG 指标及 ESG 风险管理体系，ESG 基金产品的资产配置比例、ESG 目标等信息披露有助于缓解投资者和被投者信息不对称的问题。2023 年 12 月，深圳市市场监督管理局发布《金融机构绿色投融资环境效益信息披露指标要求》，对包括基金管理公司在内的金融机构的绿色投融资活动制定信息披露要求。如表 5-16 所示，该环境效益信息披露指标体系包含六类共计 45 个指标，44 个定量指标和 1 个定性指标，旨在规范绿色投资的数据统计，为健全基金管理人可持续金融信息披露体系提供良好的借鉴。

表 5-16　金融机构绿色投融资环境效益信息披露指标

指标	说明
降碳类	评估生产经营活动减少的碳排放量，包括生态降碳、产业升级降碳、资源循环利用降碳等
减污类	评估生产经营活动减少的废弃物和环境污染物排放量
资源综合利用类	评估生产经营活动对资源科学合理的综合开发、深度加工、环使用和回收再生利用等情况
扩绿类	评估生产经营活动对生态系统保护和修复，提高生态系统的多样性、稳定性和持续性
其他类	为除了降碳类、减污类、资源综合利用类和扩绿类之外的定量环境效益信息披露指标
定性类	用于对环境效益进行定性描述

资料来源：根据公开资料整理。

（三）市场现状

1. 产品规模情况

ESG 生态完善下，相关产品发展迅速。2020 年我国提出“双碳”目标以来，中国 ESG 基金规模稳步增长，占基金比重提升，截至 2024 年 6 月末，我国共有 540 只 ESG 基金，资产规模超过 4300 亿元。其中，环境保护主题基金数量最多，达到 226 只，资产规模占比接近 40%。从产品新发情况来看，2021 年发行规模较大，2022 年后趋于稳定，我国 ESG 公募产品发展与监管和资金推动密切相关，多重举措引导公募基金实践 ESG 投资。

2. 产品收益分析

ESG 在公募基金产品设计上具有一定的选股价值，ESG 基金长期来看表现出超额收益。近五年来，各类 ESG 基金均表现出超额收益，泛 ESG 主题基金的收益表现最为突出，其中环境保护主题基金的累计收益率高达 96.87%，其次是公司治理主题基金和社会责任主题基金，收益率分别为 53.41%和 87.31%，“纯 ESG 基金”累计收益率为 44.12%，ESG 策略基金的累计收益率为 41.91%。各类 ESG 基金收益表现均明显高于同期沪深 300 指数的 10.68%、中证 800 指数的 14.21%、Wind 全 A 指数的 36.60%。

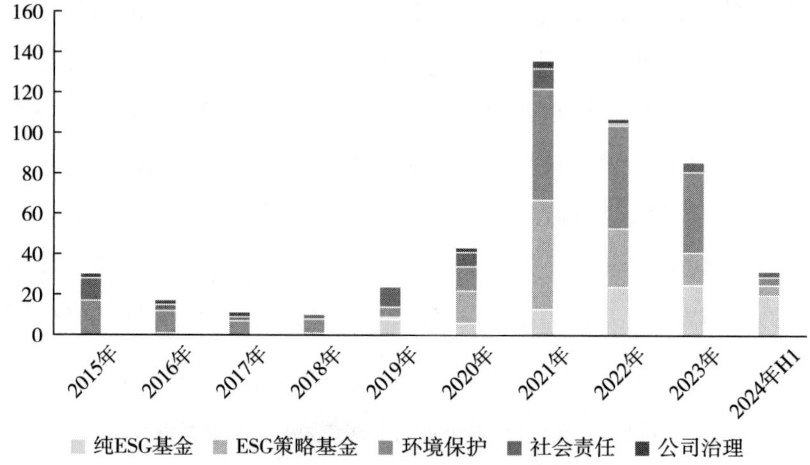

图 5-12　我国 ESG 公募基金数量变化情况

资料来源：Wind。

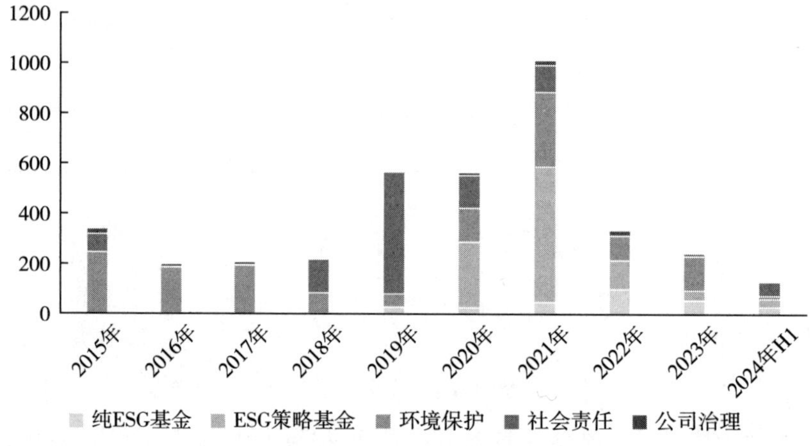

图 5-13　我国 ESG 公募基金规模变化情况

资料来源：Wind。

选取该股票型基金总指数作为基准，对比了近一年来 ESG 相关公募基金的收益情况，发现 ESG 公募基金的收益与基金市场整体走势相比表现较差，所有 ESG 公募基金最近一年平均收益率为-12.77%，相较于基准基金指数-2.24%的年平均收益率表现不佳。

3. 投资优势分析

ESG 公募基金在满足用户偏好、降低风险及实现长期回报收益这三方面，有着相对其他基金产品的优势。

（1）公司绩效提升。企业在 ESG 发展方面做出的努力大概率会获得更好的长期收益，不同公司类型其侧重点会有偏差，但是通过 ESG 方面的持续改善（包括但不限于节能排放、履行社会责任、公司管理架构透明度）都将影响其未来的现金流，并反映到公司估值、股价等当中。

（2）降低下行风险。相较于传统投资方式，ESG 投资通过积极的风险管理，有助于避免潜在的严重下行风险，如环境污染处罚、事故意外、法律纠纷等。

（3）资产配置优化。在碳中和的大趋势下，ESG 投资有助于资产配置的优化（例如投资于可再生能源和环保领域），并规避那些盈利前景受限的“棕色资产”投资。

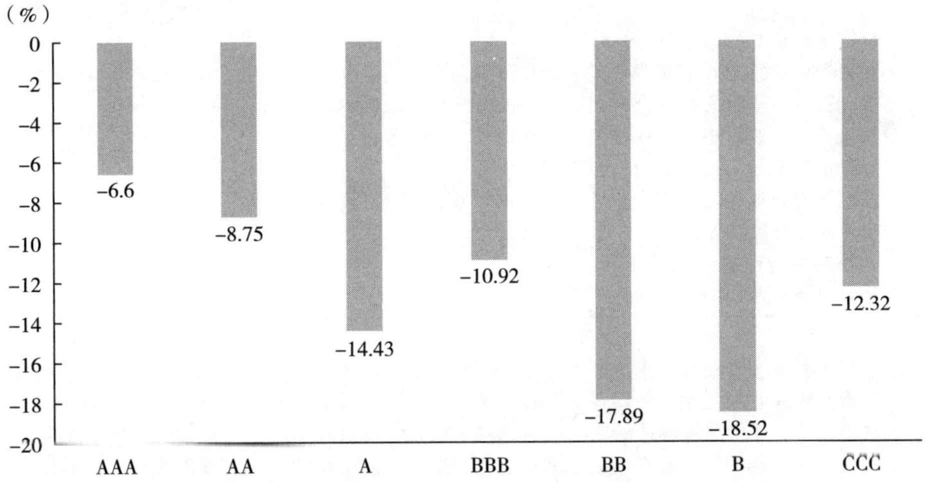

图 5-14　近一年 ESG 相关公募基金收益率平均值和 ESG 评级关系

资料来源：Wind（数据截至 2024 年 6 月）。

从长远角度来看，投资于以 ESG 为主题的公募基金，不仅有助于发掘具有持续发展潜力的企业，也能有效规避尾部风险。

ESG 公募基金的收益回报优势在于其长期性与风险稳定性。其中，以投资收益率为重点的投资者可以选择收益表现优良的 ESG 基金产品，包括股票类的、混合型的，以及国内市场新兴的指数基金类产品。对于更侧重于低风险偏好的投资者来说，纯 ESG 公募基金的优势在于这些基金有着比泛 ESG 公募基金更为苛刻的筛选策略，对投资范围、目标界定、ESG 三方面的衡量有详细要求，越来越多的纯 ESG 公募基金已经出台了自己的评级体系，以满足需求细节各异的投资者的投资需求与偏好。

4. 公募基金ESG投资框架

在投资流程上，大部分ESG管理人会采用正面与负面筛选的方式事前筛选标的，多数管理人会从整合或主题投资的维度在组合中考量标的的ESG因素，还有部分管理人会从投后的角度提升投资标的的ESG表现。对于团队架构，仅有部分基金公司组建了专职ESG团队，多数公司当前仍将ESG与其他研究条线相融合。

表5-17　国内公募基金ESG投资框架对比

基金公司	ESG投资流程	关注主题	ESG团队架构
南方基金	“事前+事中+事后”的全流程ESG投资体系：在股票、固定收益以及跨资产类别的投资研究和公司风险管理体系中全面融入ESG因素	权益方面，关注气候变化、“双碳”目标、公司治理架构、可持续蓝色经济、公正转型等；固收方面，关注绿债、碳中和债、乡村振兴债等ESG主题债券	领导小组：统筹协调公司ESG工作建设 ESG工作小组：包括固定收益ESG融合、权益ESG融合、合规风控ESG融合、ESG产品四个工作组 专业部门：可持续发展部
兴证全球基金	构建全流程ESG投资体系：1. 将投资标的的ESG表现、气候变化相关因子融入投资分析和决策系统，披露相关责任投资政策；2. 积极行使投票权，参与到被投企业的治理当中，推动企业提升其治理水平；3. 启动投资组合碳排放量化工作，测算投融资活动碳排放指标	责任投资基金：从社会责任投资角度出发，投资于持续发展、道德责任、法律等方面表现良好的公司 绿色投资基金：重点关注绿色科技产业、公司以及技术更新企业	已构建了包括董事会、公司ESG领导小组、ESG牵头部门、ESG其他相关部门等四个层级在内的责任投资管理体系
招商基金	把绿色投资、责任投资作为开展资产管理业务的重要底层逻辑准则，将环境因素逐步融入投资业务流程中，以落实绿色金融投资机制建设	覆盖绿色主题、低碳主题、ESG主题，重点关注对碳中和目标达成起到积极促进作用的优质企业、受益于碳中和的企业重点行业领域	可持续投资委员会：负责可持续投资战略实施，指导投研、产品等部门落实具体工作 投资部门：从投资准则和决策层面推进可持续投资战略实施 产品部门：从产品策略层面推进可持续投资主题产品落地
嘉实基金	积极开展尽责管理实践，全面将ESG投研融合，积极参与被投公司的ESG治理。采用负面筛选、正面筛选、可持续主题投资和积极所有权的策略进行投资	主要覆盖制造业、新能源电力行业，重点关注绿色主题、低碳主题和碳中和主题优质企业	设立了可持续投资业务办公会，由总经理牵头，投研各主要业务条线负责人参与，全面统筹和督导公司ESG投研体系建设和业务发展战略规划；组建了专职ESG研究部
华夏基金	构建了“六合一”的ESG投资流程，涵盖策略规划、基本分析、投资组合管理、风险控制、与上市公司互动以及定期监督	主要覆盖制造业、新能源主题行业，资产上同时涵盖REITS产品	建立了公司层面的ESG业务委员会，下设风控主管、投资主管、销售主管、产品主管、市场主管具体落实责任投资工作。其中投资部门下设ESG团队，该团队作为实现责任投资的专门机构，负责推进ESG在投资分析、风险监控和公司互动等环节的融合

续表

基金公司	ESG 投资流程	关注主题	ESG 团队架构
易方达基金	将 ESG 评估体系全面融入投资研究和决策流程，运用排除筛选和 ESG 评分策略进行选股；通过股东参与和代理投票机制，对上市公司施加正面影响，推动公司的持续进步	集中于能源、制造业行业进行责任投资	内部成立 ESG 管理委员会，统一指导公司的责任投资策略、管理及执行；并设有专业的 ESG 研究员，以及指定 ESG 业务联络人，负责具体操作层面的协调与执行

资料来源：根据公开资料整理。

五、ESG 指数

（一）概述

随着全球对气候变化、社会公正和良好治理等议题的日益关注，ESG 投资已经成为主流金融市场不可或缺的一部分。在这一趋势的驱动下，ESG 指数的编制开发近年来得到了显著的完善和发展。不同于传统权益或固收指数的编制，ESG 指数不仅考虑了企业的财务稳健性，还包括了其在可持续性方面的表现——这种综合评估方式为投资者提供了一个更全面的视角来评价公司的长期价值。投资者和投资机构越来越倾向于向那些在保护地球、承担社会责任以及展现公平和道德治理等方面体现积极价值观的公司投资。这不仅是出于伦理和道德的考虑，也是一种有效的风险管理策略。为了满足日益扩大的 ESG 投资需求，知名的金融指数提供商、投研机构乃至交易所纷纷推出了各自的 ESG 指数系列。这些 ESG 指数不仅应用于股票和债券等传统金融产品，还广泛覆盖于其他资产类别。

ESG 指数的应用范围广泛，既包括全球市场，也涉及特定地区和国家的 ESG 表现，体现了市场对不同层面 ESG 表现的深入关注和评估需求。从底层资产类型来看，主要布局在权益和固收领域，其中，权益市场是布局热点，主要有宽基、主题类和气候变化三大类指数。

1. 股票型 ESG 指数

国内最早的 ESG 主题股票指数是深圳证券信息有限公司在 2005 年发布的国证治理指数。

（1）宽基类

ESG 宽基指数一般是指通过基础筛选和权重调整以实现贴合宽基指数走势表现、实现 ESG 因子最大化暴露的指数。从境外相关指数编制规则来看，该类指数主要可分为两类：ESG 整合指数和 ESG 价值指数。其中，ESG 整合指数通常基于 ESG 评级结果，对母指数进行一定条件的筛选与权重调整。相对于母指数，ESG 整合指数通过

ESG 评级结果的筛选能进一步提高指数的 ESG 表现，提高指数的整体抗风险能力。ESG 价值指数则通常是基于母指数，针对特定行业进行侧重或剔除。相对于母指数，ESG 价值指数是通过价值投资策略生成的指数，在一定程度上体现了该指数的价值倾向性，如表征长期在经济、环境和社会三方面持续做出突出贡献公司的表现。

（2）ESG 主题类

近年来，可持续发展框架下的行业主题类指数日益增加，如清洁能源、水资源、低碳技术以及绿色房地产等。该类指数旨在关注特定 ESG 相关主题、有着更精准的目标和行业集中度，同时结合了 ESG 衍生指标，使其在捕捉环境议题热点带来的超额收益的同时，兼顾了 ESG 投资理念和相关监管要求。

（3）气候变化类

气候变化类 ESG 指数衡量气候变化以及低碳经济过渡，使机构投资者和财富管理机构能够将气候风险因素纳入其全球股权投资过程。气候变化类指数发展经过三个阶段：第一阶段气候变化类指数以降碳减排为首要目标，主要采用负面剔除和正面筛选的策略，如非化石燃料指数、清洁能源指数；第二阶段气候变化类指数以提供气候变化解决方案、捕捉气候机遇为目标，主要采用 ESG 整合策略或主题投资，如碳效率、碳中和指数，该类指数关注高碳减排风险的同时，也关注低碳领域投资机遇；第三阶段的气候变化类指数与碳中和、碳密度等概念深度融合，设定了硬性的脱碳指标。

2. 债券型 ESG 指数

ESG 数据可得性和数据质量是决定 ESG 指数发展的重要因素。债券 ESG 指数的发展慢于股票 ESG 指数。近年来，随着发债主体信披完善和 ESG 债券供给增加，指数商也在加大债券 ESG 指数布局。国内指数供应商例如中证指数发布了沪深 300ESG 信用债指数、500ESG 指数等 22 条覆盖 A 股的指数。受全球通胀和市场震荡下行等因素影响，投资者风险偏好下降，固定收益类 ESG 指数产品以短期公司债为主，其次为宽基类，而主权债、市政债等类型的新发产品数量和规模均较小。

表 5-18 债券型 ESG 指数品类

主题指数	代表指数	
绿债指数	投向绿债	中债—中国气候相关债券指数 中债—兴业绿色债券指数 中债—碳中和绿色债券指数
	贴标绿债	中债—高等级绿色公司信用类债券指数 中债—工行绿色债券指数
转型指数	中债—电力行业优质转型企业信用债指数	

续表

主题指数	代表指数
碳价指数	中碳—兴业全国碳市场碳排放配额现货抵质押价格指数 中债—中国碳排放配额现货综合价格指数
宽基指数	代表指数
筛选策略	中债—交行长三角 ESG 优选指数 中债—天风国际 ESG 优选中资美元债指数 中债—平安理财 ESG 优选绿色债券指数 中债—国寿资产 ESG 信用债精选指数 中债—中信证券 ESG 优选信用债指数
整合策略	中债—华夏理财 ESG 优选债券策略指数 中债—平安人寿 ESG 整合策略信用债指数

资料来源：根据公开资料整理。

3. 其他类指数

过去几年，多家指数商陆续发布基于可持续投资的房地产投资信托（REITs）指数、商品 ESG 指数、ESG 目标风险多资产指数，ESG 指数底层资产范围和多样性日益丰富。

（二）编制方法步骤

ESG 指数编制的总体步骤如下所示：

合并数据集：收集并整合相关公司的 ESG 评分，并与母指数的原始成分股、权重表格进行合并；

分行业排序 ESG 得分：在每一个行业分类中，对公司的 ESG 得分从大到小排序；

分行业累加流通市值：在每一个行业分类中，沿着公司 ESG 得分排序从大到小的方向对公司的流通市值进行累加；

划定同类 ESG 最佳公司：设定一个流通市值累加的临界值，计算成分股流通市值的累加占该行业比例与临界值之差的绝对值，选择绝对值最小的情形，作为该行业最后一家被纳入 ESG 正面优选的成分股；

分行业计算权重扩大因子：重新计算各行业纳入 ESG 优选个股的总流通市值，使用（原始指数总流通市值/ESG 优选个股的总流通市值）作为行业个股权重扩大因子；

计算个股 ESG 调整后权重：使用对应的（行业个股权重扩大因子×个股在指数中的原始权重）重新计算调整后个股权重；

合成 ESG 指数：使用个股 ESG 调整后权重重新合成 ESG 指数。

（三）发展现状

1. 规模情况

根据 Wind 统计数据，将 ESG 指数主要划分为纯 ESG 指数、环境保护指数、社会责任指数和公司治理指数四个类别。具体识别规则为在指数名称中检索 ESG 主题关键词。识别顺序为优先识别纯 ESG 指数类别，然后依次为环境保护指数、社会责任指数和公司治理指数。

表 5-19　指数划分类型情况

分类	关键词
纯 ESG 指数	可持续，责任投资
环境保护指数	环境，低碳，碳中和，绿色，气候，碳减排，碳排放，新能源，清洁能源，节能，生态，环保，美丽中国，美丽城镇，长江保护，环境治理，大气治理，水治理，固废治理
社会责任指数	社会，社会责任，一带一路，乡村振兴，扶贫，区域发展，共同富裕，社会公益
公司治理指数	公司治理，企业治理，财经 50

资料来源：Wind。

国内市场 ESG 指数发展起步较晚，但整体发展迅速，根据 Wind 数据统计，截至 2024 年 6 月末，ESG 主题指数一共有 1865 只，其中 2021 年和 2022 年发行数量相对较多。

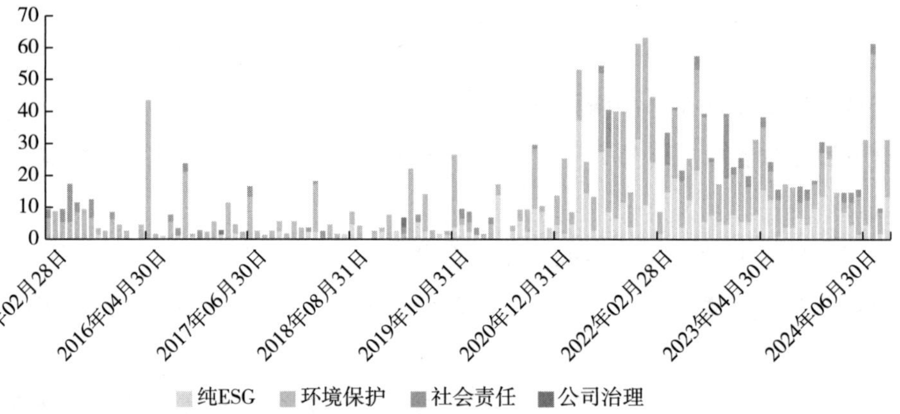

图 5-15　ESG 指数产品新发行情况

资料来源：Wind。

2. 收益情况

ESG 指数中债券型 ESG 指数的表现要优于股票型 ESG 指数的表现。2021 年以来，全部 ESG 相关指数的平均收益率为-0.03%。其中，债券指数的平均收益率为 2.02%，股票指数的平均收益率为-2.89%。从收益率分布来看，股票型 ESG 指数中，10.23%的指数年化平均收益率大于 5%，7.91%的指数年化平均收益率介于 0~5%，绝大多数的指数年化平均收益率小于 0。然而，在债券型 ESG 指数中，年化平均收益率小于 0 的仅有 13.45%，年化平均收益率介于 0~5%的指数占比 79.83%，年化平均收益率大于 5%的占比 6.72%。

具体到产品来看，股票指数中，能源 ESG 领先、高股息 ESG 全收益、央企 ESG50 全收益等指数的收益率表现优异，2021 年以来的年化平均收益率在 10%~13%。这些指数除了 ESG 策略以外，还带有能源、高股息以及央企等各类主题因子。如果考察全市场 ESG 领先公司的整体表现，则可观察华证 ESG 领先指数。自 2021 年 ESG 策略发展较为迅速以来，华证 ESG 领先指数虽然受整个 A 股市场下行的影响，也体现出下行趋势，但比上证指数、沪深 300 和中证 800 的主要市场指数的表现更为优异。

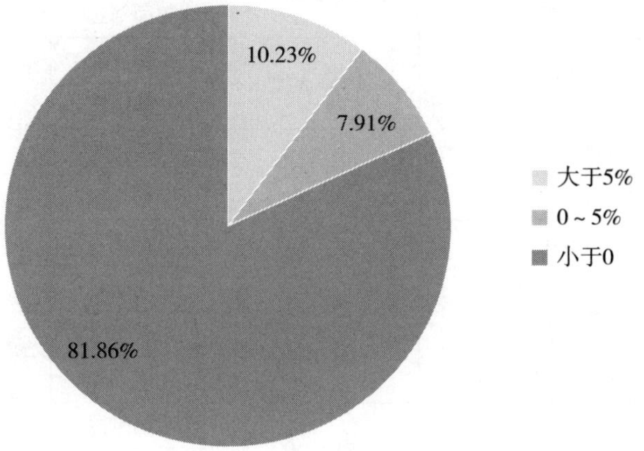

图 5-16　2021—2024 年上半年股票型 ESG 指数的年化平均收益率分布

资料来源：Wind。

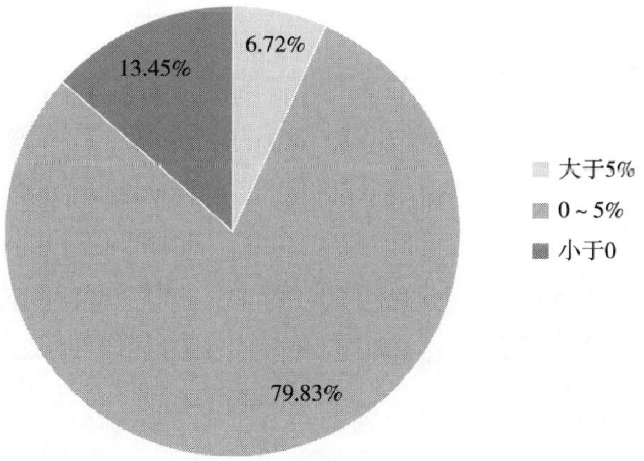

图 5-17　2021—2024 年上半年债券型 ESG 指数的年化平均收益率分布

资料来源：Wind。

（四）布局情况

总体来看，金融机构正在加大对 ESG 主题指数的布局，旨在承接国内外市场 ESG 投资指数化的需求，其中以中证、国证、华证以及 Wind 指数为代表。

表 5-20 国内主要指数商 ESG 主题指数布局情况

机构	指数名称	母指数	ESG 策略	成分数量	调整周期
深圳证券交易所	深指 ESG	深证成指	负面剔除	400	半年
	深指 ESG 领先		正面筛选	200	
	创指 ESG	创业板指	负面剔除	80	
	创指 ESG 领先		正面筛选	50	
	100ESG	深证 100	负面剔除	80	
	100ESG 领先		正面筛选	50	
	国证 ESG300	沪深 A 股	负面剔除	300	
			正面筛选		
中证	300ESG	沪深 300	负面剔除	235	半年
	300ESG 领先		正面筛选	100	
	ESG120 策略		负面剔除	120	
	华夏银行 ESG		负面剔除	126	
	300ESG 价值		正面筛选	100	
	兴业证券 ESG 盈利 100		正面筛选	100	
	500ESG	中证 500	负面剔除	392	
	500ESG 领先		正面筛选	150	
	可持续发展 180ESG	上证 180 指数	正面筛选	100	
Wind	Wind 全 A 可持续 ESG	Wind 全 A 指数	正面筛选	321	半年
	WindA50ESG 领先	Wind 全 AE	正面筛选	40	
	Wind 全 AESG 领先	Wind 全 A 指数	正面筛选	300	
华证	华证 ESG	华证 A 股	负面剔除	300	季度
			正面筛选		
	华证 ESG 领先		负面剔除	300	
			正面筛选		
	大盘 ESG	华证大盘	负面剔除	212	半年
	证中盘 ESG	华证中盘	负面剔除	335	季度
	华证小盘 ESG	华证小盘	负面剔除	863	
	华证中小盘 ESG	华证中小盘	负面剔除	1191	季度
新华财经	CN-ESG 策略 50	新华 500 指数	ESG 整合	50	/
	CN-ESG 优选 300		正面筛选	300	/

资料来源：Wind。

1. 中证 ESG 指数系列

中证指数发布的 ESG 指数大致可以分为以下几类：基准类指数，它通过从原宽基指数中移除 ESG 评价最低的一定比例（大约 20%）的成份股来构建，旨在为 ESG 基金产品提供业绩对比基准；领先类指数，则是从指数样本中选择 ESG 评价最高的约 30%

的成份股，用于评估高 ESG 评级股票的市场表现；策略类指数，从指数样本中挑选出综合表现较好的约 1/3 的成份股。

表 5-21 中证 ESG 指数情况

序号	指数代码	指数简称	指数全称	资产类别	发布时间
1	931463	300ESG	沪深 300ESG 基准指数	股票	2020 年 4 月 30 日
2	931465	300ESG 领先	沪深 300ESG 领先指数	股票	2020 年 4 月 30 日
3	931476	ESG120 策略	中证 ESG120 策略指数	股票	2020 年 4 月 30 日
4	931477	华夏银行 ESG	中证华夏银行 ESG 指数	股票	2020 年 4 月 30 日
5	931242	央企 ESG50	中证央企 ESG50 指数	股票	2023 年 5 月 4 日
6	931243	诚通央企 ESG	中证诚通央企 ESG 指数	股票	2023 年 5 月 4 日
7	931251	国新央企 ESG 成长 100	中证国新央企 ESG 成长 100 指数	股票	2023 年 5 月 8 日
8	931450	新能车主题	中证新能源汽车主题指数	股票	2024 年 8 月 26 日
9	931466	300ESG 价值	沪深 300ESG 价值指数	股票	2020 年 4 月 30 日
10	931525	兴业证券 ESG 盈利 100	中证兴业证券 ESG 盈利 100 指数	股票	2020 年 8 月 6 日
11	931577	沪深 300ESG 债券	沪深 300ESG 债券指数	固定收益	2020 年 10 月 21 日
12	931578	沪深 300ESG 信用债	沪深 300ESG 信用债指数	固定收益	2020 年 10 月 21 日
13	931648	500ESG	中证 500ESG 基准指数	股票	2021 年 4 月 12 日
14	931649	500ESG 领先	中证 500ESG 领先指数	股票	2021 年 4 月 12 日
15	931650	800ESG	中证 800ESG 基准指数	股票	2022 年 7 月 8 日
16	931651	800ESG 领先	中证 800ESG 领先指数	股票	2021 年 4 月 12 日
17	931661	500ESG 价值	中证 500ESG 价值指数	股票	2021 年 4 月 12 日
18	931662	800ESG 价值	中证 800ESG 价值指数	股票	2021 年 4 月 12 日
19	931667	800ESG 债券	中证 800ESG 债券指数	固定收益	2021 年 3 月 25 日
20	931668	800ESG 信用债	中证 800ESG 信用债指数	固定收益	2021 年 3 月 25 日
21	931809	高股息 ESG	中证高股息 ESG 指数	股票	2022 年 1 月 20 日
22	931859	300 碳中和	沪深 300 碳中和指数	股票	2022 年 3 月 7 日
23	931891	ESG300 成长优选	中证 ESG300 成长优选指数	股票	2022 年 7 月 18 日
24	932050	浦东绿色 50ESG	中证浦东新区绿色 50ESG 指数	股票	2023 年 5 月 8 日
25	950223	50ESG	上证 50ESG 基准指数	股票	2022 年 1 月 24 日
26	950224	180ESG 基准	上证 180ESG 基准指数	股票	2022 年 1 月 24 日
27	950225	380ESG	上证 380ESG 基准指数	股票	2022 年 1 月 24 日
28	950226	180ESG 领先	上证 180ESG 领先指数	股票	2022 年 1 月 24 日
29	950227	380ESG 领先	上证 380ESG 领先指数	股票	2022 年 1 月 24 日

资料来源：中证指数官网。

2. 华证 ESG 指数系列

华证指数是国内第二家 ESG 指数满足国际证监会组织 IOSCO 国际准则标准的机构，2022 年成为联合国责任投资原则（UN PRI）的签署方，也是上交所 E 服务平台的独家 ESG 数据供应商，根据公司官网，重点的华证指数如表 5-22 所示。

表 5-22　华证 ESG 指数情况

序号	指数简称	指数代码	发布日期	指数类型
1	华证红利 ESG 全收益	T95009	2019 年 12 月 9 日	A 股-策略
2	华证红利 ESG	995009	2019 年 9 月 30 日	A 股-策略
3	华证 ESG	999101	2019 年 5 月 6 日	A 股-行业主题
4	华证 ESG 领先	999102	2019 年 5 月 6 日	A 股-行业主题
5	大盘 ESG	999103	2019 年 5 月 6 日	A 股-行业主题
6	华证中盘 ESG	999109	2022 年 4 月 20 日	A 股-行业主题
7	华证小盘 ESG	999110	2022 年 4 月 20 日	A 股-行业主题
8	华证中小盘 ESG	999111	2022 年 4 月 20 日	A 股-行业主题
9	华证乡村振兴 ESG 领先	997201	2022 年 7 月 20 日	A 股-行业主题
10	华证科创创业 ESG 领先	997512	2022 年 10 月 24 日	A 股-行业主题
11	华证科创创业 ESG 优选	997612	2022 年 10 月 24 日	A 股-行业主题
12	华证科创创业 ESG	999112	2022 年 10 月 24 日	A 股-行业主题
13	华证新型电力系统 ESG 优选	997606	2023 年 1 月 18 日	A 股-行业主题
14	华证新型电力系统 ESG 精选	997706	2023 年 1 月 18 日	A 股-行业主题
15	龙头 ESG100	997501	2023 年 5 月 5 日	行业主题
16	陆港龙头 ESG100	997502	2023 年 5 月 5 日	行业主题
17	港股通龙头 ESG50（CNY）	997503	2023 年 5 月 5 日	行业主题
18	大盘 ESG 领先	997557	2023 年 9 月 15 日	A 股-规模
19	小盘 ESG 领先	997559	2023 年 9 月 15 日	A 股-规模
20	中盘 ESG 领先	997558	2023 年 9 月 15 日	A 股-规模
21	中小盘 ESG 领先	997560	2023 年 9 月 15 日	A 股-规模
22	大盘 ESG 优选	997601	2023 年 10 月 20 日	A 股-规模
23	小盘 ESG 优选	997603	2023 年 10 月 20 日	A 股-规模
24	中盘 ESG 优选	997602	2023 年 10 月 20 日	A 股-规模
25	中小盘 ESG 优选	997604	2023 年 10 月 20 日	A 股-规模
26	大盘 ESG 精选	997701	2023 年 11 月 1 日	A 股-规模
27	小盘 ESG 精选	997703	2023 年 11 月 1 日	A 股-规模
28	中盘 ESG 精选	997702	2023 年 11 月 1 日	A 股-规模
29	中小盘 ESG 精选	997704	2023 年 11 月 1 日	A 股-规模
30	A 指 ESG	997705	2023 年 11 月 17 日	A 股-规模

续表

序号	指数简称	指数代码	发布日期	指数类型
31	A 指 ESG 精选	997709	2023 年 11 月 17 日	A 股-规模
32	A 指 ESG 领先	997707	2023 年 11 月 17 日	A 股-规模
33	A 指 ESG 优选	997708	2023 年 11 月 17 日	A 股-规模

注：除去 ESG 行业指数。
资料来源：华证官网。

3. Wind ESG 指数系列

Wind ESG 指数覆盖了多个行业和领域的上市公司，提供全面的 ESG 评价，基于 Wind 信息强大的数据分析和研究能力，构建了一套科学的 ESG 评分体系，投资者可以利用这些指数来筛选和跟踪在 ESG 方面表现优秀的公司。

表 5-23　Wind ESG 指数情况

序号	指数代码	指数名称	发布日期	加权方式	收益方式
1	866601. WI	Wind 大盘 ESG 趋势	2022 年 8 月 12 日	调整自由流通市值加权	价格指数
2	866602. WI	Wind 中盘 ESG 趋势	2022 年 8 月 12 日	调整自由流通市值加权	价格指数
3	866603. WI	Wind 小盘 ESG 趋势	2022 年 8 月 12 日	调整自由流通市值加权	价格指数
4	866604. WI	以舟-Wind 大盘 ESG 趋势 50	2023 年 4 月 24 日	调整自由流通市值加权	价格指数
5	866611. WI	华夏-Wind ESG 蒲公英 50	2024 年 5 月 31 日	等权重	价格指数
6	866613. WI	华理-Wind 新能源汽车 ESG	2024 年 9 月 17 日	策略加权	价格指数
7	866614. WI	华理-Wind 软件和信息技术 ESG	2024 年 9 月 17 日	策略加权	价格指数
8	866615. WI	华理-Wind 智能制造装备 ESG	2024 年 9 月 17 日	策略加权	价格指数
9	866616. WI	华理-Wind 化工行业 ESG	2024 年 9 月 17 日	策略加权	价格指数
10	881101. WI	Wind 全 A 可持续 ESG	2021 年 3 月 15 日	自由流通市值加权	价格指数
11	881102. WI	Wind 陆股 A 可持续 ESG	2021 年 3 月 15 日	自由流通市值加权 分级靠档	价格指数
12	881103. WI	Wind 陆股 A 环境可持续 50	2021 年 9 月 23 日	自由流通市值加权 分级靠档	价格指数
13	881105. WI	Wind 两创可持续 ESG50	2021 年 9 月 3 日	自由流通市值加权	价格指数
14	881106. WI	Wind 日常消费可持续 ESG	2021 年 3 月 15 日	自由流通市值加权	价格指数
15	881107. WI	Wind 可选消费可持续 ESG	2021 年 3 月 15 日	自由流通市值加权	价格指数
16	881108. WI	Wind 信息技术可持续 ESG	2021 年 3 月 15 日	自由流通市值加权	价格指数
17	881109. WI	Wind 医疗保健可持续 ESG	2021 年 3 月 15 日	自由流通市值加权	价格指数
18	881110. WI	Wind 材料可持续 ESG	2021 年 3 月 15 日	自由流通市值加权	价格指数
19	888104. WI	WindA50ESG 领先（人民币）	2021 年 9 月 3 日	基本面加权	价格指数
20	888105. WI	Wind 全 A ESG 领先（人民币）	2021 年 9 月 3 日	基本面加权	价格指数

资料来源：Wind 官网。

第四节
中国ESG投资发展趋势

一、ESG投资规模不断增长

随着我国“双碳”目标、高质量发展等战略的明确提出和政策的逐步实施，ESG（环境、社会和公司治理）投资规模不断扩大，持续增长。将可持续发展要素融入投资决策，已成为增加投资收益、减少潜在投资风险的关键手段，这一转变意味着，ESG投资正逐步从边缘走向主流，成为投资领域的重要组成部分。随着ESG投资实践中的一些关键难题，如数据获取、评估体系、信息披露等问题的逐步解决，ESG投资的可行性和吸引力不断增强。这使得越来越多的投资机构开始重视ESG投资，并将其作为实现长期价值增长的重要途径。在这个过程中，ESG投资不仅为投资者带来了良好的社会效益，同时也为他们的财务回报提供了坚实的保障。

展望未来，ESG投资将迎来更加广阔的发展机遇和增长空间。一方面，政策层面的支持和市场环境的优化，为ESG投资的快速发展创造了有利条件；另一方面，随着社会各界对可持续发展的关注度不断提高，ESG投资的市场需求将持续增长。

二、ESG信息披露实现高质量发展

2023年，中国上市公司的ESG信息披露质量取得了显著的提升，这一进展不仅体现在信息披露的时效性上，更表现在内容的深度和广度上。这些公司的ESG报告不再仅仅是形式上的敷衍，而是真正地触及了ESG实践的核心。报告内容涵盖了环境责任、社会责任、公司治理结构，以及供应链管理等多个关键领域，全方位地展示了上市公司在ESG领域的努力和成果。值得注意的是，这些报告在编制过程中更加注重遵循国际通行的标准和框架，如全球报告倡议组织（GRI）和可持续发展会计准则委员会（SASB）等。这种做法不仅提高了报告的规范性和一致性，还增强了信息的可信度和国际间的可比性。通过采用这些国际标准，中国上市公司能够在全球范围内提升自身的ESG形象，吸引更多国际投资者的关注。

总的来说，ESG信息披露的高质量发展，不仅体现了中国上市公司在ESG实践上的积极进步，也反映了我国在推动企业可持续发展、提升市场透明度方面的坚定决心。未来ESG信息披露将进一步实现高质量发展，这种趋势有助于构建更加健康、稳定的市场环境，为投资者提供更加全面、准确的信息，进而促进整个资本市场的长期可持续发展。

三、企业参与和股东行动策略将成为 ESG 投资的主流

在未来的 ESG（环境、社会和公司治理）投资领域，企业参与和股东行动策略将逐渐成为主流趋势，这些策略超越了传统的 ESG 负面筛选策略或整合法，主要依据上市公司过去的 ESG 表现来制定投资选择，相比之下，企业参与和股东行动策略更加注重投资者在投资过程中的主动性和影响力。具体来说，企业参与策略鼓励投资者直接参与到被投资公司的治理结构中，通过投票权、董事会席位等手段，对公司的 ESG 政策和实践产生直接影响。投资者不仅是资金的提供者，更是公司治理和企业社会责任的推动者。通过积极的参与，投资者可以帮助企业改进 ESG 表现，从而提升其整体业务绩效和市场竞争力。股东行动策略则强调投资者作为股东的角色，通过发起或参与股东提案、与公司管理层对话、公开呼吁等方式，推动企业在 ESG 方面采取更加积极的措施。这种策略的有效性在于，它能够促使企业认识到 ESG 问题的重要性，并在日常运营中加以重视。

因此，企业参与和股东行动策略将成为 ESG 投资的主流，它们将为投资者提供更有效的手段，以推动企业在 ESG 领域的持续改进和创新。

四、ESG 投资相关配套服务将不断完善

在我国，ESG 投资的监管、审计、律师、咨询以及法律法规等相关配套服务正处于不断完善和发展的阶段。目前，针对 ESG 报告的审计、合规和法律服务相对较少，大部分上市公司尚未对其发布的 ESG 报告实施外部审计，这在某种程度上削弱了信息的可信度。

展望未来，随着监管力度的加强，对 ESG 报告的合规性审查将逐渐成为市场运作的常态。监管机构将更加关注上市公司 ESG 信息的披露质量，要求企业通过外部审计等方式，确保披露信息的真实性以及准确性，这种趋势将促使审计机构、合规顾问和法律专家加大对 ESG 领域的投入，提升相关服务的专业性和标准化水平。企业需要专业律师团队的帮助，以更好地理解和遵守相关法律法规，确保自身的 ESG 实践不违反法律规定，同时也能够利用法律法规来指导自身的 ESG 工作，提升企业的社会责任形象和市场竞争力。此外，ESG 咨询服务的需求也将随着市场的成熟而增长。企业需要专业的咨询机构提供 ESG 战略规划、风险管理、可持续发展报告编制等方面的专业建议和指导。这些咨询服务将帮助企业更好地将 ESG 理念整合到其业务运营和长期发展

战略中。

总之，随着ESG投资在我国的深入发展，相关的监管、审计、律师、咨询和法律法规等配套服务将不断完善，形成一个更加成熟、专业的ESG生态系统，为推动我国可持续发展和绿色转型提供有力支持。

第五节
ESG投资在我国面临的挑战

一、ESG信息披露范围和报告质量有待改善

（一）范围有限

在我国，大量企业在进行ESG信息披露时，往往只触及最基本的层面。这意味着，它们可能只披露了一些表面的、易于量化的信息，如能耗、废物排放等，而对于更深层次的环境问题、社会贡献和公司治理结构的详细情况，则鲜有涉及。例如，企业在环境保护方面可能仅报告了直接的排放数据，而没有涉及生态保护、生物多样性维护等更为全面的议题。在社会责任方面，可能只提及了公益活动，而忽略了员工权益保护、供应链管理等方面的详细披露。在治理结构方面，可能只公布了董事会成员的信息，而对于董事会的决策过程、内部控制机制等关键信息则语焉不详。

（二）报告质量不高

即便是在有限的披露范围内，ESG信息的报告质量也普遍不高。这主要体现在以下几个方面：

1. 数据准确性问题

在缺乏严格审核和验证机制的情况下，企业披露的ESG数据准确性难以得到保证。一些企业可能由于疏忽或故意为之，导致所披露的数据存在偏差，更有甚者，部分企业为了塑造良好的公众形象，可能会采取虚报数据的做法，这不仅扭曲了企业的真实状况，也对投资者的判断造成了误导。

2. 透明度不足

在ESG信息的报告过程中，透明度的缺失是一个普遍存在的问题，一些企业可能会选择性地披露信息，故意省略或模糊关键细节，使用模糊不清的语言来描述其ESG表现。这种做法使得报告的透明度大打折扣，投资者和市场参与者难以获得全面、清晰的信息，从而难以对企业的真实状况做出准确评估。

3. 时效性问题

ESG 信息的时效性对于投资者来说至关重要，然而，一些企业的 ESG 报告更新频率低下，无法及时反映企业在环境、社会和治理方面的最新动态。这种时效性的缺失使得报告中的信息失去了参考价值，投资者无法基于这些过时的数据做出有效的投资决策。

由于上述问题的存在，投资者在依据 ESG 信息进行投资决策时，往往面临着较大的不确定性，这不仅增加了投资风险，也限制了 ESG 投资市场的健康发展。因此，扩大 ESG 信息披露的范围并提升其质量，是中国 ESG 投资发展亟待解决的问题。

二、ESG 数据的可得性、可靠性和可用性不够

ESG 投资在我国面临的挑战之一是 ESG 数据的可得性、可靠性和可用性问题，这些问题在很大程度上影响了投资者的决策效率和市场的透明度。

（一）可得性

对于投资者而言，获取高质量的 ESG 数据是一项颇具挑战性的任务，尤其是在非上市和中小企业中，这一问题更为突出。这些企业往往没有公开披露信息的强制要求，也没有足够的资源来收集和报告 ESG 相关数据。因此，投资者在寻找这些企业的 ESG 信息时，常常面临数据缺失或难以获取的情况。这种信息的不对称性使得投资者难以全面评价对应公司的 ESG 实践情况，从而对整体的投资决策造成一定的消极影响。

（二）可靠性

ESG 数据的可靠性是另一个关键问题，由于缺乏统一的报告标准和第三方验证机制，ESG 数据的真实性常常受到质疑。企业可能根据自己的理解或利益来选择性地披露信息，或者采用不同的计算方法和标准来编制报告，这导致市场上的 ESG 数据参差不齐，难以确保其可靠性。投资者在利用这些数据时，不得不花费大量时间和资源进行核实和验证，这增加了投资的不确定性。

（三）可用性

即便 ESG 数据可得，其可用性也是一个问题。由于不同企业可能采用不同的报告格式和标准，ESG 数据的一致性较差，这使得数据难以被直接比较和有效利用。例如，一家企业可能使用全球报告倡议组织（GRI）的标准，而另一家则可能遵循可持续发展会计准则委员会（SASB）的指南，这种标准的不统一导致投资者在分析和整合数据时面临困难。此外，数据的结构化和数字化程度不高，也限制了其在投资决策过程中的应用。

综上所述，ESG 数据的可得性、可靠性和可用性问题构成了我国 ESG 投资发展的重大障碍。为了克服这些挑战，需要政府、企业和投资者共同努力，建立统一的 ESG 报告标准，加强数据验证和披露监管，提升数据的结构化和数字化水平，从而提高 ESG 数据的质量和实用性。

三、ESG 本土评级机构的影响力有待提升

（一）认可度有限

在我国，ESG 评级机构相较于国际知名的评级机构，如穆迪、标普全球和摩根士丹利等，其在国内外市场的认可度和影响力明显较小。这种差异的原因多种多样，包括品牌知名度、市场经验、专业能力和历史数据的积累等。国际评级机构凭借其长期积累的声誉和全球范围内的认可度，往往能够为投资者提供更加权威和可信的 ESG 评估。而我国的 ESG 评级机构由于起步较晚，市场推广力度不足，导致其在投资者心目中的地位和影响力有限，这直接影响了本土评级结果的广泛应用。

（二）标准差异

国内外 ESG 评级标准存在显著差异，这也是影响本土评级机构影响力的一个重要因素。国际评级机构通常采用全球统一的标准和框架，如 GRI、SASB 和 TCFD 等，这些标准在全球范围内具有较高的普遍性和可比性。而我国的 ESG 评级机构往往基于国内的市场环境和政策导向来制定评级标准，这些标准与国际标准在内容和侧重点上可能存在差异。例如，中国的 ESG 评级可能更加注重环境保护和能源消耗的指标，而国际标准可能更加强调公司治理和社会责任。这种标准上的差异导致了本土评级结果在国际市场上的普遍接受度不高，限制了其在全球范围内的应用和影响力。

为了提升我国 ESG 本土评级机构的影响力，需要采取以下措施：一是加强与国际评级机构的合作与交流，提升本土评级机构的专业水平和市场认可度；二是推动国内外 ESG 评级标准的融合与互认，提高本土评级结果的国际可比性和接受度；三是通过政策支持和市场教育，增强投资者对本土 ESG 评级机构的信任和依赖。通过这些努力，可以逐步提升我国 ESG 本土评级机构在国内外市场的影响力。

四、ESG 投资规模占比相对较低

尽管 ESG 投资在我国正逐步增长，展现出积极的势头，但在整个投资市场中的占比仍然相对较低，根据①（Morningstar）的数据，截至 2022 年末，全球可持续基金总

---

① 信息来源：《中国 ESG 投资按下“加速键”还有哪些发展困境待突破?》，第一财经，2023 年 12 月 21 日。

资产规模达 2.74 万亿美元。其中，欧洲占总规模的 81%，是目前最发达和多样化的 ESG 市场；其次是美国，约占 13%。相较于欧美的先发优势，国内的 ESG 投资起步较晚。相较于传统投资，ESG 投资的受众基础和资金规模尚未达到与其重要性相匹配的水平，这种低占比可能源于多种因素，包括投资者对 ESG 理念的认识不足、市场对 ESG 产品的需求尚未充分激发，以及 ESG 投资相关的政策和市场基础设施尚不完善等。因此，扩大 ESG 投资的规模和提升其在总投资中的占比，是推动我国 ESG 投资市场发展的重要任务。

为了应对这些挑战，我国需要在多个层面进行努力：一是通过政策引导和市场监管，鼓励金融机构加大对 ESG 投资的研发和推广力度；二是提升投资者教育和宣传的力度，增强公众对 ESG 投资的认识和接受度；三是创新 ESG 投资产品和服务，满足相关投资者的不同需求。通过这些措施，可以促进我国 ESG 投资市场的健康成长和可持续发展。

参考文献

［1］北京证监局课题组．关于上市公司环境、社会责任及公司治理（ESG）信息披露的研究［J］．财务与会计，2021（11）：25-28.

［2］李文，顾欣科，李灿权．ESG 助力企业和金融体系可持续发展［J］．可持续发展经济导刊，2021（6）：101-103.

［3］刘霞，华明涵．银行业金融机构建设 ESG 管理体系的国内外实践与探索［J］．金融纵横，2021（5）：42-47.

［4］刘颖周舟．中国企业 ESG 信息披露现状及启示［J/OL］．债券，2022（10）：68-71. DOI：10.3969/jissn.2095-3585.2022.10.016.

［5］上海证券报．ESG 在我国的 20 年实践与发展［N/OL］．（2021-10-21）［2023-11-22］. https：//paper.cnstock.com/html/2021-10/21/content_ 1529813.htm.

［6］王大地，黄洁．ESG 理论与实践［M］．北京：经济管理出版社，2021（1）：71.

［7］詹鸿．ESG 投资理念助力实现碳中和［J］．时代金融，2021（18）：53-55.

［8］张雪峰．ESG、投资效率与企业绩效［D］．武汉：中南财经政法大学，2020.

［9］中国证券投资基金业协会、国务院发展研究中心金融研究所．中国上市公司 ESG 评价体系研究报告（2019）［M］．北京：中国财政经济出版社，2019.

［10］Bhaduri S N，Selarka E. Corporate governance and corporate social responsibility of dian companies［M］. Si-naapore：Soringer，2016.

［11］ Fu X，T Tang，X Yan. Why do institutions like corporate social responsibility investments? Evidence from hori-zon heterogeneity ［J］. Journal of Empirical Finance，2019，51（c）：44-63.

［12］ Leins S. Responsible investment：ESG and the post-crisis ethical order ［J］. Economy and Society，2020（1）：71-91.

第六章

中国 ESG 发展面临的机遇

近年来，政府关注、投资市场、国际标准要求及可持续发展需要等多方面因素推动着中国 ESG 发展，从政府关注角度而言，践行 ESG 理念为中国的“双碳”目标、乡村振兴等重要发展战略推进提供了新的着力点；从投资市场角度而言，ESG 表现可以有效反映企业资产的长期投资价值和抗风险能力；从国际标准角度而言，中国企业可以积极利用国际标准作为沟通桥梁，在国际市场展开持续性交流；从可持续发展角度而言，践行 ESG 理念是企业实现可持续发展目标的重要方法和路径。

本书从以上四个角度出发，对中国 ESG 发展面临的机遇进行分析，首先是 ESG 与国家战略之间的关系，ESG 为中国式现代化高质量发展注入动力；其次是 ESG 是企业在高质量发展道路上的“新课题”，可以从企业长期投资价值和抗风险管理两个方面进行分析；再次是践行 ESG 是加快建设世界一流企业的“必答题”，中国企业可以将国际标准作为沟通桥梁，并积极与国际接轨；最后是践行 ESG 是企业实现可持续发展的必由之路，梳理 ESG 与可持续发展的逻辑关系，同时分析企业践行 ESG 的相关措施，实现企业的可持续发展。

第一节
ESG 为中国式现代化与高质量发展注入动力

一、ESG 理念与中国式现代化的深度融合

（一）环境维度

气候变化已成为全人类共同面临的挑战，我国提出的“双碳”目标与 ESG 中的环境要素紧密相连，这一目标的实施不仅体现了我国对生态环境保护的高度重视，也为经济社会可持续发展注入了新的活力。

1. “双碳”目标与 ESG 环境要素的紧密联系

（1）碳达峰

我国郑重承诺，到 2030 年碳排放达到峰值，随后逐步降低，这一宏伟目标与 ESG 环境要素中的核心理念不谋而合，即减少温室气体排放、提高能源利用效率。碳达峰

的实现，意味着我国将在经济发展与环境保护之间找到平衡，推动经济社会发展进入绿色低碳的新轨道。

（2）碳中和

我国力争在 2060 年前实现碳中和，即通过碳捕捉、碳汇增强等先进技术，使碳排放与碳吸收达到动态平衡，这一目标与 ESG 环境要素中的推动绿色能源发展、保护生物多样性等理念紧密相连，体现了我国对生态环境保护的长远考量。

2. 推动绿色低碳发展取得的显著成果

（1）产业结构优化

在“双碳”目标的指引下，我国加大产业结构调整力度，淘汰了一大批高污染、高能耗的落后产能，同时大力发展绿色低碳产业，推动经济结构向更加合理、高效的方向发展。

（2）能源结构转型

我国积极推动能源结构优化，大力发展风能、太阳能等清洁可再生能源，逐步降低煤炭、石油等化石能源的消费比重，从而有效减少了碳排放，为全球能源转型提供了中国方案。

（3）碳排放强度降低

通过实施一系列节能减排措施，我国单位 GDP 的二氧化碳排放量持续下降，这不仅展示了中国在应对气候变化方面的积极作为，也为全球减排贡献了中国力量。

（4）生态环境改善

随着绿色低碳发展的深入推进，我国生态环境质量得到显著提升，森林覆盖率稳步提高，空气质量逐步改善，水环境质量也在恢复过程中，为人民群众提供了更加宜居的生态环境。

3. ESG 理念助力我国实现绿色转型

（1）引导企业行为

ESG 理念强调企业应承担环境保护责任，促使我国企业加大环保投入，创新绿色技术，实现生产过程的低碳化，从而在源头上减少环境污染。例如，一些企业通过采用节能减排设备、发展循环经济和推广清洁能源等方式，降低能耗和排放，实现可持续发展。

（2）优化资源配置

ESG 投资理念引导资本流向绿色、低碳领域，不仅推动了资源的优化配置，也为绿色产业的发展提供了强有力的资金支持，资本的投入使得绿色产业快速发展，从而促进了经济增长和就业机会的增加。

（3）提升国际形象

我国在“双碳”目标上的积极行动和显著成果，得到了国际社会的广泛赞誉，极大提升了我国的国际形象和影响力，有助于吸引更多的国际投资和合作机会，为我国经济的发展带来更多机遇。

（4）促进国际合作

ESG理念为我国与其他国家在应对气候变化、保护生态环境方面的合作提供了共同语言和平台，推动了国际交流与合作的深入发展，通过加强国际合作，我国能够与其他国家共同应对全球气候变化和环境污染等挑战，实现可持续发展。

（二）社会维度

我国高度重视民生福祉，致力于缩小城乡差距、实现共同富裕，ESG中的社会要素强调企业应承担社会责任，关爱员工、回馈社会，与我国国家战略中关于乡村振兴、教育、医疗等领域的政策措施相辅相成。

1. ESG理念与社会发展的深度融合

（1）民生福祉的重视

中国式现代化强调以人为本，高度重视民生福祉，在这一过程中，ESG的社会要素成为提升民众生活质量、实现共同富裕的重要抓手，要求企业在追求经济效益的同时，更加关注人的发展和社会的整体利益。

（2）社会责任的承担

ESG中的社会要素强调企业应承担社会责任，包括关爱员工、保障劳动者权益、促进就业、提高工作环境质量等，与国家战略目标高度契合。

2. ESG社会要素与国家战略的相辅相成

（1）乡村振兴

我国乡村振兴战略旨在提高农村地区的经济发展水平，改善农民生活条件，ESG社会要素的实践，如企业支持农村基础设施建设、提供就业机会、推广绿色农业技术等，有助于推动乡村振兴，实现城乡融合发展。

（2）教育发展

教育是国家发展的基石，我国通过加大对教育的投入，提高教育质量，保障人民群众受教育权利，企业在履行社会责任时，通过捐资助学、开展职业技能培训等活动，不仅促进了教育公平，也为社会培养了更多人才。

（3）医疗服务

完善医疗卫生服务体系，提高医疗服务水平，是我国国家战略中的重要组成部分，企业在参与医疗服务改善中，如捐赠医疗设备、支持医疗研究、提供健康保障等，体现了对社会责任的承担，有助于提升民众的健康水平。

3. ESG社会要素在推动中国式现代化中的作用

（1）促进社会公平

ESG社会要素的实践有助于平衡不同社会群体之间的利益，促进社会公平正义，例如，企业通过提供平等的就业机会、支持社区发展项目、推动性别平等和多元文化等，能够为构建和谐社会提供支持，有助于增强社会凝聚力，促进社会的长期稳定和可持续发展。

（2）提升企业价值

企业在承担社会责任的过程中，能够提升自身的品牌形象和市场竞争力，例如，企业通过积极参与公益事业、支持环保项目、关注员工福利等，能够赢得消费者的信任和支持，提高市场份额，良好的社会形象和声誉有助于企业在市场竞争中脱颖而出，实现可持续发展。

（3）推动社会创新

ESG社会要素鼓励企业和社会组织创新社会服务模式，如开展公益创业活动、创办社会企业等，这些创新的社会服务模式能够为社会问题的解决提供新思路。通过创新，企业和社会组织能够更有效地满足社会需求，促进社会的和谐与进步。

（三）治理维度

我国积极推进国家治理体系和治理能力现代化，ESG中的治理要素强调企业应完善内部治理结构，提高治理水平，有助于我国企业提升竞争力，为国家经济发展贡献力量。

1. 国家治理体系现代化与企业治理能力的协同发展

（1）国家治理体系现代化的需求

随着我国社会主义市场经济体制的不断完善，国家治理体系现代化成为必然趋势，要求企业在遵循国家法律法规的同时，不断提升自身的治理能力，不仅有助于企业实现可持续发展，还能够为国家治理体系现代化提供微观基础。

（2）企业治理能力的提升

ESG治理要素是企业提升治理能力的重要抓手，ESG治理标准强调企业应建立和完善内部治理结构，确保企业运营的透明度和合规性，包括加强董事会和监事会的职能、完善内部控制和风险管理体系、提高信息披露的质量和及时性等。通过遵循ESG治理标准，企业能够更好地适应国家治理体系现代化的要求。

2. ESG治理要素在企业竞争力提升中的作用

（1）优化决策机制

企业通过完善治理结构，可以建立更加科学、高效的决策机制，包括建立多元化的决策层、引入外部专家意见、运用先进的决策支持系统等。通过这些措施，企业能够更好地整合内外部信息，提高决策的科学性和前瞻性，从而增强市场应变能力，应对复杂多变的市场环境。

（2）强化风险管理

良好的治理水平有助于企业识别、评估和管理潜在风险，包括建立全面的风险管理体系、制定风险应对策略、定期进行风险评估和审计等。通过这些措施，企业能够及时发现和应对潜在风险，确保企业稳健经营，提升抗风险能力，降低经营风险对企业的负面影响。

（3）提升企业形象

企业治理水平的提升，有助于树立良好的企业形象，包括建立透明的信息披露机制、积极履行社会责任、注重员工权益保护等。通过这些措施，企业能够赢得投资者和消费者的信任，提高市场竞争力，为企业的发展创造有利的外部环境。

3. 企业治理能力提升对国家经济发展的贡献

（1）促进产业升级

企业治理能力的提升，有助于推动产业结构优化升级，加快新旧动能转换，为国家经济发展注入新动力，包括推动企业技术创新、优化产品结构、拓展国际市场等，从而让企业能够更好地适应市场需求，提高产品附加值，促进产业结构的优化升级，为经济发展注入新动能。

（2）提高资源配置效率

良好的企业治理能够优化资源配置，提高资源使用效率，促进经济高质量发展，包括加强企业内部管理、提高资源利用效率、降低运营成本等，从而企业能够实现资源的合理配置，提高资源使用效率，推动经济高质量发展。

（3）培育市场主体

企业治理能力的提升，有助于培育更多具有国际竞争力的市场主体，为国家经济发展贡献力量，包括加强企业内部管理、提高产品质量、提升企业品牌影响力等，从而企业能够提升自身的竞争力，培育具有国际竞争力的市场主体，为国家经济发展贡献力量。

二、ESG 为中国高质量发展注入新活力

（一）创新驱动发展

ESG 鼓励企业创新，以应对环境、社会和治理方面的挑战，在我国，ESG 实践已成为推动科技创新、实现高质量发展的重要途径。激发创新活力方面，ESG 理念促使

企业关注环境保护、社会责任和治理结构的优化，激发了企业在技术研发、管理模式等方面的创新活力；技术革新方面，面对环境和社会的挑战，企业通过 ESG 实践推动绿色技术和清洁能源的发展，为我国产业结构调整和升级提供了技术支撑；模式创新方面，ESG 引导企业探索新的商业模式，如循环经济、共享经济等，有助于实现资源的高效利用和环境的可持续保护。

（二）优化资源配置

ESG 理念引导资本流向更具社会责任感和环境责任感的领域，有助于优化资源配置，提高经济效率。在资本引导方面，ESG 投资理念使得资本更加倾向于支持那些注重环境保护和社会责任的企业和项目，从而促进了资源的合理配置；在提高效率方面，ESG 实践通过提升企业的环境和社会责任意识，减少了资源浪费，提高了资源使用效率。

（三）增强企业竞争力

践行 ESG 的企业在市场上更具竞争力，能够吸引更多优秀人才，提高企业形象，实现可持续发展。在人才吸引方面，ESG 企业通常拥有更好的企业文化和社会形象，能够吸引和留住优秀人才，为企业发展提供人力支持；在品牌塑造方面，通过践行 ESG，企业能够树立负责任的品牌形象，增强消费者的信任，提高市场占有率。

（四）降低发展风险

ESG 关注企业面临的非财务风险，帮助企业识别、评估和管理潜在风险，为高质量发展保驾护航。在风险管理方面，ESG 实践促使企业更加关注环境变化、社会需求和治理结构的完善，有助于企业提前识别和应对潜在风险；在稳健经营方面，通过有效的风险管理，ESG 企业能够实现更加稳健的经营，为高质量发展提供稳定的微观基础。

三、ESG 在中国式现代化与高质量发展中的实践路径

（一）政策引导

政府应积极制定相关政策，鼓励企业、投资者和社会各界关注 ESG，推动 ESG 实践，包括制定与 ESG 相关的法律法规，为企业履行社会责任提供法律依据，规范企业行为，同时通过财政补贴、税收优惠等手段，激励企业、投资者和社会各界积极参与 ESG 实践，这有助于降低企业参与 ESG 实践的成本，提高其积极性。此外，政府应加强对 ESG 实践的监管与评估，确保企业、投资者和社会各界在 ESG 实践中的合规性和有效性。

（二）企业实践

企业应建立健全 ESG 管理体系，确保企业运营的透明度和合规性，包括制定 ESG 相关的政策、制度和流程，以及定期进行 ESG 评估和报告。在员工培训方面，应加强对员工的 ESG 培训，提高员工对 ESG 的认识和参与度，员工是企业 ESG 实践的主体，他们的参与和理解对于企业 ESG 实践的成功至关重要。此外，企业应积极参与社会公益活动，关爱员工，保障消费者权益，履行企业社会责任，有助于提升企业的社会形象和声誉，为企业发展创造良好的社会环境。

（三）投资者关注

投资者应重视 ESG 因素，将 ESG 表现作为投资决策的重要依据，引导资本流向 ESG 表现良好的企业，推动资本市场向 ESG 投资转型。在投资的过程中，应加强对 ESG 投资的评估与监管，确保投资行为的合规性和可持续性，有助于保护投资者的利益，同时促进 ESG 实践的持续发展。

（四）社会参与

社会各界应共同关注 ESG 发展，提高公众对 ESG 的认识，引导社会各界关注 ESG 实践，推动 ESG 理念的传播和推广，发挥媒体和公众舆论的作用，引导企业、投资者和社会各界关注 ESG，有助于形成社会共识，推动 ESG 实践的广泛参与，还应积极鼓励和支持社会组织参与 ESG 实践，提供专业咨询和指导，推动 ESG 理念的传播和推广。

总之，ESG 在中国式现代化与高质量发展中的实践路径需要政府、企业、投资者和社会各界共同努力。通过政策引导、企业实践、投资者关注和社会参与，可以推动 ESG 与经济社会发展的深度融合，为实现中国式现代化与高质量发展提供有力支持，在这一过程中，ESG 将成为推动中国经济社会发展的重要力量。

第二节
ESG 是企业在高质量发展道路上的“新课题”

一、ESG 体现企业长期投资价值

（一）投资者视角：可持续发展对长期价值投资至关重要

在当下不确定的大环境下，投资者比以往更迫切地希望了解企业如何应对危机、

保持韧性，从而持续创造并守护长期价值，可持续发展是投资者密切关注的领域，因其关系到企业是否能抓住机遇实现自我重塑与业务转型，在未来的竞争中掌握主动。根据普华永道《2023 年全球投资者调研报告》①，相较于全球平均水平，有更高比重的国内投资者表示，企业如何管理可持续发展相关风险是他们进行投资决策的重要考量因素，对于成功驾驭与业绩及前景密切相关的可持续发展议题的企业，他们愿意增加投资。多数国内投资者迫切希望了解企业如何将可持续发展因素纳入其战略决策、风险管理和财务报表中，亦注重高质量的独立鉴证。

1. 可持续发展是核心关切

可持续发展是投资者普遍关注的焦点。85%的国内投资者表示，企业如何管理与可持续发展相关的风险和机遇是他们进行投资决策的重要考量因素，高于全球平均水平（75%）。

投资者迫切希望了解企业如何将可持续发展因素纳入其战略决策、风险管理和财务报表中，以及企业如何将可持续发展计划与其商业模式相结合，进而了解企业创造长期价值的前景。调研显示，82%的国内投资者认为应将环境、社会与治理（ESG）直接纳入企业战略，高于全球平均水平（70%）；72%的国内投资者认为企业应为解决与其业务相关的 ESG 问题进行投入，这样或将降低企业短期盈利能力，这一比例高于全球平均水平（66%）。

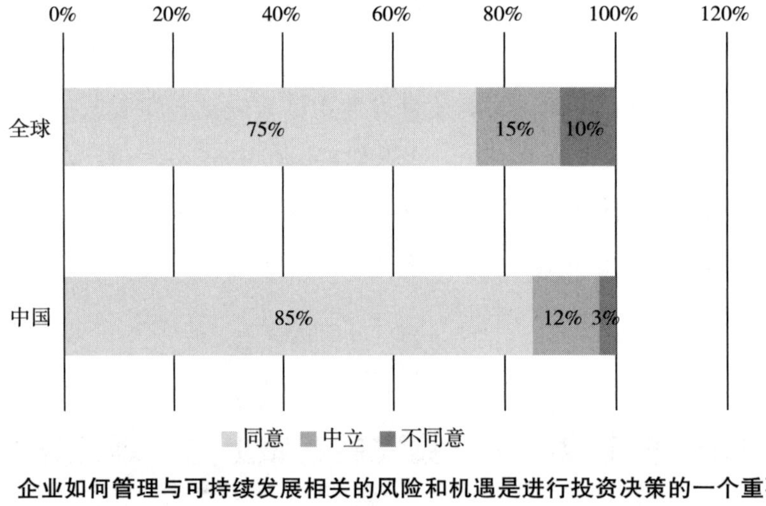

图 6-1　企业如何管理与可持续发展相关的风险和机遇是进行投资决策的一个重要考量

资料来源：《2023 年全球投资者调研报告》。

① James Chalmers 与 Nadja Picard《2023 年全球投资者调研报告》。

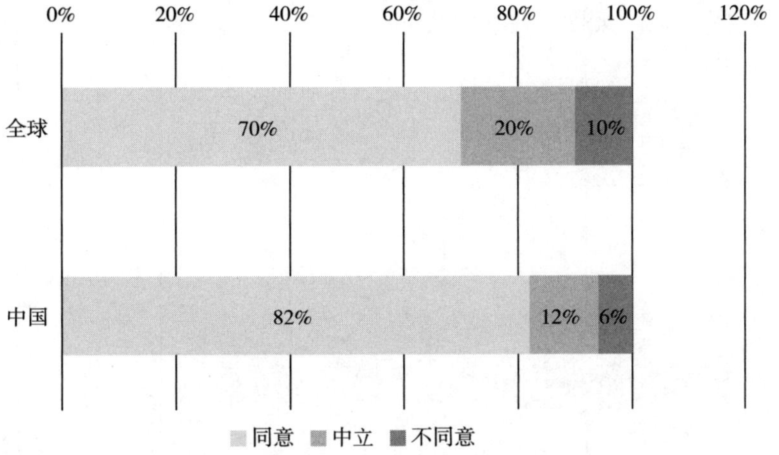

图 6-2　企业应将 ESG 直接纳入企业战略

资料来源：《2023 年全球投资者调研报告》。

2. 愿意为可持续发展增加投资

有更高比重的国内投资者表示，对于成功驾驭与业绩及前景密切相关的可持续性议题的企业，他们将增加投资（国内 75%；全球 69%）；投资者表示，愿意增加对积极改变商业行为，并致力于产生正面社会或环境影响的企业的投资（国内 69%；全球 67%）。

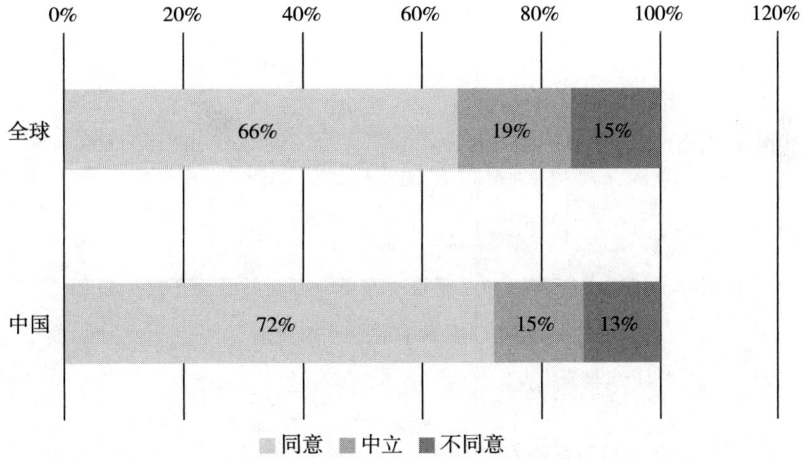

图 6-3　即使会降低短期盈利能力，企业也应为解决与业务相关的 ESG 问题而进行相应支出

资料来源：《2023 年全球投资者调研报告》。

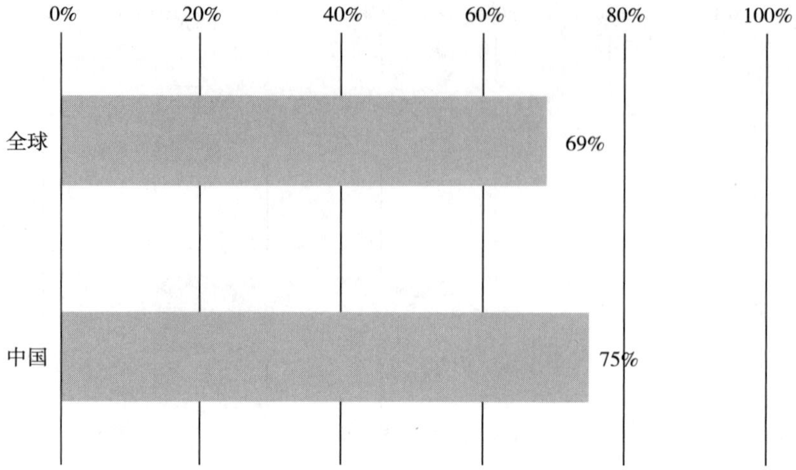

图 6-4　对于成功驾驭与业绩及前景紧密相关的可持续性议题的企业，投资者将增加投资

资料来源：《2023 年全球投资者调研报告》。

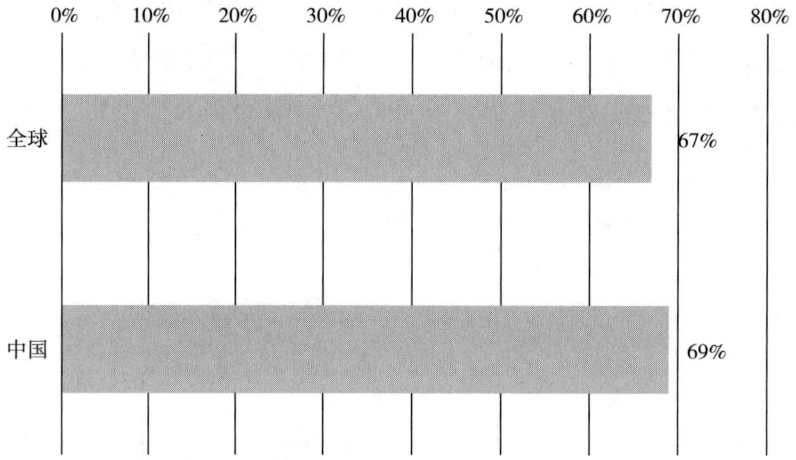

图 6-5　投资者愿意增加对积极改变商业行为并致力于产生正面社会或环境影响的企业的投资

资料来源：《2023 年全球投资者调研报告》。

（二）ESG 帮助企业创造价值

1. 收入增长

ESG 实践对企业收入增长的影响是显著的。通过提高 ESG 表现，企业可以增强其社会形象，吸引更多消费者，从而扩大市场份额，此外，ESG 投资也有助于企业实现高质量发展，例如，绿色收入的增加直接促进了收入的增长。据商道融绿研究，ESG 表现较好的公司在绿色收入比例方面具有优势，这表明 ESG 投资有助于上市公司实现高质量发展。例如，高 ESG 评级上市公司组别比低 ESG 评级上市公司组别的绿色收入平均高 12%，碳强度下降速度高 10%，研发投入高 15%。这反映出 ESG 投资在一定程度上有助于上市公司实现高质量发展，并且通过绿色收入的增加直接推动收入增长。此外，ESG 表现良好的企业能降低投资风险，吸引更多投资，进而促进经济增长。在中国，企业通过参与国家战略，如“双碳”目标，可以获得政策支持和市场机会，进一步推动收入增长。综上所述，ESG 实践是企业提升收入的重要手段，不仅增强了企业的市场竞争力，还推动了经济的高质量发展。

2. 降低成本

ESG 实践对企业运营成本有着深远的影响。在环境方面，ESG 注重能源效率和材料消耗的优化，这些因素直接影响到企业的运营成本，随着全球对碳排放的监管日益严格，企业面临的碳税成本也在增加，有效的 ESG 策略可以帮助企业减少碳排放，从而降低因碳税带来的额外成本。

ESG 实践同样关注企业运营成本的优化，这涉及原材料成本控制、水资源高效利用等多个方面，这些措施有助于企业实现成本节约和运营效率的提升。技术创新作为 ESG 实践的一个组成部分，鼓励企业在绿色技术领域增加研发投入，推动绿色技术的快速发展，进而帮助企业降低成本，此外，ESG 还强调供应链管理的重要性，良好的供应链管理不仅能够降低原材料成本，还能保障消费者权益，从而增强消费者对企业产品的信任和购买欲望。最后，ESG 表现突出的企业能够更有效地识别和管理潜在风险，减少风险带来的成本，通过多方面的成本节约措施，提升企业的市场竞争力。

3. 有效管理

ESG 框架能够帮助企业管理者全面评估自身风险管理和应对能力，降低经营风险。通过建立健全 ESG 治理结构和内部监督机制，企业可以确保 ESG 政策的有效执行，并不断优化治理体系。例如，根据《可持续发展报告编制指南》的解读，披露主体应当建立可持续发展信息的内部报告机制，明确报告方式和报告频率，保障治理架构各层级人员及时获取相关信息。此外，企业还应建立可持续发展监督机制，并披露相关机构和人员监督管理可持续发展相关目标设定、战略执行、目标实现进展的情况，包括内部控制制度、监督程序、监督措施及考核情况等。这些机制有助于企业更好地识别和管理潜在风险，夯实企业健康发展的基石。

同时，建立健全的内部监督和报告机制，确保 ESG 政策的有效执行，并通过定期的自我与外部评估，不断优化治理体系。这些措施有助于企业在面对环境、社会和治理相关的风险时，能够及时响应并采取有效措施，从而降低风险对企业运营的影响，提升企业的可持续发展能力。

4. 提高生产力

在 ESG 的社会维度中，企业通过营造公正、多元、平等与包容的职场环境，不仅能够保障员工权益，还能激发员工的潜能和创造力，这种做法有助于促进企业的创新，使企业成为培育新质生产力的关键力量。例如，根据《2024 年度 ESG 卓越实践报告》，卓越实践的企业不仅体现出超越利润的价值追求，更是从价值重塑维度展示出 ESG 的内驱力和生命力，这些企业通过 ESG 实践，不仅提升了员工的士气和荣誉感，还让企业获得了社会的长期认同，形成了共生关系。此外，ESG 实践通过一系列转化路径全面提升企业的可持续发展能力，激发创新活力，优化资源配置，实现经济效益与社会价值的双重增长。

5. 投资和资本支出

ESG 信息披露更为充分的公司由于市场的信息不对称程度较低，市场会给予这些企业更低的“风险溢价”，有助于降低企业的资本成本，提高投资效率。同时，部分国家、地区对特定 ESG 议题会进行相应补贴，如为温室气体减排、降低能耗、能源转型等相应的企业提供相应的融资便利和财政补贴，有助于企业在进行资本支出时获得更多的支持和优惠。

整体来看，ESG 实践不仅能够为企业带来直接的经济利益，如收入增长、成本降低、有效管理和提高生产力，还能够通过优化投资和资本支出，增强企业的长期竞争力。这些实践不仅有助于企业在激烈的市场竞争中脱颖而出，还能够为企业赢得消费者、投资者和社会各界的信任与支持，实现企业的长期可持续发展。

二、ESG 增强企业抗风险能力

（一）ESG 投入可减少尾部风险

ESG 优异的公司在面临极端环境（事件）时，具有更强的抗风险能力，可降低尾部风险发生的概率。ESG 主要通过以下途径来减少尾部风险：

1. 及时披露 ESG 有利于相关监管机构提前识别风险并及时介入

及时披露 ESG 的企业，其潜在风险更容易被相关监管机构提前识别并及时介入干预，避免风险积累和“黑天鹅”事件的发生，这对环保指标敏感的行业尤为明显。我国生态环境部会定期披露国家重点监控企业主要污染物排放严重超标和整改情况，绝大部分企业因排污严重超标行为被放入“黑榜”公示之后，会及时公布整改方案，并限期执行。监管机构的及时警告和介入行为避免了企业风险的进一步积累，达到在风险初期识别和解决风险的效果。

2. 高 ESG 评级的企业风险管理能力更强

高 ESG 评级的企业具备更好的风险管理能力，高 ESG 评级公司较少发生诉讼争议和监管处罚事件，从而降低公司股价的回撤及尾部风险。ESG 表现较高的公司具有较低的系统性风险，受到大额损失的概率较低。

（二）提升企业的适应性和韧性

1. 市场适应性

ESG 实践对企业市场适应性的提升体现在多个层面。

首先，ESG 实践提升了企业对消费者偏好的敏感度。在市场变化多端的环境中，企业通过 ESG 实践能够敏锐地捕捉到消费者偏好的微妙变化，这种洞察力使得企业能够迅速调整产品和服务策略，以更好地满足市场需求。例如，随着消费者对环保产品的关注度日益提高，企业可以借助 ESG 实践推出更加环保、可持续的产品线，这不仅满足了消费者对环保产品的需求，还使企业能够在竞争激烈的市场中抢占先机，建立起环保品牌的形象，从而吸引更多消费者的关注和选择。

其次，ESG 实践增强了企业对法规变化的响应能力，法律法规的更新对企业运营有着直接的影响，通过 ESG 实践，企业能够快速适应法规要求的变动，确保其业务活动始终符合最新的法律法规标准，这种快速响应能力帮助企业避免了因违反法规而产生的罚款、诉讼风险甚至业务中断，从而保护了企业的声誉和财务稳定。

最后，ESG 实践推动了企业在新兴市场的前瞻性研究，在全球化和市场多元化的背景下，新兴市场的需求日益显现，ESG 实践促使企业进行深入的市场调研和前瞻性研究，以便在新兴市场快速布局，把握住稍纵即逝的发展机遇。这种前瞻性的市场策略帮助企业在新市场中建立起竞争优势，为企业的长期增长和扩张奠定了坚实的基础。

2. 业务连续性

企业在 ESG 实践的指导下，实施一系列周密的措施，有助于增强自身的抗风险能力和应急响应能力。

首先，企业通过构建多元化的供应链体系，有效降低对于单一供应商的依赖性，这种策略不仅提高了供应链的灵活性和稳定性，而且在关键时刻能够发挥至关重要的作用。例如，当某一供应商由于不可抗力因素如自然灾害、政治动荡或经营困境而无法正常供货时，企业可以迅速启动备用供应链，无缝切换到其他供应商，从而确保生产活动的稳定性和连续性，避免因供应链中断而导致的生产停滞和收入损失。

其次，企业在 ESG 实践的指导下，制定周密的应急计划，有助于应对可能发生的自然灾害、工业事故、健康危机等突发事件，包括但不限于制定详细的自然灾害应对策略、建立紧急响应机制以及进行应急演练。这些措施使得企业在面临突发事件时，能够迅速采取有效行动，最大限度地减少损失，保护员工安全，维持核心业务的正常运行。

最后，企业还注重投资于灾难恢复能力，这是确保业务连续性的重要环节，具体措施包括建立备份数据中心、储备关键物资和设备、制定灾难恢复流程等，这些准备工作在极端情况下，如火灾、洪水、网络攻击等灾害发生时，能够确保企业迅速恢复运营，减少业务中断带来的影响。例如，备份数据中心能够在主数据中心遭受破坏时迅速接管业务，保障数据安全和企业信息系统的稳定运行。

3. 创新能力

在当今世界，企业作为社会经济发展的关键力量，面临着前所未有的挑战，在这样的背景下，ESG 实践成为推动企业不断创新、寻求可持续发展的强大动力。

首先，面对环境和社会的挑战，企业被激励去探索和实施新的解决方案，这些解决方案不仅有助于降低潜在的风险，还能够为企业开辟全新的增长路径，例如，企业在开发可再生能源技术方面的投入，不仅响应了全球对于减少碳排放和可持续能源的需求，还为企业带来了新的商业机会。通过研发风能、太阳能等清洁能源技术，企业不仅减少了对传统化石能源的依赖，还能够在新兴的绿色能源市场中占据一席之地，从而增强其在能源转型中的竞争优势。

其次，实施循环经济模式也是企业创新能力的体现，这种模式鼓励企业通过设计出更易于回收和再利用的产品，减少资源浪费和环境污染。企业通过循环经济实践，不仅提升了资源使用效率，还创造了新的商业模式，如产品服务化、租赁经济等，这些模式为企业带来了持续的收入流和客户忠诚度。

最后，企业推出的社会责任项目，如社区支持、教育援助、健康保障等，不仅提升了企业在公众眼中的形象，还为企业带来了新的合作机会和市场空间。这些项目往往需要企业进行创新性的思考和策划，以确保其与社会需求的紧密结合，从而实现社会价值和经济价值的双重提升。

这些创新举措不仅提升了企业的环境和社会表现，还为企业创造了新的业务机会和市场空间，从而显著增强了企业的核心竞争力。

4. 利益相关者信任

负责任的经营行为是建立和维护利益相关者信任的基础，这种信任是企业成功的关键因素，通过 ESG 实践，企业能够展现出对消费者、员工、投资者和社区的责任感，从而建立起稳固的信任关系。

在危机时期，消费者的忠诚度、员工的团结、投资者的支持和社区的援助，都是企业渡过难关的重要力量。当企业面临困境时，这些利益相关者的支持和信任可以为企业提供必要的资源，帮助企业渡过难关。

因此，ESG 实践有助于企业在逆境中保持稳定，增强其韧性和长期生存能力，通过负责任的经营行为，企业能够建立起稳固的信任关系，有助于企业在危机时期获得更多的支持和资源，从而更好地应对挑战，实现可持续发展。

第三节
践行 ESG 是加快建设世界一流企业的“必答题”

ESG 正加速从“选择题”变为“必答题”，倡议支持更多国家建立符合国情、接轨国际的 ESG 政策体系、披露标准和评价方法，倡议中国企业通过积极参与国际标准制定，助力增强中国 ESG 体系影响力。

一、ESG 是所有企业的必选题

ESG 是所有企业的必选题，一流的企业一定要有一流的 ESG 表现，营造全社会认识、理解、推动 ESG 体系建设的良好的环境。

（一）ESG 与中国新时代经济社会发展的新要求高度契合

党的二十大擘画了实现社会主义现代化强国的宏伟蓝图，并强调了创新、协调、绿色、开放、共享的新发展理念，旨在推动高质量发展，提升民生福祉，增进人民生活品质，并促进人与自然和谐共生。这些目标与 ESG 所强调的经济繁荣、环境可持续性和社会公平的核心价值观高度契合。因此，推动中国 ESG 体系的建设，提升中国企业的 ESG 实践和绩效，是贯彻党的二十大精神、全面实施新发展理念、助力中国式现代化建设的重要举措。对所有企业而言，ESG 的实施不仅是一个选择，而且是必须面对和解决的课题。

（二）建设世界一流企业也是全面建设社会主义现代化强国的重要组成部分

世界一流企业必须有一流的 ESG 表现，这是一个必要条件。必须把 ESG 放到企业战略层面来考量，以 ESG 影响和推动企业全部经营行为。同时，ESG 体系建设不仅仅是企业的事情，需要投资端、评价端、监管端的参与，也包括协会商会、中介组织、新闻舆论的共同参与，努力营造全社会认识、理解、推动 ESG 体系建设的良好环境。

二、国际标准是中国企业的沟通桥梁

在当今世界，ESG 已成为衡量企业可持续发展能力的重要指标，中国企业作为全球经济的重要组成部分，发展 ESG 不仅是顺应时代潮流的必然选择，更是提升国际竞争力的关键途径，利用国际标准作为沟通桥梁，中国企业可以在国际市场中展开持续性交流，推动自身 ESG 水平的提升。国际标准为 ESG 提供了统一的评价体系，使得不

同国家和地区的投资者、合作伙伴能够理解并认同企业的 ESG 表现，通过遵循这些国际标准，中国企业可以更有效地传递其 ESG 理念和成就，从而增强国际市场的信任度和影响力。

（一）国际标准有助于中国企业明确 ESG 发展方向

国际标准在帮助企业明确 ESG 发展方向方面发挥着至关重要的作用，在当前全球范围内 ESG 标准和要求层出不穷、多样化的背景下，国际标准如 ISO 26000 社会责任指南、TCFD 气候相关财务披露框架等，为企业指明了一条清晰的发展路径，这些国际标准汇聚了全球范围内关于企业社会责任和气候变化的最佳实践，为中国企业在 ESG 领域的探索提供了宝贵的参考。

中国企业可以依托这些国际标准，结合自身的业务特点和市场定位，制定出既符合国际趋势又切合企业实际需求的 ESG 战略，这样的战略不仅能够帮助企业明确在环境保护、社会责任和公司治理方面的发展目标，还能确保企业在资源配置、技术研发、市场拓展等方面的决策与全球可持续发展的大趋势保持一致。通过遵循国际标准，中国企业可以在 ESG 实践中避免盲目性，有的放矢地投入到关键的领域和环节，例如，ISO 26000 社会责任指南为企业如何识别、评估和应对社会责任提供了详细的步骤和方法，使得企业在履行社会责任时能够更加系统化和规范化；而 TCFD 气候相关财务披露框架则帮助企业了解如何在财务报告中披露与气候变化相关的风险和机遇，从而更好地应对市场和社会对透明度的要求。

（二）国际标准促进了中国企业在 ESG 领域的交流与合作

国际标准为中国企业在 ESG 领域的交流与合作搭建了坚实的平台，在参与国际标准的制定和实施过程中，中国企业不仅有机会与全球范围内的同行企业进行深入的互动，还能够共享各自在 ESG 实践中的宝贵经验和创新做法，这种跨文化的交流与合作，为中国企业打开了一扇学习先进 ESG 管理理念和技术的大门。

通过与国际同行的交流，中国企业可以了解到不同国家和地区在 ESG 管理上的最新动态和发展趋势，从而为自己的 ESG 实践提供有益的借鉴，例如，企业可以学习到如何在供应链管理中融入社会责任元素，如何在产品设计过程中考虑环境可持续性，以及如何通过透明化的公司治理结构增强利益相关者的信任。

此外，参与国际标准的制定和实施，使中国企业能够在全球 ESG 议题上发出自己的声音，提升中国企业在国际舞台上的影响力，在这种交流与合作的过程中，中国企业不仅能够吸收国际先进的 ESG 管理经验，还能够将自身的成功案例和特色做法推向世界，为全球 ESG 标准的丰富和完善贡献中国智慧。

这种交流与合作的多维度效应，有助于中国企业提升 ESG 实践水平，使其在全球

ESG 发展的浪潮中保持竞争力，通过不断学习和借鉴，中国企业能够更好地将国际标准融入自身的运营和管理中，从而在环境保护、社会责任和公司治理等方面实现与国际标准的对接。

（三）国际标准提升了中国企业的国际形象

国际标准在提升中国企业的国际形象方面发挥着至关重要的作用。在全球化的经济环境中，企业的国际形象已经成为其产品和服务市场竞争力的一个重要决定因素，通过严格遵循国际环境、社会和治理（ESG）标准，中国企业不仅能够在国际社会中塑造出一个负责任和致力于可持续发展的形象，而且能够显著加强其品牌的价值，从而吸引更多国际客户和投资者的关注和青睐。

遵循国际 ESG 标准，意味着中国企业在其业务运营的每一个环节都致力于环境保护、社会责任和良好治理的实践，这种积极的姿态有助于企业在国际市场上树立起一个正面、可靠的形象，让全球消费者和合作伙伴看到中国企业不仅在追求经济效益，更在为推动社会和环境的可持续发展贡献力量。

在国际社会中，一个负责任的企业形象能够为中国企业带来多方面的益处。首先，它有助于提升企业产品的国际认可度，使得企业在激烈的国际竞争中脱颖而出，国际客户往往更倾向于选择那些有着良好社会责任记录和环境管理实践的企业产品，因为这代表了更高的品质保证和道德标准。其次，遵循国际 ESG 标准的企业能够吸引更多国际投资者的关注，在全球投资领域，ESG 因素已经成为投资者进行投资决策时的重要考量，一个有着良好 ESG 表现的企业，能够显示出更强的风险管理和长期价值创造能力，从而吸引更多的外资投入。最后，遵循国际标准还有助于中国企业建立和维护与国际客户和合作伙伴的长期合作关系，在一个日益重视可持续性和企业社会责任的国际市场中，中国企业通过展现其遵循国际 ESG 标准的承诺，能够增强合作伙伴的信任，促进双方的互利共赢。

总之，通过遵循国际 ESG 标准，中国企业不仅在国际社会中树立了一个积极的形象，而且为自身的品牌增添了独特的价值，这种形象的提升和品牌价值的增加，对于中国企业拓展国际市场、提高国际竞争力具有深远的影响，为其在全球范围内的长期发展奠定了坚实的基础。

三、中国企业积极与国际接轨

（一）中国企业应加强对国际 ESG 标准的理解和研究

中国企业应将加强对国际 ESG 标准的理解和研究视为一项重要任务，意味着企业需要投入必要的资源，包括时间、人力和财力，对国际 ESG 标准进行深入的分析和全面的解读，这一过程不仅涉及对标准的文字内容的理解，还包括对标准背后理念、趋势和全球最佳实践的把握，以确保企业的ESG实践与国际标准保持高度一致。为了达到这一目标，企业可以采取多种措施：组建专门的ESG研究团队，负责跟踪国际ESG标准的最新动态；与专业机构合作，引入外部专家的知识和经验；参与相关的国际研讨会和论坛，与全球同行交流学习。通过这些方式，企业能够更深入地理解国际ESG标准的内涵和外延，为自身的ESG实践提供明确的指导。

通过深入理解和研究国际ESG标准，中国企业能够更好地把握国际市场的期望和要求，在全球化的商业环境中，不同国家和地区对ESG的关注点和评价标准可能存在差异，中国企业通过对国际标准的研究，可以识别出这些差异，从而在制定和实施ESG策略时，做出更为精准和有效的决策。例如，企业可能会发现，在某些市场，投资者和消费者特别关注环境保护和气候变化问题，而在其他市场，社会责任和公司治理可能更为重要，了解这些信息后，企业可以针对性地调整其ESG实践，以确保在全球范围内都能够满足关键利益相关者的期望。

此外，对国际ESG标准的深入理解还有助于中国企业识别潜在的商业机会和风险，在全球ESG趋势的引领下，企业可以及时发现新的市场机遇，如绿色技术的创新、可持续产品的开发等，同时也能够预见和规避可能因ESG问题导致的负面影响。

（二）中国企业需要建立和完善ESG信息披露机制

中国企业需要建立和完善ESG信息披露机制，这是提升其在国际市场中透明度和信任度的关键举措。在当今的商业环境中，透明度已成为企业与利益相关者建立良好关系的重要基石，因此，企业应当投入必要的努力，制定一套系统而全面的ESG信息披露流程，确保与环境、社会和治理相关的信息能够被及时、准确地传达给所有利益相关者。为了实现这一目标，企业首先需要确立信息披露的标准和频率，确保信息披露的连贯性和一致性，包括对ESG绩效指标的制定、监测和报告，以及如何将这些信息有效地整合到企业的年度报告和其他公开文件中。其次，企业还应确保信息披露的内容覆盖了所有关键的ESG领域，如温室气体排放、水资源管理、员工福利、社区参与和道德行为等。

提高透明度不仅有助于提升企业的社会责任感，还能促进企业内部文化的转变，激励管理层和员工更加重视ESG议题，当企业能够清晰地展示其在ESG方面的努力和成就时，利益相关者，包括投资者、消费者、供应商和社区，将更有可能对企业产生信任感，从而支持企业的长期发展。

此外，建立和完善ESG信息披露机制还能显著增强与国际市场的信息交流，在全球化的背景下，不同国家和地区的投资者和合作伙伴越来越关注企业的ESG表现，通过透明的信息披露，中国企业能够更好地与国际 ESG 标准对接，促进国际市场对企业的理解和认可，为跨国合作和投资铺平道路。

相互理解是国际合作的基础，而透明的 ESG 信息披露正是促进这种理解的有效途径，它使得国际利益相关者能够更全面地评估企业的 ESG 风险和机遇，从而做出更为明智的决策，同时，这也有助于企业吸引那些注重可持续性和社会责任的国际投资者，为企业带来更多的资本和增长机会。

（三）中国企业应当重视 ESG 专业人才的培养

中国企业应当高度重视 ESG 专业人才的培养，这类人才是企业能够有效执行国际标准、提升 ESG 实践水平的关键所在，在当前全球日益关注可持续发展的背景下，拥有一支熟悉国际 ESG 标准、具备专业能力的团队，对于企业来说至关重要。企业可以通过多种途径，如内部培训、外部招聘等，来构建这样一支高效能的 ESG 专业团队。

首先，企业可以通过内部培训计划，针对现有员工进行 ESG 相关的知识和技能培训，包括组织定期的 ESG 研讨会、工作坊，以及邀请行业专家进行专题讲座，帮助员工了解和掌握国际 ESG 标准的具体内容、发展趋势以及实践方法。其次，企业可以鼓励员工参加 ESG 相关的认证课程，以获得专业资格证书，从而提升整个团队的专业水平。最后，企业可以通过外部招聘的方式，吸引那些已经在 ESG 领域具有丰富经验和专业技能的人才加入，这些人才通常来自其他具有先进 ESG 实践的企业、咨询公司、非政府组织或学术研究机构，他们的加入将为企业的 ESG 实践带来新的视角和理念。

建立起来的这支 ESG 专业团队，将能够在企业内部发挥多方面的作用，他们不仅能够确保企业与国际 ESG 标准的接轨，还能够帮助企业在日常运营中融入 ESG 理念，推动企业文化的转变。此外，这样的团队还能够负责监测和评估企业的 ESG 绩效，提出改进建议，确保企业 ESG 实践的持续进步。更为重要的是，ESG 专业团队的存在，将有助于企业在面对复杂的国际市场环境时，能够迅速做出响应，有效应对各种 ESG 相关的挑战，他们能够帮助企业识别和评估 ESG 风险，制定相应的风险管理策略，同时也能够发现新的商业机会，推动企业的创新和可持续发展。

（四）中国企业应积极参与国际 ESG 标准的制定和修订过程

中国企业应当积极投身于国际 ESG 标准的制定和修订过程，这一行动不仅是中国企业展示自身实力和承担社会责任的绝佳机会，更是为国际标准的优化和完善贡献中国智慧和力量的重要途径，通过主动参与国际标准的制定，中国企业能够在全球 ESG 议题上发挥更加显著的影响力，同时也有助于将中国在 ESG 领域的独特经验和实践成果融入国际标准，从而推动全球 ESG 标准的多元化和包容性。积极参与国际 ESG 标准的制定和修订，中国企业可以在以下几个方面发挥重要作用：

首先，中国企业可以将其在国内 ESG 实践中的成功案例和经验教训带到国际舞台上，为国际 ESG 标准的制定提供实证支持和参考，中国的快速发展和在环境保护、社会责任、公司治理等方面的探索，为国际社会提供了丰富的实践素材。

其次，中国企业可以通过参与国际标准的制定，推动国际 ESG 标准更加贴近中国的国情和实际需求，有助于解决国际标准在适用性上的局限性，使其更好地适应不同国家和地区的特点。

再次，中国企业参与国际标准的制定，有助于提升中国在全球 ESG 领域的话语权，在国际标准的制定过程中，中国企业可以与其他国家的企业和组织进行深入交流，增进相互理解，共同推动全球 ESG 标准的进步。

复次，中国企业参与国际 ESG 标准的制定和修订，还能够促进国内外标准的对接和融合，有助于中国企业更好地遵循国际规则，同时也能够推动国内标准的国际化，提升中国标准的国际认可度。

最后，通过参与国际标准的制定，中国企业可以培养一批具有国际视野和专业能力的 ESG 人才，这些人才将成为企业在国际市场中竞争和合作的重要资源。

第四节
践行 ESG 是企业实现可持续发展的必由之路

一、ESG 与可持续发展的逻辑关系

ESG 与可持续发展之间存在密不可分的联系，二者相互促进、相辅相成，共同构成了推动企业和社会长远健康发展的强劲动力。

（一）共同目标

ESG 与可持续发展均致力于追求长期的、可持续的经济发展模式，它们在目标和理念上高度统一，但在实践中各有侧重。

可持续发展作为一种宏观的发展理念，提供了一个全面的指导框架，它强调在满足当代人需求的同时，不损害后代人满足其需求的能力，这一框架涵盖了经济、社会、环境三大领域，旨在实现经济增长、社会进步和环境保护的和谐统一。可持续发展为全球各国、各行业、各企业指明了未来发展的方向，即要走一条既有利于经济增长，又有利于社会公平和环境友好的发展道路。

而 ESG 则是在可持续发展理念指导下，为企业量身定制的具体评估工具和方法，ESG 将可持续发展的宏观目标细化为企业在环境、社会、公司治理三个方面的具体表现，为企业提供了行动的蓝图。通过实施 ESG 标准，企业能够将可持续发展的原则和目标具体化，使之成为可操作、可衡量、可追踪的实际行为。

（二）实践方面

1. 环境（E）

在 ESG 框架中，环境指标扮演着至关重要的角色，它全面评估企业在能源使用、排放管理、资源效率等多个方面的表现，这些指标与可持续发展的环境保护目标紧密相连，共同追求的是减少对自然环境的负面影响，促进生态平衡和资源的永续利用。

例如，环境指标在 ESG 框架中的体现如下：

能源使用：企业被鼓励监测和优化其能源消耗，尤其是减少对化石燃料的依赖，转而使用可再生能源，通过提高能源效率，企业不仅降低了运营成本，还减少了温室气体排放，这与可持续发展的低碳经济目标不谋而合。

排放管理：企业在 ESG 框架下需要制定和实施有效的排放管理策略，包括监测和控制温室气体排放、减少污染物排放等，这些措施有助于缓解全球气候变化，保护大气环境，符合可持续发展的减排要求。

资源效率：ESG 倡导企业在生产过程中提高资源使用效率，通过循环经济和废物最小化策略，减少资源浪费，这种做法有助于保护自然资源，确保资源的长期可用性，与可持续发展的资源节约和循环利用原则相一致。

企业通过以下具体行动，在 ESG 框架下切实推动全球环境的可持续性：

减少碳足迹：企业采取节能减排措施，如使用节能设备、优化生产流程、实施绿色物流等，以减少自身的碳足迹，为应对气候变化作出贡献。

优化资源使用：通过技术创新和管理创新，企业可以提高原材料的使用效率，减少浪费，实现资源的最大化利用，从而减轻对环境的压力。

保护生物多样性：企业在发展规划中考虑生态保护，采取措施保护自然栖息地，支持生物多样性的维护，这有助于维持生态系统的健康和完整性。

综上所述，ESG 框架中的环境指标不仅为企业提供了评估和提升自身环境表现的工具，也为企业参与全球环境保护、推动可持续发展提供了明确的行动指南。

2. 社会（S）

在 ESG 框架中，社会指标是衡量企业在社会责任领域表现的重要维度，它全面评估企业在员工待遇、社区关系、消费者权益等多个方面的行为和成效，这些社会指标与可持续发展的社会公平和福祉目标高度契合，都旨在促进社会的和谐与进步，保障所有人的基本权利和福祉。

例如，社会指标在ESG框架中的体现如下：

员工待遇：社会指标关注企业如何保障员工的合法权益，包括提供公平的薪酬、安全的工作环境、职业发展机会、健康福利以及员工培训等，这些措施有助于提升员工的工作满意度和生活质量，与可持续发展的社会公平原则相呼应。

社区关系：企业在其运营所在社区的角色和影响也是社会指标评估的重要内容，企业通过支持社区发展项目、参与公益活动、捐赠和志愿服务等方式，与社区建立良好的互动关系，这有助于增强社区凝聚力，提升社区成员的生活水平。

消费者权益：社会指标还涉及企业如何保护消费者权益，包括提供高质量的产品和服务、确保产品安全、维护消费者隐私、公平交易等，这些做法有助于建立消费者信任，促进市场的健康发展。

通过以下具体行动，企业在履行社会责任的同时，也提升了社会的整体福祉：

关注员工福利：企业通过提供良好的工作条件、合理的薪酬福利、职业发展机会等措施，不仅提高了员工的工作效率和忠诚度，还促进了员工的个人成长和社会融入。

积极参与社区活动：企业通过资助教育、卫生、文化等社区项目，参与社区服务和灾害救援，帮助改善社区环境，提升社区成员的生活质量。

公平交易：企业在供应链管理中推行公平交易原则，确保供应商和合作伙伴的合理利润，维护小农户和工人的权益，促进经济的包容性增长。

综上所述，社会指标在ESG框架中的重要性不言而喻，它不仅帮助企业识别和改善在员工、社区和消费者方面的社会责任实践，还推动企业成为促进社会公平和福祉的重要力量。

3. 治理（G）

在ESG框架中，治理指标是企业评估自身管理体系和运营伦理的关键维度，它全面考量企业在管理结构、商业伦理、透明度等方面的表现，这些治理指标与可持续发展的良好治理目标紧密相连，都致力于确保企业运营的公正性、合法性和有效性，为企业的长期稳定发展奠定坚实基础。

例如，治理指标在ESG框架中的体现包括以下几个方面：

管理结构：治理指标关注企业是否建立了合理的组织架构，包括董事会、管理层和股东之间的权力分配和制衡机制，一个有效的管理结构能够确保企业决策的科学性和效率，防止权力滥用，保护投资者利益。

商业伦理：企业在其业务活动中遵循的伦理标准和道德规范是治理指标的重要组成部分，包括诚信经营、反腐败、公平竞争等原则，这些原则有助于维护市场秩序，提升企业的社会形象。

透明度：治理指标强调企业信息的公开性和透明度，包括财务报告、非财务信息的披露以及与利益相关者的沟通，透明度高的企业能够增强投资者和公众的信任，降低信息不对称带来的风险。

通过以下具体行动，企业加强了治理指标的表现，从而促进了长期稳定的发展：

加强公司治理：企业通过完善治理结构，明确董事会和管理层的职责，加强内部监控，确保企业决策的合规性和效率，降低运营风险。

提高透明度：企业通过定期发布详细的财务报告和 ESG 报告，公开企业的运营状况、战略方向和风险管理情况，使利益相关者能够全面了解企业的表现。

确保合规：企业遵守相关法律法规和市场规则，通过建立合规管理体系，确保业务活动合法、合规，避免因违规行为导致的法律责任和经济损失。

综上所述，治理指标在 ESG 框架中扮演着至关重要的角色，通过加强公司治理、提高透明度和确保合规，企业不仅建立了稳固的信任基础，还提升了自身的风险管理和应对能力，为可持续发展提供了有力的制度保障。

（三）影响方面

1. 投资者视角

从投资者的视角来看，ESG 评估成了一项重要的分析工具，它帮助投资者在众多企业中识别出在环境、社会和治理方面表现突出者，这些企业在可持续发展的道路上往往展现出更大的潜力和动力，也通常具备更强的能力来抵御市场波动带来的不确定性风险。

具体来说，ESG 评估对投资者的重要性体现在以下几个方面：

识别优质投资标的：通过 ESG 评估，投资者能够筛选出那些在环境保护、社会责任履行和公司治理结构方面表现优异的企业，这些企业往往拥有清晰的可持续发展战略，能够在长期内保持竞争优势。

降低投资风险：企业在 ESG 方面的良好表现通常意味着它们在风险管理方面也做得更好，这样的企业不太可能因环境事故、社会争议或治理失误而遭受重大损失，从而降低了投资者的投资风险。

长期财务回报的实现：将 ESG 因素纳入投资决策，投资者不仅能够促进社会的可持续发展，还有望实现更高的长期财务回报，ESG 表现良好的企业往往能够更好地适应市场变化，保持业务的持续增长。

总之，对于投资者而言，ESG 评估不仅是一种责任投资的体现，更是一种明智的投资策略，随着全球对可持续发展的重视程度不断提高，ESG 表现优秀的企业将越来越受到投资者的青睐，成为投资组合中的亮点。

2. 企业竞争力

在当今的商业环境中，企业竞争力不再仅仅取决于其财务表现和市场份额，而是越来越多地与其遵循的ESG标准紧密相关，通过积极贯彻ESG原则，企业不仅显著提升了自身的可持续发展能力，还显著增强了市场竞争力和品牌价值。

首先，遵循ESG标准的企业在环境保护方面的努力，如减少碳排放、推广绿色能源和实施循环经济，不仅有助于保护自然资源，还能够在消费者心中树立环保责任的品牌形象，这种积极的环保形象能够吸引越来越多关注环境问题的消费者，从而提高企业在市场上的吸引力。

其次，在社会责任方面，企业通过关注员工福利、支持社区发展、保障消费者权益等措施，能够建立起良好的社会声誉，这种声誉的提升有助于提高员工的工作满意度和忠诚度，提高消费者对品牌的信任度，进而提升企业的整体竞争力。

最后，在公司治理方面，透明的决策流程、高效的内部监控和合规的管理体系，能够提高企业的运营效率，降低潜在的法律风险和财务风险，这种治理水平的提升，对于投资者和合作伙伴而言，是一个积极的信号，有助于吸引更多的投资和合作机会。

此外，消费者和利益相关者越来越倾向于支持那些致力于可持续发展的企业，这一趋势为企业的长远发展注入了以下几方面的强大动力：

市场需求：随着消费者对可持续产品的需求增加，遵循ESG标准的企业能够更好地满足这一市场需求，从而获得更大的市场份额。

品牌忠诚度：企业的ESG实践能够培养消费者的品牌忠诚度，尤其是对于那些价值观与企业发展理念相符的消费者群体。

投资者信心：投资者越来越看好那些在ESG方面表现良好的企业，认为这些企业具有更强的风险抵御能力和长期增长潜力。

人才吸引：优秀的员工倾向于选择那些在社会责任和环境责任方面表现突出的企业工作，这有助于企业吸引和保留人才。

供应链合作：供应商和其他合作伙伴更愿意与遵循ESG标准的企业合作，因为这有助于提升整个供应链的可持续性和声誉。

通过遵循ESG标准，企业不仅提升了自身的可持续发展能力，还增强了市场竞争力和品牌价值，为企业的长期成功和增长奠定了坚实的基础。

3. 政策与监管

在全球范围内，各国政府和国际组织正日益加强对可持续发展的政策支持和监管力度。这种趋势体现在对环境保护、社会责任和良好公司治理的重视上，旨在推动经济社会向更加可持续、公平和透明的方向发展。在此背景下，ESG 标准为企业应对这些政策和监管要求提供了具体的实施路径和衡量标准，从而帮助企业在不断变化的政策环境中保持领先地位。

具体来说，政策与监管的加强表现在以下几个方面：

环境法规：各国政府通过制定更加严格的环境保护法规，如排放限制、资源利用效率标准等，要求企业减少对环境的负面影响，ESG 标准中的环境指标帮助企业评估自身在合规方面的表现，并提供改进的方向。

社会责任立法：社会责任方面的立法涉及劳动权益保护、消费者权益保护、供应链责任等，ESG 标准中的社会指标帮助企业识别和履行这些法律要求，从而避免法律风险。

公司治理规则：为了提高市场的透明度和公平性，各国监管机构不断完善公司治理规则。ESG 标准中的治理指标帮助企业建立和维护一个高效、透明的治理结构。

ESG 标准为企业应对这些政策和监管提供了以下帮助：

实施路径：ESG 标准为企业提供了一套明确的行动指南，帮助企业将可持续发展的理念转化为具体的业务实践。例如，企业可以根据 ESG 标准制定节能减排计划、员工培训和福利政策、透明的财务报告流程等。

衡量标准：ESG 标准中的各项指标为企业提供了量化的衡量标准，使企业能够定期评估自身在环境、社会和治理方面的表现，并与行业标准或竞争对手进行比较。

风险管理：通过遵循 ESG 标准，企业能够更好地识别和管理与可持续发展相关的风险，如气候变化、社会舆论、法律合规等，从而在政策发生变化时保持灵活应对。

市场优势：企业在 ESG 方面的良好表现有助于其在市场上获得竞争优势，因为它们能够更好地满足消费者、投资者和监管机构对可持续性的期望。

综上所述，随着政策与监管的加强，ESG 标准为企业提供了一种适应和领先于这些变化的有效途径，通过积极践行 ESG 理念，企业不仅能够确保自身合规，还能在可持续发展的大潮中抢占先机，实现长期的商业成功。

二、“ESG 三位一体建设，是企业高质量可持续发展的必由之路”——娃哈哈案例分析

作为中国企业 ESG 实践的典范，娃哈哈近年来一直致力于打造“无废工厂”和“未来工厂”，建立了以可再生能源为主导的低碳绿色用电系统，并在生产过程中大幅减少原材料浪费，从而有效减少工业固废的产生。此外，公司始终秉持“凝聚小家、发展大家、报效国家”的“家”文化理念，与员工、经销商、供应商、社区居民及地

方政府紧密合作，形成了深厚的命运共同体。公司还在全国欠发达地区投资建设生产基地，推动地方经济发展，成为推动共同富裕和乡村振兴的先锋。这些与主营业务深度融合的社会价值创新举措，为娃哈哈注入了持续的竞争力，同时也为企业品牌赢得了持久的声誉。

（一）“双碳”目标是企业的挑战更是机遇

娃哈哈作为杭州亚运会官方赞助商，积极参与到环保行动中，创建了“无废亚运工厂”。公司通过改进源头控制和技术手段，全面推动固废的源头减量和资源化利用，将“无废”理念贯穿于整个生产过程。这一举措不仅体现了娃哈哈对环保的承诺，也是其可持续发展战略的一部分。

首先，注重生产过程中的减废措施。

一是推行绿色采购，构建绿色供应链，鼓励供应商采用可回收和循环利用的材料包装，优先选择易于回收再利用的包装材料；二是将绿色无废理念融入产品设计，实施绿色设计策略，减少各类产品在包装过程中产生的固体废物，例如，采用轻量化设计的38mm折边盖替换普通盖，减少约15%的塑料使用量；三是推广可循环包装产品和物流器具，减少生产过程中的固废产生。

其次，在生产技术上采取减废措施。

企业在追求高质量发展的同时，应积极运用数字化和智能化技术，助力实现“双碳”目标，数字经济与绿色经济相互促进，通过数字化赋能，推动产业结构优化和企业的绿色发展。因此，各行各业应加快数字技术与生产技术的融合，实现高效生产和节能减排。娃哈哈近年来持续进行节能减排的技术改造，从固体废物产生的各个环节进行评估和改进。通过工艺优化、设备升级和生产效率提升，减少生产过程中的材料损耗，从而降低工业固体废物的产生。

（二）社会责任是企业可持续发展必要条件

娃哈哈公司长期致力于产业振兴，尤其是在支持欠发达地区方面，公司通过一系列措施，为这些地区注入了持续的发展动力。

自1994年起，娃哈哈在老少边穷地区投资了87亿元人民币，建立了76家分公司。这些举措不仅促进了当地经济的增长，还为当地居民提供了就业机会，通过传授可持续的生计技能，帮助人们实现长期的经济独立。此外，娃哈哈公司也积极履行社会责任，尤其在灾害发生时迅速响应。公司对教育事业充满热情，捐赠了23所希望小学，并连续21年参与杭州市的“春风行动”，帮助超过3万名困难学生实现了大学梦想。

在员工关怀方面，娃哈哈公司强调“发展小家，凝聚大家，报效国家”的企业文化，将发展成果与员工共享。公司不仅每年为员工提供工资增长机会，还解决他们的住房问题，并创建了“职工之家”和“文化俱乐部”，以增强员工的归属感。同时，娃哈哈公司还为员工提供了学习和发展的平台，采用“传帮带”的工作模式，让经验丰富的员工带领新员工，促进专业技术和知识的传承与创新。

（三）E、S、G 有机结合，企业才能行稳致远

娃哈哈公司认识到环境保护、社会责任以及企业治理是相互关联、不可分割的，这三个方面必须协同发展，才能促进企业的健康与可持续发展。

文成项目是娃哈哈在社会责任领域的一个重要布局，该项目已被选为浙江省未来工厂试点。为了支持浙江省高质量发展和共同富裕示范区的建设，娃哈哈在文成建设的智能化饮料生产基地投入使用，该工厂采用了最先进的智能化技术，娃哈哈还引入了无菌智能化生产线，通过智能化技术优化瓶身设计，减轻重量，从而大幅减少包装 PET 粒子的消耗，减少能源浪费。此外，娃哈哈也在持续创新管理模式，积极追求双碳目标。公司通过加强组织保障，成立专门的绿色管理机构，并制定了一系列绿色制造的规章制度和实施方案。

推动环境保护、社会责任、公司治理的三位一体建设是企业实现高质量可持续发展的必经之路，也是娃哈哈的共同目标，娃哈哈致力于将理念和价值观转化为具体的实践，推动社会乃至全人类的可持续发展。

三、企业践行 ESG 的相关措施

（一）制定 ESG 战略

企业应根据自身的业务特点和行业标准，设定具体的 ESG 目标，这些目标应具有可衡量性、可实现性和相关性，以确保企业能够有效追踪和评估其在 ESG 方面的表现。同时，企业应将 ESG 目标与企业的长期愿景和使命相结合，确保 ESG 目标与企业的整体发展战略相一致，这意味着企业需要在追求经济效益的同时，关注环境保护、社会责任和公司治理，实现可持续发展。ESG 战略应涵盖环境、社会和治理方面的关键绩效指标，以确保企业能够有效追踪和评估其在 ESG 方面的表现，例如，企业可以制定具体的 ESG 战略，包括减少碳排放、提高资源利用效率、关注员工福利、维护消费者权益和促进社区参与等方面的具体目标。通过制定明确的 ESG 战略，并将 ESG 目标纳入整体商业战略，企业可以确保其在追求经济效益的同时，也关注环境保护、社会责任和公司治理，有助于企业实现可持续发展，提高企业的市场竞争力。

（二）加强环境管理

首先，企业应采用绿色技术和清洁能源，这包括使用节能设备、高效能源管理系统、可再生能源等。通过采用绿色技术和清洁能源，企业可以降低能源消耗，减少碳

排放，并提高资源利用效率；其次，企业应减少废物和碳排放，这包括优化生产流程、减少废物产生、采用环保包装材料等，通过减少废物和碳排放，企业可以降低运营成本，提高环境绩效，并减少对环境的影响；最后，企业应提高资源循环利用率，包括实施废物回收和再利用、推动循环经济模式等，通过提高资源循环利用率，企业可以降低资源消耗，减少废物产生，并提高资源利用效率。

（三）践行社会责任

首先，企业应提供公平的薪酬和良好的工作环境，包括确保员工获得公平的薪酬待遇，提供培训和发展机会，建立安全、健康的工作环境等，通过提供公平的薪酬和良好的工作环境，企业可以提高员工的满意度和忠诚度，提高员工的工作效率和生产力；其次，企业应保护消费者权益，包括确保产品质量和服务质量，提供透明的信息，保护消费者隐私等，通过保护消费者权益，企业可以建立良好的品牌形象，增强消费者的信任和忠诚度，提高企业的市场竞争力；最后，企业应参与社区发展和公益项目，包括支持社区建设、参与公益活动、资助教育项目等，通过参与社区发展和公益项目，企业可以增强社区归属感，提升企业形象，促进社会和谐。

（四）优化治理结构

首先，企业应建立透明的决策流程，包括确保决策过程的透明度，让所有利益相关者都能参与决策，并了解决策的依据和结果，通过建立透明的决策流程，企业可以提高决策效率，降低决策风险，并确保决策的公正性和合理性；其次，企业应建立有效的内部控制体系，包括建立风险管理和合规性机制，确保企业行为符合法律法规和内部政策，通过建立有效的内部控制体系，企业可以降低运营风险，提高企业治理的合规性和效率；最后，企业应确保权责分配明确，包括明确各级管理人员的职责和权限，确保权责匹配，避免权责不清导致的管理混乱，通过确保权责分配明确，企业可以提高管理效率，降低管理风险，并确保企业行为的合规性和透明度。

（五）管理投资和融资

首先，企业应与关注 ESG 的投资者和金融机构建立良好的关系，包括了解这些投资者的需求和偏好，提供相关的 ESG 信息和数据，并与他们保持定期的沟通和交流，通过建立良好的关系，企业可以获得这些投资者和金融机构的支持和认可；其次，企业应展示其 ESG 表现，包括定期发布 ESG 报告，展示企业在环境、社会和治理方面的表现和成就，通过展示 ESG 表现，企业可以证明其在可持续发展方面的努力和成果，增强投资者的信心和信任；最后，企业应利用 ESG 表现来吸引可持续投资，包括利用 ESG 评级和表现作为吸引投资者的工具，提高企业的市场价值和吸引力，通过吸引可持续投资，企业可以获得更优惠的融资条件，降低融资成本，并提高企业的市场价值。

（六）重视培训和教育

首先，企业应提供 ESG 相关的培训和教育，包括组织内部培训课程、研讨会和工作坊，以及邀请外部专家进行演讲和指导，通过提供 ESG 相关的培训和教育，企业可以帮助员工了解 ESG 的概念、原则和实践方法；其次，企业应帮助员工掌握 ESG 相关的知识和技能，包括提供实际案例分析、操作演练和实践机会，以及提供 ESG 相关的工具和资源，通过帮助员工掌握 ESG 相关的知识和技能，企业可以提高员工在 ESG 实践中的能力，并促进 ESG 实践的推广和实施；最后，企业应通过提高员工的 ESG 意识，促进 ESG 实践的推广和实施，包括鼓励员工在日常工作中应用 ESG 原则和方法，以及提供支持和奖励机制，通过提高员工的 ESG 意识，企业可以形成一种积极的 ESG 文化，并推动 ESG 实践的深入实施。

（七）持续深化改进

首先，企业应定期进行 ESG 评估和审计，包括对企业在环境、社会和治理方面的表现进行评估和审计，以确保企业的 ESG 实践符合国际标准和相关法规，通过定期进行 ESG 评估和审计，企业可以及时了解其在 ESG 方面的表现，并发现潜在的改进机会；其次，企业应识别改进机会，包括分析 ESG 评估和审计的结果，发现企业在 ESG 方面的不足和问题，并确定改进的重点和方向，通过识别改进机会，企业可以有针对性地采取措施，提高其 ESG 表现；最后，企业应制定具体的改进计划和措施，并确保这些措施得到有效实施和监督，这可以不断提升其 ESG 表现，并实现可持续发展。

参考文献

[1] 鲍晓娜，张舒畅，林琳．基于利益相关者视角的战略性企业社会责任践行路径研究［J］．学习与探索，2022（10）．

[2] 李井林，阳镇，陈劲，等．ESG 促进企业绩效的机制研究——基于企业创新的视角［J］．科学学与科学技术管理，2021，42（9）．

[3] 李岚晟．投资者关注、公司治理与企业价值［D］．天津：天津大学，2021．

[4] 王琳璘，永辉，董捷．ESG 表现对企业价值的影响机制研究［J］．证券市场导报，2022（5）：23-34．

[5] 王双进，田原，党莉莉．工业企业 ESG 责任履行、竞争战略与财务绩效［J］．会计研究，2022（3）．

［6］张馨元，史桂芬，薛佳欣．经济政策不确定冲击下 ESG 表现与企业投融资［J］．税务与经济，2023（3）．

［7］James Chalmers，Nadja Picard PwC's Global Investor Survey，2023.

［8］Wong C W，Batten A J，Ahmad H A，et al. Does ESG certificationAdd firm value?［J］．Finance Research Letters，2020（39）．

第七章

ESG 引领企业可持续转型和高质量发展

随着国际和国内 ESG 相关政策的不断完善，在政策合规体系的要求下，央企国企、跨国企业、上市企业以及出海企业四类企业亟须 ESG 战略转型。企业为实现 ESG 战略目标，应构建完善的 ESG 实践路径，涵盖 ESG 战略、愿景、目标方向，ESG 转型支柱与重大性议题，ESG 举措与 KPI 体系，ESG 治理和 KPI 体系，ESG 内外宣传五大模块。企业通过实施 ESG 战略，可从六个方面赋能企业高质量发展，一是树立良好形象，获得社会认同；二是顺应监管要求，防范合规风险；三是提升风控能力，降低经营风险；四是拓宽融资渠道，降低融资成本；五是降低经营成本，提升盈利能力；六是带来创新机遇，实现长期发展。

第一节
哪些企业亟须 ESG 战略转型

一、央企国企

近年来，国务院国资委从政策层面不断完善 ESG 生态体系，推动央企国企进行 ESG 战略转型。2022 年 3 月，国务院国资委成立社会责任局，推进央企践行 ESG 理念；2022 年 5 月，国务院国资委发布《提高央企控股上市公司质量工作方案》，提出建立健全 ESG 体系，力争 2023 年央企控股上市公司 ESG 报告全覆盖；为提升 ESG 报告编制质量，2023 年 7 月，国务院国资委印发《关于转发〈央企控股上市公司 ESG 专项报告编制研究〉的通知》，为央企控股上市公司编制 ESG 报告提供指标、格式参考；2024 年 6 月，国务院国资委出台《关于新时代中央企业高标准履行社会责任的指导意见》，要求央企切实加强 ESG 工作，推动央企控股上市公司围绕 ESG 议题高标准落实环境管理要求、积极履行社会责任、健全完善公司治理体系，加强高水平 ESG 信息披露等。

表 7-1　央企 ESG 工作相关政策要求

时间	部门	政策名称	政策目的
2022 年 5 月	国务院国资委	《提高央企控股上市公司质量工作方案》	贯彻落实新发展理念，探索建立健全 ESG 体系。推动更多央企控股上市公司披露 ESG 专项报告，力争到 2023 年相关专项报告披露“全覆盖”

续表

<table>
<tr><th>时间</th><th>部门</th><th colspan="2">政策名称</th><th>政策目的</th></tr>
<tr><td rowspan="3">2023 年 7 月</td><td rowspan="3">国务院国资委</td><td rowspan="3">《关于转发〈央企控股上市公司 ESG 专项报告编制研究〉的通知》</td><td></td><td>为央企控股上市公司编制 ESG 报告提供建议与参考，提升有关专项报告编制质量</td></tr>
<tr><td>《央企控股上市公司 ESG 专项报告参考指标体系》</td><td>为上市公司提供了最基础的指标参考</td></tr>
<tr><td>《央企控股上市公司 ESG 专项报告参考模板》</td><td>提供了 ESG 专项报告的最基础格式参考</td></tr>
<tr><td>2024 年 2 月</td><td>国务院国资委</td><td colspan="2">《中央企业安全生产考核实施细则》</td><td>强化安全生产管理，将中央企业较大及以上生产安全责任事故纳入中央企业负责人经营业绩考核</td></tr>
<tr><td>2024 年 6 月</td><td>国务院国资委</td><td colspan="2">《关于新时代中央企业高标准履行社会责任的指导意见》</td><td>切实加强环境、社会和公司治理（ESG）工作</td></tr>
</table>

资料来源：国务院国资委。

为落实和衔接国家层面 ESG 政策，地方各级国资委强力推动国有企业践行 ESG 理念。责任云 2023 年对 26 个地方国资委的问卷调查结果显示，我国已有 15 个地方国资委明确要求国企需定期编制社会责任报告，北京、上海、山西、广东 4 个地方国资委已实现监管企业发布社会责任报告全覆盖。2024 年以来，据不完全统计，广东、江苏、安徽、北京等 10 个省份发布国企社会责任（ESG）报告，展示国企践行 ESG 理念的进展与成效。

表 7-2　2024 年以来地方国企社会责任（ESG）报告发布情况

时间	省份	国企社会责任（ESG）报告
2024 年 8 月	广东省	粤港澳大湾区国有企业社会价值蓝皮书（2024）
2024 年 8 月	江苏省	江苏省属企业 2022—2023 年社会责任报告
2024 年 8 月	安徽省	安徽省国资国企社会责任（ESG）蓝皮书（2024）
2024 年 8 月	北京市	北京市属国企环境、社会及治理（ESG）蓝皮书（2023—2024）
2024 年 8 月	天津市	天津国资国企社会责任蓝皮书（2024）
2024 年 8 月	河北省	河北省国资委监管企业社会责任蓝皮书（2024）
2024 年 9 月	山西省	山西省省属企业社会责任（ESG）蓝皮书（2024）
2024 年 9 月	山东省	山东省属国资国企社会责任报告（2023）
2024 年 9 月	河南省	2023 河南省国有企业社会责任报告
2024 年 10 月	上海市	践行可持续发展之路——2024 上海 ESG 发展报告

资料来源：根据公开资料整理。

作为国家战略发展的支柱力量，央国企践行 ESG 发展战略已成为必答题。随着央国企 ESG 报告覆盖率和披露质量的提升，在其示范引领作用下，将推动我国 ESG 发展水平再上新台阶。

二、受欧盟和国际标准监管的跨国外资企业

由于各国 ESG 体系存在显著差异，客观上要求跨国外资企业践行 ESG 发展战略在满足欧盟等国际标准的同时，又要符合我国 ESG 标准。跨国外资企业通过融入我国特色 ESG 战略和转型方向，提升 ESG 表现，有利于实现高质量发展。

三、上市公司或拟上市公司

上市公司或拟上市公司需满足交易所 ESG 披露要求。目前，我国港股 ESG 披露要求已较为完善，自企业筹备上市之初便需着手践行 ESG 发展理念；A 股 ESG 披露要求也在不断完善，按照交易所要求，部分企业于 2026 年将纳入强制披露范围。

对于拟上市企业，港交所《新上市申请人指南》（以下简称《指南》）于 2024 年 1 月 1 日生效，要求上市申请人围绕管制、策略、风险管理、指标及目标四个方面展开披露，相较于《香港交易所指引信》（HKEX-GL86-16），《指南》对企业 ESG 的披露要求更加明确。上市后，申请人需遵循《主板规则》/《GEM（创业板）规则》附录 C1 及附录 C2 所列示的 ESG 披露要求。

2024 年 4 月，沪深北三大交易所发布《上市公司自律监管指引——可持续发展报告（试行）》，强制上证 100 指数、科创 50 指数、深证 100 指数、创业板指数样本公司及境内外同时上市的公司应在 2026 年 4 月 30 日前发布 2025 年度 ESG 报告，鼓励其他上市公司自愿遵循相关规则和要求发布 ESG 报告。

四、锚定或布局海外市场本土企业

我国锚定或布局海外市场的企业面临着基于 ESG 信息披露的合规要求，在人权、环境及供应链尽职调查等方面面临诸多挑战。以涉及欧盟市场的我国企业为例，很可能会受到来自欧盟合作方的供应链尽职调查要求。近年来，欧盟不断出台政策，不仅要求纳入法案范围内的企业遵守尽职调查要求，还要求这些企业以尽职调查的方式将可持续发展要求向供应链企业传递。

表 7-3 欧盟供应链企业合规要求

年份	国家/地区	合规法案	关注点	适用范围
2021	欧盟	《冲突矿产条例》	矿产贸易、武装冲突、人权	主要针对受冲突影响和高风险地区，直接适用于进口锡、钽、钨和黄金的欧盟进口商

续表

年份	国家/地区	合规法案	关注点	适用范围
2021	德国	《供应链尽职调查法》	人权、环境尽职调查	2024 年 1 月 1 日起，适用范围：在德国拥有至少 1000 名员工的公司，或其德国分支机构拥有至少 1000 名员工的企业
2022	欧盟	《企业可持续报告发展指令》（CSRD）	可持续信息披露	2024 财年：已受《欧盟非财务报告指令》（NFRD）约束的大型企业
				2025 财年：不受 NFRD 约束的其他大型企业，至少满足其中两项，一是员工人数超过 250 名，二是净营业额超过 5000 万欧元，三是资产总额超过 2500 万欧元
				2026 财年：在欧盟监管市场上市的中小企业（微型企业除外）、小型且非复杂信贷机构和自保保险公司
2022	欧盟	《企业可持续报告发展指令》（CSRD）	可持续信息披露	2028 财年：连续两个财年在欧盟境内合并的净经营额超过 1.5 亿欧元，且在欧盟市场至少拥有一家一定规模的子公司或分支机构的第三国企业
2023	欧盟	《欧盟零毁林法案》（EUDR）	供应链中毁林和森林退化相关产品	针对进口、出口、销售或改造这七种商品或其衍生物的企业：包括牛产品、可可、咖啡、棕榈油、橡胶、大豆和木材在内的七类农产品及其衍生产品，如皮革、轮胎等
2023	欧盟	《电池与废电池法规》	电池	将电池投放或使用在欧盟市场的所有经济运营商，包括制造商、授权代表、进口商分销商、服务提供商或任何其他自然人或法人
2024	欧盟	《关键原材料法案》（CRMA）	原材料	铝、铋、硼、钴、铜、镓、锗、锂、镁、锰、石墨、镍、铂族金属、稀土元素、硅、钛、钨等战略原材料
				锑、砷、铝、重晶石、铍、铋、硼、焦煤、铜、长石、萤石、镓、锗、铪、氦、重稀土元素、轻稀土元素、锂、镁、锰、石墨、镍、铌、磷矿石、磷、铂族金属、钪、锶、钽、钛、钨、钒等关键原材料
2024	欧盟	《禁止强迫劳动产品条例》	人权	全球范围内任何地方生产的产品，包括跨境电商
2024	欧盟	《企业可持续发展尽职调查指令》（CSDDD）	供应链企业	欧盟企业：2027 年起，员工人数超过 5000 人，营业收入超过 15 亿欧元的企业；2028 年起，员工人数超过 3000 人，营业收入超过 9 亿欧元的企业；2029 年起，员工人数超过 1000 人，营业收入超过 4.5 亿欧元的企业，以及在欧盟具有特许经营权的欧盟公司，特许权使用费超过 2250 万欧元，员工人数超过 1000 人，全球营业收入超过 8000 万欧元
				非欧盟企业：2027 年起，欧盟内净营业收入超过 15 亿欧元的企业；2028 年起，欧盟内净营业收入超过 9 亿欧元的企业；2029 年起，欧盟内净营业收入超过 4.5 亿欧元的企业，以及在欧盟具有特许经营权的欧盟公司，特许权使用费超过 2250 万欧元，欧盟营业收入超过 8000 万欧元

资料来源：碳路小钻锋。

第二节
企业 ESG 战略的具体实践路径

一、ESG 战略、愿景、目标方向

企业应秉持 ESG 发展理念，结合自身发展规划，科学设定短中长期可持续发展目标，提升企业 ESG 表现，响应利益相关方的期望并有效支持企业运营的可持续发展。在 2023 年度 ESG 报告中，我国部分企业开始提出 ESG 发展愿景，明确 ESG 战略支柱，并针对关键议题设定了短中长期可持续发展目标。

美的集团在 2023 年度 ESG 报告中首次提出"守护蓝色星球""构建和谐社区""践行科技尽善""共创繁荣生态"四大 ESG 发展愿景，并设定了到 2030 年的长期可持续发展目标。

表 7-4　美的集团 ESG 愿景及发展目标

ESG 发展愿景	目标描述	2023 年进度	2030 年目标
守护蓝色星球	范围一、范围二温室气体排放强度	0.061 吨二氧化碳当量/万元产值	0.040 吨二氧化碳当量/万元产值
	能源管理体系认证工厂数	35 个	50 个
	光伏发电系统累计装机容量	280MW	500MW
	废水、废气、废弃物排放合规率	100%	100%
构建和谐社区	美课学习平台培训课程数量	28874 个	64399 个
	累计"员工扶助基金"金额	6470 万元	14870 万元
	二十万工时损工事故率	0.063	0.030
	"美一次"公益活动项目累计投入的员工人次	500 次	10000 次
践行科技尽善	自 2020 年起累计研发投入	493 亿元	1200 亿元
	产品使用阶段"碳足迹"核算数量	4 个	智能家居事业群主要品类 100%覆盖
	累计产品回收数量	415 万台	5000 万台
共创繁荣生态	新供应商可持续发展绩效评估覆盖率	100%	100%
	SSC 供方赋能供应商数量	301 个	1000 个
	供应商冲突矿产尽职调查比率	100%	100%

资料来源：美的集团 2023 年度 ESG 报告。

TCL 中环在 2023 年度 ESG 报告中首次提出了"成为受人尊敬的全球新能源科技企业"的 ESG 发展愿景，结合利益相关方期望和企业中长期运营发展规划，形成了"环境友好”“员工爱戴”“社会尊重”“伙伴信赖”“科技领先”五大战略支柱，并科学制定了2025年和2030年的中长期可持续发展目标。

表7-5　TCL中环ESG愿景及发展目标

ESG发展愿景	ESG战略支柱	2025年目标	2030年目标
成为受人尊敬的全球新能源科技企业	环境友好	新能源光伏产品年度用电强度较2023年下降8%	新能源光伏产品年度用电强度较2023年下降15%
		新能源光伏产品年度新鲜水取水强度较2023年下降10%	新能源光伏产品年度新鲜水取水强度较2023年下降20%
	员工爱戴	管理岗女性占比不低于28%	管理岗女性占比不低于30%
		每百万工时工伤率较2023年下降5%	每百万工时工伤率较2023年下降8%
	社会尊重	员工商业道德培训覆盖率保持100%	员工商业道德培训覆盖率保持100%
		公司所有工厂获得ISO 27001信息安全管理体系认证	确保所有工厂合规管理体系认证在有效期内
	伙伴信赖	关键高风险供应商现场审核覆盖率达60%，书面审核覆盖率40%	体系完全符合ISO 20400可持续采购标准
		国内客户满意度保持95%以上	全球客户满意度保持95%以上
	科技领先	知识产权专利累计数较2023年增长40%	建成集团化ESG数智管理平台

资料来源：TCL中环2023年度ESG报告。

兆易创新在2023年度ESG报告中首次提出“坚持长期主义，科技向善而行”的ESG愿景，同时将ESG关键议题与企业文化相融合，并在各个关键议题下设置了短中长期发展目标。

表7-6　兆易创新ESG愿景及发展目标

ESG愿景	ESG战略支柱		短期目标	中期目标	长期目标
坚持长期主义，科技向善而行	公司治理	建立可持续发展绩效与薪酬挂钩机制	2024年建立将可持续议题的绩效与董事会、管理层的薪酬挂钩机制	—	—
		提升董事会ESG表现	2025年女性董事比例相较于2021年有所提高	—	—
			2025年制定董事会层面ESG相关管理政策	—	—
	人力资本发展	制定员工多元化监控机制	2025年，女性管理者占比大于20%；研发技术女性员工占比大于25%；硕博教育背景占比大于50%	—	—
		开展多元化政策培训	2024年度多元化政策对内培训覆盖率100%	—	—

续表

ESG 愿景	ESG 战略支柱		短期目标	中期目标	长期目标
坚持长期主义，科技向善而行	商业道德与反腐败	开展反商业贿赂培训	2024 年上半年开展一次覆盖 100%员工的反商业贿赂培训	—	—
		加强供应链反商业贿赂合规要求宣贯	2025 年完成Ⅰ类核心供应商反商业贿赂合规要求有效传递	2027 年完成 100% Ⅰ类供应商反商业贿赂合规要求有效传递	—
		推动供应商合规相关文件签署	2025 年完成Ⅰ类核心供应商合规相关文件签署	2030 年完成 90% Ⅰ类供应商合规相关文件签署	—
	应对气候变化	开展碳排查工作	2023 年完成公司范畴一和范畴二的碳盘查工作（达成）	2030 年前完成 100%的供应商碳盘查工作	—
			2023 年完成关键供应商电能使用盘查工作（达成）		—
		碳减排	—	2030 年公司范畴一和范畴二温室气体排放量较 2021 年降低 50%	2060 年公司范畴一和范畴二实现碳中和
					2060 年推动供应链实现公司产品碳中和
		推动供应商使用可再生能源	—	2030 年公司内部运营中绿色电力使用占比超 60%	2060 年公司内部运营实现 100%绿电
				2030 年完成 100%的供应商可再生能源使用情况统计工作	2060 年推动供应链实现公司产品 100%使用可再生能源
	责任供应链	扩展冲突矿物管理范围	2023 年要求 100%供应商遵守无冲突矿产政策（已达成）	—	每年至少审查一次供应商的 3TG 及钴使用情况（2023 年已达成）
		建立供应链 ESG 风险管理评价体系	2023 年完成 100% Ⅰ类核心供应商的 ESG 自评工作	—	—
		推动供应商 RBA 认证	—	2030 年 50% Ⅰ类核心供应商通过 RBA 认证	2050 年 100% Ⅰ类核心供应商通过 RBA 认证

资料来源：兆易创新 2023 年度 ESG 报告。

二、ESG转型支柱与重大性议题

为响应利益相关方期望和诉求，基于对国际/国内宏观政策、企业发展战略、国内外主流标准（如GRI标准、TCFD、港交所ESG指引等）、资本市场要求（如MSCI评级等）、所处业务领域（如行业政策、行业热点、行业发展趋势等）、同业对标等的分析，甄别高优先级重大性议题，作为企业ESG转型的支柱。

表7-7　2024年“ESG先锋100”企业议题识别方式

企业名称	议题识别方式	企业名称	议题识别方式
华润电力	宏观政策 企业发展战略 国内外披露标准 行业标准 同业对标	比亚迪	往年议题 业务领域 国内外主流标准
中国移动	国内外主流标准	中国电力	宏观政策 同业对标 企业发展战略
中国石化	宏观政策 业务领域 同业对标	中芯国际	宏观政策 国内外主流标准 同业对标
宝钢股份	国内外主流标准 资本市场要求	河钢股份	宏观政策 国内外主流标准 企业发展战略 业务领域
腾讯控股	国内外主流标准	国电电力	国内外主流标准 业务领域
伊利股份	业务领域 企业发展战略 国内外主流标准 资本市场要求	中国飞鹤	国内外主流标准 资本市场要求 同业对标
中国平安	国内外主流标准 宏观政策 资本市场要求 同业对标	保利发展	宏观政策 业务领域 国内外主流标准 资本市场要求 同业对标
吉利汽车	国内外主流标准 资本市场要求 同业对标	马钢股份	宏观政策 国内外主流标准 业务领域 同业对标
蒙牛乳业	企业发展战略 国内外主流标准 宏观政策 资本市场要求	小米集团	同业对标 国内外主流标准 资本市场要求

续表

企业名称	议题识别方式	企业名称	议题识别方式
华润置地	同业对标	中国生物制药	国内外主流标准
农业银行	国内外主流标准	小鹏汽车	宏观政策 国内外主流标准 资本市场要求 同业对标
华润燃气	业务领域 同业对标	招商港口	国内外主流标准 业务领域 同业对标
华润建材科技	宏观政策 业务领域 企业发展战略 国内外主流标准 同业对标	环球医疗	—
复星国际	企业发展战略 国内外主流标准 资本市场要求	龙源电力	宏观政策 同业对标 国内外主流标准
迈瑞医疗	往年议题 同业对标	华润万象生活	企业发展战略 业务领域 国内外主流标准 资本市场要求
中国交建	宏观政策 业务领域 国内外主流标准 同业对标	南网储能	宏观政策 国内外主流标准 业务领域 资本市场要求 企业发展战略
中国通号	宏观政策 国内外主流标准 同业对标 企业发展战略	一汽解放	国内外主流标准 同业对标
中国神华	往年议题	中远海能	国内外主流标准 业务领域
阿里巴巴	国内外主流标准 资本市场要求 宏观政策 同业对标	中兴通讯	宏观政策 同业对标 业务领域
联想集团	业务领域 国内外主流标准 资本市场要求	宝丰能源	宏观政策 业务领域 同业对标 企业发展战略 国内外主流标准

续表

企业名称	议题识别方式	企业名称	议题识别方式
TCL 中环	宏观政策 业务领域 国内外主流标准 资本市场要求 企业发展战略	中国化学	国内外主流标准
新奥能源	国内外主流标准 同业对标	中国中车	宏观政策 业务领域 同业对标
中信股份	国内外主流标准	深圳能源	宏观政策 国内外主流标准 同业对标
华润医疗	国内外主流标准 同业对标	长安汽车	国内外主流标准 企业发展战略 同业对标
中国中药	业务领悟 同业对标	京东方 A	国内外主流标准 业务领域 宏观政策
中国石油	宏观政策 国内外主流标准 资本市场要求 同业对标 企业发展战略	中国船舶租赁	业务领域 往年议题
广汽集团	宏观政策 业务领域 企业发展战略 国内外主流标准 资本市场要求 同业对标	中国电建	宏观政策 业务领域 国内外主流标准 同业对标
贵州茅台	国内外主流标准 资本市场要求 同业对标	上海临港	宏观政策 国内外主流标准 同业对标
国电南瑞	企业发展战略 国内外发展规划 宏观政策 业务领域	中国海油	国内外主流标准 资本市场要求 同业对标 企业发展战略
建设银行	宏观政策 国内外主流标准 业务领域	中钢国际	—
昆仑能源	国内外主流标准 资本市场要求 企业发展战略	国药控股	国内外主流标准 资本市场要求 业务领域 同业对标

续表

企业名称	议题识别方式	企业名称	议题识别方式
立讯精密	业务领域	长江电力	宏观政策 业务领域 国内外主流标准 资本市场要求 企业发展战略 同业对标
中国电信	国内外主流标准 业务领域	云南白药	国内外主流标准
东方电气	—	隆基绿能	宏观政策 国内外主流标准 资本市场要求 同业对标
宁德时代	国内外主流标准 业务领域 同业对标	风华高科	宏观政策 企业发展规划 业务领域 国内外主流标准 同业对标
复星医药	—	晶澳科技	国内外主流标准 宏观政策 业务领域
招商银行	宏观政策 业务领域 资本市场要求 企业发展战略	TCL 科技	国内外主流标准 企业发展战略 同业对标
海通证券	业务领域 国内外主流标准 同业对标	青岛啤酒	同业对标 国内外主流标准 企业发展战略
顺丰控股	国内外主流标准 同业对标 资本市场要求 业务领域	海尔智家	宏观政策 企业发展战略 同业对标 业务领域
中国建材	国内外主流标准	华润啤酒	国内外主流标准 同业对标 资本市场要求
中海油服	宏观政策 企业发展战略 业务领域	华发股份	—
中国建筑	业务领域 国内外主流标准 资本市场要求	以岭药业	国内外主流标准 业务领域
上海医药	宏观政策 国内外主流标准 资本市场要求 业务领域	国元证券	国内外主流标准 资本市场要求 同业对标

续表

企业名称	议题识别方式	企业名称	议题识别方式
北方国际	宏观政策 业务领域 国内外主流标准 企业发展战略	金域医学	宏观政策 业务领域 企业发展战略 资本市场要求 国内外主流标准
冠捷科技	国内外主流标准 资本市场要求 宏观政策 业务领域 企业发展战略	通威股份	宏观政策 国内外主流标准 行业对标 资本市场要求 业务领域
京东物流	往年议题	四川长虹	国内外主流标准 同业对标
国网英大	宏观政策 国内外主流标准 同业对标 企业发展战略	明阳智能	国内外主流标准 企业发展战略 国家政策 行业政策
中国铝业	宏观政策 业务领域 国内外主流标准 资本市场要求	华电国际	国内外主流标准 资本市场要求 同业对标
民生银行	国内外主流标准 业务领域	鞍钢股份	宏观政策 行业政策 国内外主流标准 资本市场要求 业务领域
南钢股份	宏观政策 资本市场要求 业务领域	河钢资源	业务领域

资料来源：各企业 ESG 报告。

由于不同行业生产经营模式迥异，尽管企业在践行 ESG 战略时均聚焦在环境、社会和治理三个维度，但不同行业对三个维度的侧重点不一致，所需要重点考量的重大性议题也存在差异。以 MSCI 评级体系为例，原材料行业更关注碳排放量、有毒排放物和废物、水资源压力等环境议题；工业、信息技术行业更关注清洁技术领域的机遇议题、环境议题和劳动力管理社会议题；医疗保健行业更关注产品安全与质量、人力资本发展等社会议题；通信服务业更关注隐私与数据安全、人力资本发展和劳动力管理等社会议题；房地产行业更关注绿色建筑的机遇社会议题和人力资本发展社会议题。

表 7-8　MSCI 评级体系下各行业重大性议题权重

维度	重大性议题	原材料	工业	医疗保健	金融	信息技术	通信服务	房地产
环境	碳排放量	13.2%	4.7%	2.3%	1.5%	2.3%	4.8%	0.2%
	气候变化脆弱性				2.1%			
	环境影响投资				6.6%			
	水资源压力	11.3%	0.1%	0.1%		2.2%	0.1%	0.1%
	生物多样性与土地利用	3.0%	1.2%					0.1%
	原材料采购	0.7%	0.4%				0.2%	0.1%
	有毒排放物和废物	13.1%	5.8%	5.1%		0.2%		
	包装材料与废弃物	0.7%						
	电子废物					0.6%		
	清洁技术领域的机遇	4.4%	10.5%			12.3%		0.1%
	绿色建筑的机遇		0.1%					28.7%
社会	劳动力管理	5.9%	15.0%	2.7%		4.5%	12.2%	0.2%
	健康与安全	6.5%	7.5%					5.7%
	人力资本发展		3.1%	18.6%	19.1%	19.3%	12.8%	18.4%
	供应链劳动标准					1.5%	0.1%	
	产品安全与质量	0.1%	1.9%	21.4%		0.1%	0.1%	3.4%
	化学品安全	5.3%	0.3%			2.7%		
	消费者金融保护		0.1%		8.6%			
	隐私与数据安全		2.8%	3.6%	11.8%	8.8%	24.4%	0.9%
	负责任投资		0.1%		5.9%			
	社区关系	2.7%	0.9%					
	有争议的采购					5.4%		
	融资可得性				7.4%		0.1%	
	获得医疗保健的机会			7.2%				
治理	—	33.1%	45.4%	38.8%	37.0%	40.2%	45.2%	42.1%

注：2024 年 10 月 12 日官网数据。
资料来源：MSCI 官网。

三、ESG 举措及发展路径

依据重大性议题为企业沿全价值链制定高效且可执行的 ESG 举措，实现降本增效、价值创造、模式创新与风险管控等目标，此外，依据紧迫性和可行性制定优先级明确的未来 1—3 年 ESG 战略转型路径图及里程碑式节点规划。

在“双碳”等政策背景下，加之环境维度具有较为明确的定量指标，使得我国企业在 ESG 发展举措方面更侧重于环境维度。在环境维度方面，企业将气候风险控制和机遇纳入运营流程，形成风险识别和应对的全流程机制。以中国神华为例，在气候管理方面，中国神华通过定性分析，评估风险发生的可能性和影响程度，依据识别的重要性进行排序，然后依据评估、排序结果，形成气候变化风险和机遇清单，制定应对措施和发展路径。

表 7-9　中国神华气候管理风险清单

风险类型		风险影响				应对措施
		业务运营	财务影响	时间范围	风险等级	
物理风险	台风风险	风暴潮形成海水倒灌，停工/延误时间增加，设备设施损坏	资产损失、成本增加	短期	中低	新运营地选址前进行气候风险评估；完善应急预案，提升灾害应对能力；增设极端天气防御设备设施
	极端降水、洪水风险	低洼地区淹水，设备设施易损坏，供应链中断影响生产	资产损失、成本增加	中期	中低	严格执行灾害天气预警预防管理制度，坚持汛期24小时值班制度；制定极端降水紧急预案，保障安全生产
	极热、极寒天气风险	加剧能源消耗，火灾、冻害等事故频率增加，户外作业风险加大	资产损失	短期	低	优化节能环保设施，加大极端天气防御设备设施投入；加强异常天气巡视巡查，保障运营安全
	水资源紧缺风险	地表、地下水位降低，影响用水密集型产业生产经营	收入降低	短期	中低	提升水资源利用效率，改进、淘汰高耗水工艺；开展节水宣传，提高节水意识
转型风险	政策及法律风险	国家对碳排放提出更高要求，现有设备和工艺可能面临减产、停产或技术改造，新能源应用比例提高，煤炭需求量下滑	收入降低、成本增加	中期	中高	关注气候变化相关政策更新情况，及时调整战略规划；加大可再生能源开发力度；推动现有机组优化改造；推进碳减排技术应用
	碳市场风险	可能需要通过在市场上购买更多的碳排放权来满足生产需求	成本增加	中期	中低	重视碳资产管理和开发；参与绿电交易、绿证交易、碳排放配额等交易
	市场需求变更风险	新能源、新技术对传统能源行业产生冲击，煤炭需求量下滑	收入降低、成本增加	长期	中高	加快新能源产业布局，拓展供热等市场，推动能源结构多样化；储备碳资产，利用碳交易等业务增加收入
	低碳技术风险	低碳化改造和节能降耗设备引进需求上升	投资成本增加	中期	中高	开展碳减排、碳汇技术研究，推进节能技术研发创新，实施清洁能源替代，提高能效水平
	利益相关方关注风险	气候变化关注度提升，可能造成投资者或客户流失，对公司产生负面影响	盈利能力下降	中期	低	加大环保设备投入，推进新能源项目建设；积极就应对气候变化与利益相关方沟通，维护企业形象

资料来源：中国神华2023年度ESG报告。

表 7-10　中国神华气候机遇清单

机遇维度	机遇影响	可能性	应对措施
资源效率	实施低碳转型战略，资源和能源效率提高，降低中长期运营成本	中	提升环保设备设施和物资装备现代化，淘汰高耗能落后设备；开展煤电机组升级改造，全面提升能效水平
能源来源	促进可再生能源、清洁能源、节能减排技术、碳捕获和存储技术的研发和应用	高	加大清洁低碳领域攻关力度，助力企业向绿色低碳转型发展
产品与服务	提供更多绿色环保产品与服务	中	优化煤炭开采洗选工艺，建设绿色矿山，积极开发 CCER 项目，提供带碳汇指标的“绿煤”
市场机遇	探索新的市场或新型资产，实现经营活动的多样化	中	加快新能源产业布局，推进能源结构转型；加强碳资产管理，积极参与碳市场交易

资料来源：中国神华 2023 年度 ESG 报告。

四、ESG 治理与 KPI 体系

为保障 ESG 战略的实施，企业需制定 ESG 治理架构，明确各机构或各部门的管理职能。根据上市企业发布的关于 ESG 治理架构建设的公告，2024 年以来，我国上市企业 ESG 治理架构由董事会-ESG 委员会/战略及可持续发展委员会/战略与 ESG 委员会-ESG 工作小组三层级构成。其中，董事会作为 ESG 最高管制机构，统筹管理企业 ESG 工作，对企业 ESG 管理重大事项进行决策、部署和指导。下设 ESG 管理委员会，或改设“战略委员会”为“战略与可持续发展/ESG 委员会”，负责制定企业 ESG 管理方针、目标、策略等，识别 ESG 发展趋势以及评估企业面临的 ESG 风险和机遇，监督并指导 ESG 工作组工作。设立 ESG 工作组，定位为协调和执行机构，负责推动 ESG 工作规范化、制度化落实，起草企业 ESG 治理架构体系、战略规划、治理结构、制度和实施细则等相关制度文件及方案，并履行相关报批程序；负责 ESG 相关报告的编制，落实 ESG 委员会的要求，收集、整理企业各部门、各子公司的各项指标及信息，编制 ESG 报告并对外披露；关注 ESG 发展方向，了解 ESG 相关法律法规，确保 ESG 发展符合战略规划，关注日常管理过程中的相关风险及问题，反馈意见建议；负债协调推进 ESG 相关事宜落地执行；其他 ESG 相关事宜。此外，部分上市企业不另设 ESG 委员会，不改变企业现有的治理架构，而是将 ESG 职能融入已有的战略与投资专委会、审计委员会、薪酬与考核委员会等专委会中，如王府井、康贝恩等。

表 7-11　2024 年以来我国上市企业设立 ESG 治理架构形式

	包钢股份	长虹美菱	金岭矿业	创新新材	水晶光电
ESG 治理架构	董事会	董事会	董事会	董事会	董事会
	董事会战略及 ESG 委员会	ESG 管理委员会	董事会战略与 ESG 委员会	董事会战略与 ESG 委员会	战略与可持续发展委员会
	ESG 工作小组	ESG 工作组	ESG 推进工作组织机构	ESG 工作组	ESG 联合工作小组

资料来源：各企业 ESG 治理架构建设公告。

近年来，我国行业协会、联合会或产业联盟密集发布 ESG 披露指南，企业可依据相关指南建立 ESG KPI 体系。例如：中国纺织工业联合会对外发布了《纺织企业 ESG 披露指南》，中国酒业协会发布了《酒类企业 ESG 披露指南》，中国汽车工业协会发布了《中国汽车行业 ESG 信息披露指南》等。这些指南为不同行业的企业提供了 ESG KPI 信息披露的参考指标。企业在披露 ESG KPI 时，可以参照其所处行业的 ESG 披露指南，确保其信息披露的规范性、可比性。

表 7-12　行业 ESG 披露指南

协会/联合会/产业联盟	ESG 披露指南
中国纺织工业联合会	纺织企业 ESG 披露指南
中国酒业协会	酒类企业 ESG 披露指南
中国汽车工业协会	中国汽车行业 ESG 信息披露指南
中国石油和化学工业联合会	石油化工企业环境、社会和治理（ESG）披露指南
中国中小企业协会	中小企业 ESG 信息披露指南
中国畜牧业协会	畜牧企业环境、社会、公司治理（ESG）信息披露指南
中国核安全与环境文化促进会	涉核企业 ESG 信息披露指南
中关村智慧能源产业联盟	能源企业 ESG 披露指南
上海医药行业协会	医药企业 ESG 信息披露指南

资料来源：全国团体标准信息平台。

五、ESG 内外宣传

企业可以通过官方、社交媒体等渠道多形式对外宣传 ESG 进展及成效。在官方渠道方面，企业通过定期发布 ESG 报告、举办新闻发布会，向利益相关方及公众展示企业 ESG 成果；在官网建立 ESG 专栏，设置 ESG 战略、ESG 评级、ESG 政策、ESG 新闻、ESG 报告等板块，全方位向利益相关方及公众展现企业 ESG 工作绩效。在社交媒体渠道方面，企业可以通过与行业协会、主流媒体合作，对外展示企业在 ESG 方面的努力和付出。

第三节
ESG 战略如何赋能企业高质量发展

一、树立良好形象，获得社会认同

企业践行 ESG 战略，客观上要求企业不仅追求经济回报，更要将经济价值和环境、社会价值相结合，从而树立良好的企业形象，获得利益相关方及社会公众的认同。

ESG 是企业对外展示价值观的窗口。企业通过践行 ESG 战略，定期对外发布 ESG 报告，在提升企业透明度的同时，提高了利益相关方的信任度，建立了与利益相关方的沟通渠道，可以帮助企业对外展示和印证自身的价值观，塑造良好的外部形象。

ESG 成为企业隐性价值转化的关键。ESG 不仅影响企业外部的利益相关方，对内部员工同样有着深远影响。员工是企业发展的核心动力，企业践行 ESG 战略，提升员工的满意度和忠诚度的同时，实现 ESG 隐性价值向显性价值的转化。

二、顺应监管要求，防范合规风险

随着 ESG 理念的不断发展，国内外监管机构对 ESG 信息披露的要求愈发严苛，企业 ESG 信息披露应顺应监管机构相关的政策要求。

欧美市场方面，企业 ESG 披露已步入刚性约束阶段。2022 年 2 月，英国发布《公司战略报告（气候相关财务披露）条例》，要求在伦敦证券交易所高增长市场上市且员工超过 500 人的英国公司强制披露与气候相关的风险和机遇信息；2023 年 1 月 5 日，欧盟《企业可持续发展报告指令》正式生效，于 2024—2029 年分阶段实施，要求欧盟所有大型公司和所有上市公司（微型企业除外）如实披露 ESG 信息；2024 年 3 月，美国证券交易委员会（SEC）通过了要求上市公司披露其气候相关风险和温室气体排放信息的新规则，要求所有在 SEC 注册的上市公司/拟上市公司，自 2025 财年起在其年度报告和证券发行声明中提供全面的气候相关信息披露。

中国香港市场方面，企业 ESG 信息披露历经十余年实现了从自愿披露到强制披露的转变，港股上市企业需定期发布 ESG 报告，并按要求披露气候相关信息。2012 年，港交所发布《ESG 报告指引》，鼓励上市公司自愿披露 ESG 信息；2015 年，港交所对《ESG 报告指引》进行修订；2016—2020 年，港交所开启 ESG 信息强制披露进程，

2019年港交所对《ESG报告指引》进一步修订，并于2020年正式全面实施ESG信息强制披露要求；2021年11月，港交所刊发《气候信息披露指引》，要求相关行业自2025年开始强制披露TCFD报告；2023年4月，港交所宣布计划在2025年或之前强制实施须符合TCFD的披露规定；2023年11月，港交所刊发《新上市申请人指南》，要求上市申请人围绕管制、策略、风险管理和指标及目标四个方面展开披露；2024年4月，港交所就优化环境、社会及管治框架下的气候相关信息披露的咨询文件刊发咨询总结，并随附指引，协助发行人遵守新气候规定。

目前我国企业ESG信息披露处于自愿披露向强制披露的转变阶段。2024年4月，沪深北交易所发布《上市公司可持续发展报告指引》，要求上证180指数、科创50指数、深证100指数、创业板指数样本公司及境内外同时上市的公司最晚在2026年4月30日披露2025年度ESG报告。2024年11月，财政部发布《企业可持续披露准则——基本准则（试行）》，该准则的施行将从上市公司向非上市公司扩展，从大型企业向中小企业扩展，从定性要求向定量要求扩展，从自愿披露向强制披露扩展。

面对趋严的监管要求，我国上市企业/拟上市企业应以此为契机，顺应监管要求，防范合规风险。

三、提升风控能力，降低经营风险

企业在经营和管理过程中嵌入ESG理念，持续关注环境、社会和公司治理问题，可以更好地识别潜在风险，对风险的有效管理可以降低负面事件发生概率。一方面，良好的ESG表现可以提升企业ESG信息披露透明度，提高企业ESG信息披露质量，进而降低企业的经营风险。企业践行ESG战略，将非财务要素加入信息披露范围，降低了企业与外部利益相关方之间的信息不对称性，外部利益相关方对企业的认识进一步加深，有利于其发现企业潜在风险，通知并监督企业及时整改，降低企业的运营风险。企业践行ESG战略，定期高质量披露ESG报告，也有助于监管机构对风险提前识别和介入，防范风险过度累积造成企业经营风险。另一方面，良好的ESG表现表明企业内部风险治理体系健全，风险控制和管理水平成熟度高。健全的风险治理架构，可以助力企业规避因环境、社会和治理问题而遭受损失；企业在面对经营风险时，由于风险控制和管理水平成熟度高，可以更好地应对和处理风险。

目前，我国众多学者研究结果均表明企业ESG表现与经营风险呈负相关，即ESG表现较好的企业可以降低经营风险。董小红和孙正汉（中央财经大学学报，2023）研究发现，企业ESG表现通过缓解信息不对称、增加分析师关注度等途径降低企业经营风险，且产权性质、经济政策不确定性和企业数字化水平会影响ESG表现对企业经营风险的抑制作用。相较于国有企业，非国有企业提高 ESG 表现对经营风险的抑制作用越显著；经济政策不确定性越高，企业提高 ESG 表现对经营风险的抑制作用越显著；企业数字化转型程度越高，提高 ESG 表现对经营风险的抑制作用越显著。屠诗铭、赵嘉宁和黄祺（中国商论，2023）研究证明，企业 ESG 表现通过降低信息不对称性，缓解代理冲突等途径降低企业经营风险，且企业规模、所处行业会影响 ESG 表现对经营风险的抑制作用。相较于大规模企业，小规模企业提高 ESG 表现对经营风险的抑制作用越显著；相较于非重污染企业，重污染企业提高 ESG 表现对经营风险的抑制作用越显著。梅寒和肖建忠（贵州社会科学，2024）研究表明，企业 ESG 表现通过改善内部控制、缓解融资约束和提高信息披露质量等途径降低企业经营风险，且产权性质、营商环境和投资效率会影响 ESG 表现对企业经营风险的抑制作用。相较于国有企业，非国有企业提高 ESG 表现对经营风险的抑制作用更显著；相较于处于营商环境较好的企业，处于营商环境较差的企业提高 ESG 表现对经营风险的抑制作用更显著；相较于投资效率较高的企业，投资效率较低的企业提高 ESG 表现对经营风险的抑制作用更显著。

四、拓宽融资渠道，降低融资成本

ESG 正成为企业撬动资本的关键支点。UN PRI 数据显示，截至 2024 年 6 月 30 日，已有 5315 家机构签署了 UN PRI 责任投资原则，其中资产所有者 738 家，签署总资产管理规模达到 128. 4 万亿美元。

此外，银行信贷资金以国家政策为导向，在国家大力支持 ESG 发展的背景下，银行信贷资金流向绿色产业。2023 年，各银行投向绿色产业的绿色贷款规模均有不同程度的增长，其中中国农业银行、中国银行、光大银行等 10 余家银行绿色信贷规模增速超过 50%。

表 7-13　银行业绿色信贷规模变化情况

银行名称	2023 年绿色信贷规模（万亿元）	2023 年绿色信贷规模增速（%）	银行名称	2023 年绿色信贷规模（万亿元）	2023 年绿色信贷规模增速（%）
中国工商银行	54000	35. 73	长沙银行	429	31. 60
中国农业银行	40487	50. 09	成都银行	405	53. 96
中国建设银行	38829	41. 19	宁波银行	386	62. 80
中国银行	31067	56. 34	重庆银行	360	30. 56
交通银行	8220	29. 37	中原银行	336	24. 18
兴业银行	8090	26. 99	九江银行	334	29. 24
邮储银行	6378	28. 46	贵阳银行	313	11. 08
浦发银行	5246	24. 40	渤海银行	312	14. 48

续表

银行名称	2023年绿色信贷规模（万亿元）	2023年绿色信贷规模增速（%）	银行名称	2023年绿色信贷规模（万亿元）	2023年绿色信贷规模增速（%）
中信银行	4590	37.40	江西银行	311	37.45
招商银行	4477	26.00	苏州银行	301	68.66
光大银行	3137	57.44	青岛银行	261	24.90
江苏银行	2870	42.47	威海商行	260	63.13
华夏银行	2692	9.00	天津银行	243	48.32
民生银行	2642	46.87	齐鲁银行	241	44.24
浙商银行	2034	39.41	湖南银行	197	—
南京银行	1770	33.14	甘肃银行	160	—
北京银行	1560	41.47	昆仑银行	149	0.54
平安银行	1396	27.22	深圳农商行	148	50.86
上海银行	1033	58.12	东莞农商行	130	31.48
徽商银行	824	50.99	兰州银行	127	35.30
杭州银行	681	26.22	紫金银行	122	12.26
渝农商行	619	27.23	青农商行	108	50.36
沪农商行	614	41.00	盛京银行	97	51.92
贵州银行	520	12.04	晋商银行	95	5.08
广州农商行	432	73.73	珠海华润	87	29.08

资料来源：青绿数据。

（一）缓解融资约束

随着我国ESG标准体系的逐步建立和完善，以及出于客户要求、内部风险管理和监管要求，我国金融机构逐步将ESG纳入其投资决策。ESG是企业在环境、社会和公司治理维度表现的映射，投资机构认为ESG表现良好的企业信息透明度更高，面临的风险水平更低，具备长期可持续发展能力，出现融资违约的可能性小，从而增加了企业对外部资金的可获得性，企业面临的融资约束有所缓解。

目前，我国众多研究学者研究结果表明企业ESG表现与融资约束呈负相关关系，即ESG表现越好，企业受融资约束程度越低，但基于对不同性质、不同规模、不同地域的企业进行的异质性检验结果显示，不同类型企业的ESG表现对融资约束的影响程度并不一致。仪秀琴和孙赫（金融与经济，2023）研究表明，企业ESG表现通过影响股权融资（股本+资本公积）、商业信用融资（应付款项+预收账款+合同负债）和信贷融资（短期借款+长期借款）等途径缓解企业融资约束，且产权性质、企业规模、所处行业、所在地域会影响ESG表现对融资约束的缓解作用。国有企业和公众企业ESG表现对缓解融资约束无显著影响，民营企业ESG表现越好越能够缓解融资约束，而外资企业 ESG 表现越好则会加剧融资约束；小规模企业 ESG 表现越好会加剧融资约束，而大规模企业 ESG 表现越好则会缓解融资约束；相较于非重污染企业，重污染企业 ESG 表现越好，对于缓解融资约束更加显著；相较于内陆企业，沿海企业 ESG 表现越好，对于缓解融资约束更加显著。程露瑶、章玲和林欢（金融发展评论，2024）研究发现，企业 ESG 表现通过提高企业信息透明度、降低经营风险和融资成本、改善内部控制、提升分析师关注度等途径缓解企业融资约束，且产权性质、企业规模、所在地域会影响 ESG 表现对融资约束的缓解作用。相较于非国有企业，国有企业 ESG 表现越好，对于缓解融资约束更加显著；相较于大规模企业，小规模企业 ESG 表现越好，对于缓解融资约束更加显著；相较于内陆企业，沿海企业 ESG 表现越好，对于缓解融资约束更加显著。另外，崔志伟、刘自敏、田露露和李兴（产业经济评论，2024）研究表明，企业提高 ESG 表现对于不同融资方式具有非对称影响，可以显著促进外源融资（债务融资+股权融资）的增长，但会抑制内源融资的增长。

（二）降低融资成本

企业良好的 ESG 表现可以通过抑制经营风险、提升创新能力、提升投资效率等途径降低企业直接融资成本，通过降低金融机构风险感知、增强客户黏性和供应商信任度，获得员工企业认同感等途径降低企业间接融资成本。

近年来，我国大部分研究学者主要聚焦于企业 ESG 表现与债券融资成本之间关系的研究，且认为两者呈负相关关系，即企业 ESG 表现越好，企业的债务融资成本越低。梅亚丽和张倩（金融与经济，2023）研究发现，企业 ESG 表现通过提高分析师关注度和机构投资者关注两个途径降低债务融资成本，且对于非国有企业、非高新技术企业、内控质量较高的企业、市场竞争力较强的企业 ESG 表现对债务融资成本的降低效果更显著。范云朋、孟雅婧和胡滨（经济管理，2023）研究证实，企业 ESG 表现通过促进企业财务自律、提振投资者信心等途径降低债务融资成本，且社会和治理维度的表现相较于环境维度的表现对于债务融资成本的影响更加显著。赵雅倩和袁芳英（中国物价，2024）研究发现，企业 ESG 表现通过降低经营风险来降低债务融资成本，且对于非国有企业、处于成长期的企业 ESG 表现的提升对于降低债务融资成本更显著。邹洋和孙禹馨（贵州财经大学学报，2024）研究表明，企业 ESG 表现通过提高企业声誉、缓解融资约束等途径降低债务融资成本，且对于非国有企业和中东部地区企业 ESG 表现的提升对于降低债务融资成本更显著。但是，刘柏和卢家锐（国际金融研究，2024）研究发现，企业 ESG 信息披露数量越多，导致传递短期经营压力信号、提升信息“漂绿”风险等途径会提高企业的债务融资成本。

另外，绿色债券相较于普通债券具备成本优势。吴国伟和商瑾（债券，2024）研究认为不同交易场所、不同品种的绿色债券相较于普通债券均有发行成本优势，且高信用等级或环境效益信息披露完整度高的绿色债券发行成本优势更为突出。从流通场所看，银行间、交易所、跨市场绿色债券成本优势由 2016—2020 年的 1.2BP、0.5BP、4.8BP 扩大至 2021—2023 年的 9.0BP、11.3BP、12.1BP；从绿色债券品种看，金融债、公司债、中期票据成本优势由 2016—2020 年的 0.9BP、0.5BP、4.5BP 扩大至 2021—2023 年的 7.7BP、11.3BP、14.5BP；在高信用等级绿色债券方面，利率债、AAA 级信用债成本优势由 2016—2020 年的 0.2BP、1.8BP 扩大至 2021—2023 年的 18.5BP、9.1BP；从环境效益披露程度来看，披露完整度高的绿色债券发行成本较披露完整度低的绿色债券低 8.2BP，较普通债券低 14.3BP。

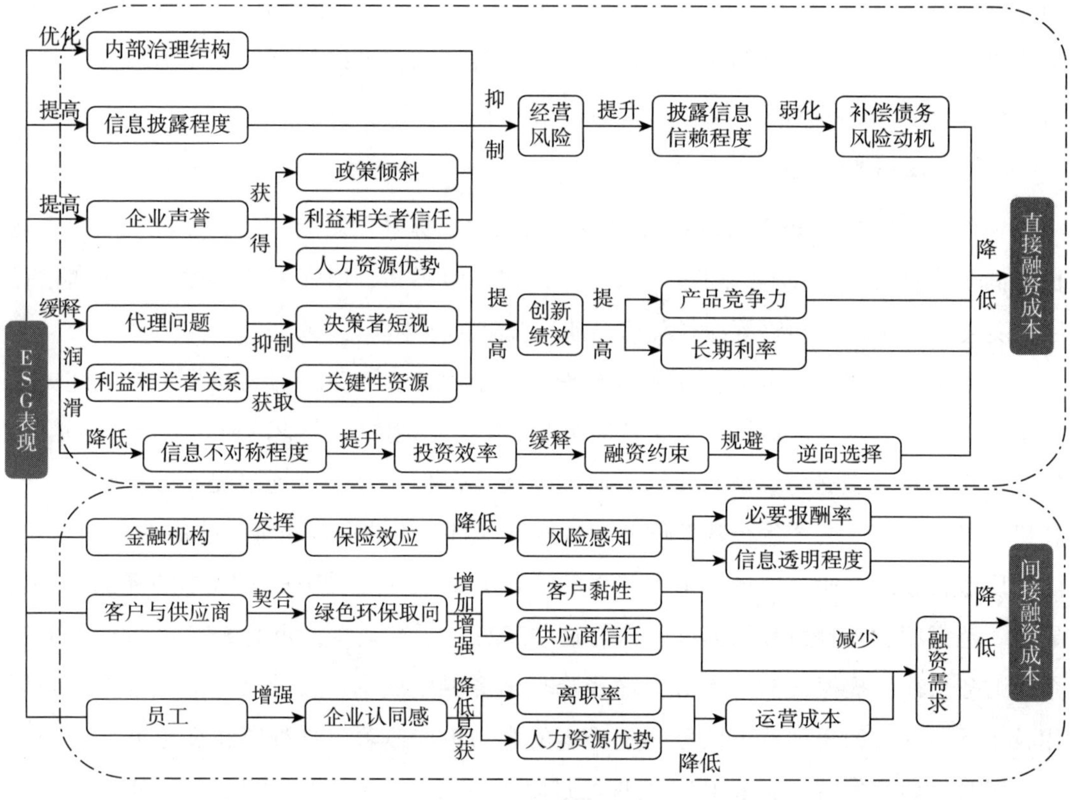

图 7-1　ESG 表现与融资成本

资料来源：杜永奎、徐锐《ESG 表现对企业融资成本的影响：一个研究述评》。

表 7-14　各类别绿色债券发行成本优势

分类依据	绿色债券细分类型	2016—2020 年	2021—2023 年
流通场所	银行间	1.2BP	9.0BP
	交易所	0.5BP	11.3BP
	跨市场	4.8BP	12.1BP

续表

分类依据	绿色债券细分类型	2016—2020 年	2021—2023 年
绿色债券品种	金融债	0.9BP	7.7BP
	企业债	8.6BP	0.8BP
	公司债	0.5BP	11.3BP
	中期票据	4.5BP	14.5BP
风险特性	利率债	0.2BP	18.5BP
	AAA 级信用债	1.8BP	9.1BP
	AAA 级以下信用债	1.9BP	-6.7BP

资料来源：吴国伟、商瑾《我国绿色债券发行成本优势分析》。

五、降低经营成本，提升盈利能力

企业践行 ESG 战略，需要做到自身发展与社会、环境相协调，客观上要求企业在运营过程中，节约能源及资源，减少浪费及污染物的排放，提高生产效率和质量，这些措施使得企业在保护环境和节约资源的同时，降低了运营成本，提升了盈利能力。另外，企业践行 ESG 战略，通过披露 ESG 报告，降低了与投资者之间的信息不对称，在吸引更多投资资金的同时，有助于提升耐心资本的比重，为企业发展提供更多且稳定的资金支持。此外，企业进行 ESG 管理还会对产业链上下游合作伙伴产生正向推动作用，促进全产业链实现降本增效，进而提升企业的盈利能力。

目前，我国众多学者研究结果表明企业 ESG 表现与盈利能力呈正相关关系，即 ESG 表现越好的企业盈利能力越佳。杨睿博、邓城涛和侯晓舟（技术经济，2023）研究发现，ESG 表现通过提升企业信息透明度来提高企业的盈利能力，且非国有企业、东部地区企业、非省会城市企业、低污染企业 ESG 表现的提升对于增强企业盈利能力更显著。刘轶芳、李霞、郑依依和刘新波（中国环境管理，2024）研究证实，ESG 表现通过提高投资者信心来提高企业的盈利能力，且相较于国有企业，非国有企业 ESG 表现的提升对于增强企业盈利能力更显著。吴文文和齐倩倩（科技与经济，2024）研究表明，ESG 表现通过改善审计鉴证意见来提高企业的盈利能力，且对于民营企业、高环境规制地区的企业而言，其 ESG 表现的提升对于增强企业盈利能力更显著。

六、带来创新机遇，实现长期发展

创新作为延长企业生命周期的要素之一，企业践行 ESG 战略可以有效提高创新产出水平，进而实现长期发展，影响机制在于企业践行 ESG 战略，增大了环保投入，缓解了融资约束，提高了耐心资本比重，提升了员工的创新效率，获得了更多的政府补助，降低了企业风险等。

目前，我国众多研究学者研究结果认为企业践行ESG战略可以提高创新产出水平。方先明和胡丁（经济研究，2023）研究发现，企业践行ESG战略，主要通过缓解融资约束、提高员工创新效率、降低企业风险水平等途径促进企业创新。汪健、张玉蒙和霍瑾雯（武汉商学院学报，2023）研究证明，企业践行ESG战略，主要通过缓解融资约束、获取更多的政府补助等途径促进企业创新。李井林、阳镇和陈劲（管理工程学报，2024）研究表明，企业践行ESG战略，主要通过缓解融资约束、强化环保投入、提高内部控制等途径促进企业绿色创新。姜中裕和吴福象（证券市场导报，2024）研究发现，企业践行ESG战略，主要通过提高企业资本结构中的耐心资本占比等途径促进企业创新。任保全和李家阳（现代管理科学，2024）研究表明，企业践行ESG战略，主要通过缓解融资约束、优化人力资本结构、提高管理层风险承担意愿等途径促进企业创新。陈俊奕（甘肃金融，2024）研究发现，企业践行ESG战略，主要通过缓解融资约束等途径促进企业创新，且创新驱动效应对于非国有企业、小规模企业更为明显。

参考文献

[1] 程露瑶，章玲，林欢.ESG表现对企业融资约束的影响［J/OL］.金融发展评论，2024（6）：46-67.DOI：10.19895/j.cnki.fdr.2024.06.007.

[2] 陈俊奕.ESG表现、融资约束与企业创新——来自沪深A股上市公司的经验证据［J］.甘肃金融，2024（6）：27-32.

[3] 崔志伟，刘自敏，田露露，等.企业ESG表现与融资约束——基于信息披露数量与质量的再讨论［J/OL］.产业经济论，2024（3）：155-170.DOI：10.19313/j.cnki.cn10-1223/f.20240409.001.

[4] 董小红，孙政汉.化险为夷还是弄巧成拙：ESG表现能降低企业经营风险吗？［J/OL］.中央财经大学学报，2023（7）：57-67.DOI：10.19681/j.cnki.jcufe.2023.07.003.

[5] 杜永奎，徐锐.ESG表现对企业融资成本的影响：一个研究述评［J/OL］.商业经济，2024（7）：85-88.DOI：10.19905/j.cnki.syjj1982.2024.07.028.

[6] 方先明，胡丁.企业ESG表现与创新——来自A股上市公司的证据［J］.经济研究，2023，58（2）：91-106.

[7] 范云朋，孟雅婧，胡滨.企业ESG表现与债务融资成本——理论机制和经验证据［J/OL］.经济管理，2023，45（8）：123-144.DOI：10.19616/j.cnki.bmj.2023.08.007.

[8] 姜中裕，吴福象.践行ESG理念能促进关键核心技术创新吗？［J］.证券市场导报，2024（5）：37-47+79.

［9］KIM J H, KWAK J, PARK H. Esg as a nonmarket strategy to cope with geopolitical tension: Empirical evidence from multinationals' ESG performance ［J/OL］. Strategic Management Journal, 2024.

［10］刘柏，卢家锐 . ESG 信息披露数量降低了公司债务融资成本吗？［J/OL］. 国际金融研究，2024（6）：87-96. DOI：10. 16475/j. cnki. 1006-1029. 2024. 06. 008.

［11］刘轶芳，李霞，郑依依，等 . 我国企业 ESG 表现对其经济效益的影响研究——基于沪深上市企业［J］. 中国环境管理，2024，16（1）：34-41+26. DOI：10. 16868/j. cnki. 1674-6252. 2024. 01. 034.

［12］李井林，阳镇，陈劲 . ESG 表现如何赋能企业绿色技术创新？——来自中国上市公司的微观证据［J］. 管理工程学报，2024，38（5）：1-17. DOI：10. 13587/j. cnki. jieem. 2024. 05. 001.

［13］梅寒，肖建忠 . ESG 表现对企业经营风险的影响研究——来自 A 股上市公司的证据［J/OL］. 贵州社会科学，2024（7）：129-138. DOI：10. 13713/j. cnki. cssci. 2024. 07. 007.

［14］梅亚丽，张倩 . ESG 表现对企业债务融资成本的影响［J］. 金融与经济，2023，（2）：51-63. DOI：10. 19622/j. cnki. cn36-1005/f. 2023. 02. 005.

［15］任保全，李家阳 . ESG 表现与企业绿色创新结构——来自 A 股上市公司的证据［J］. 现代管理科学，2024（3）：129-138.

［16］屠诗铭，赵嘉宁，黄祺 . ESG 表现对企业经营风险的影响研究［J/OL］. 中国商论，2023（20）：165-168. DOI：10. 19699/j. cnki. issn2096-0298. 2023. 20. 165.

［17］汪健，张玉蒙，霍瑾雯 . ESG 表现对企业创新的影响——来自沪深 A 股上市公司的经验证据［J/OL］. 武汉商学院学报，2023，37（4）：66-75. DOI：10. 16199/j. cnki. jwbu. 2023. 04. 007.

［18］吴国维，商瑾 . 我国绿色债券发行成本优势分析［J］. 债券，2024（8）：67-71.

［19］杨睿博，邓城涛，侯晓舟 . ESG 表现对企业财务绩效的影响研究［J］. 技术经济，2023，42（8）：124-134.

［20］仪秀琴，孙赫 . ESG 表现能否有效缓解企业融资约束：基于融资渠道的研究［J/OL］. 金融与经济，2023（7）：65-75. DOI：10. 19622/j. cnki. cn36-1005/f. 2023. 07. 006.

［21］赵雅倩，袁芳英 . 企业 ESG 表现对其债务融资成本的影响研究［J］. 中国物价，2024（2）：59-63.

［22］邹洋，孙禹馨 . 企业 ESG 表现与债务融资成本［J］. 贵州财经大学学报，2024（5）：59-68.